高等学校公共课系列教材

数学分析（上册）

主　编　杨斌鑫

副主编　张新鸿

西安电子科技大学出版社

内 容 简 介

本书分为上下两册，共 11 章，上册内容包含函数、极限与连续初阶，微积分的基本概念，微积分的运算，微积分的应用，极限与连续进阶；下册内容包含多元函数微分学，重积分，曲线积分与曲面积分，广义积分，无穷级数，常微分方程.

本书基于编者多年教学改革创新成果，从读者的认知规律及本课程内容的发展脉络着手，着重讲述相关基本概念、定理等，让读者掌握扎实的基础知识. 同时，本书融入历史注记与思想方法、课程思政等元素，强调知识的严格性，注重思想性与直观性相结合，并配有大量的例题及习题，帮助读者加深对基本概念、基本定理、基本运算的掌握.

本书可作为高等院校数学类专业(数学与应用数学、数据计算及应用、信息与计算科学、数理基础科学等)的本科生教材，也可作为需要加强数学理论基础的其他理工科专业(如物理、部分工程学科)学生的教材或参考书.

图书在版编目（CIP）数据

数学分析. 上册/杨斌鑫主编. -- 西安：西安电子科技大学出版社，2025.8. -- ISBN 978-7-5606-7783-5

Ⅰ. O17

中国国家版本馆 CIP 数据核字第 2025JH8805 号

策　　划　曹　攀
责任编辑　曹　攀
出版发行　西安电子科技大学出版社（西安市太白南路 2 号）
电　　话　（029）88202421　88201467　　邮　编　710071
网　　址　www.xduph.com　　电子邮箱　xdupfxb001@163.com
经　　销　新华书店
印刷单位　咸阳华盛印务有限责任公司
版　　次　2025 年 8 月第 1 版　　2025 年 8 月第 1 次印刷
开　　本　787 毫米×1092 毫米　1/16　　印　张　15
字　　数　353 千字
定　　价　45.00 元
ISBN 978-7-5606-7783-5
XDUP 8084001-1

如有印装问题可调换

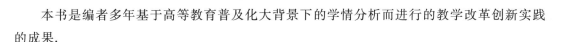

前 言

PREFACE

本书是编者多年基于高等教育普及化大背景下的学情分析而进行的教学改革创新实践的成果.

数学分析的核心任务,在于运用极限这一基本而强有力的工具,深入研究函数的性质.这是因为极限不仅为微分学与积分学提供了坚实的理论基础,揭示了变量瞬时变化与累积效应的奥秘,更深刻地刻画了无穷过程(如无穷级数)、连续与间断、收敛与发散等关键概念.而微积分的形成过程是先有运算体系,后有极限理论.如果让读者先学习极限理论,那么会导致读者缺乏实践基础,难以深入理解相关理论.加之微分与积分的知识体系割裂,联系不紧密,难以体现微分与积分这一对矛盾的对立统一,难以形成系统认知,无法将所学知识串联起来.

针对以上问题,编者基于教学改革做了大胆尝试,形成了本书.本书具有以下特色:

(1) 重构课程体系,符合认知规律.

本书首先给出极限的直观感性认识,然后在此基础上介绍微积分的运算体系,之后在实践的基础上对极限理论进行再讨论,帮助读者将极限的认知上升到理性高度,符合认识论的基本原理.同时在本书的第2章就给出微分与积分这一对矛盾的基本概念,并用微积分基本定理把微分与积分统一起来,体现了矛盾的对立统一,并用微积分基本定理贯穿始终.

(2) 强调严格性与基础性.

本书重视基本概念(如极限的ε-δ定义)的清晰阐述和关键定理(如闭区间上连续函数的性质、中值定理)的严格证明,旨在帮助读者打下坚实的理论基础,理解数学推理的严密逻辑.

(3) 注重思想性与直观性.

在保证严谨的同时,本书阐释了重要概念和定理背后的几何直观与物理背景,通过图形、实例和启发性讨论,帮助读者把握数学分析的核心思想精髓,避免陷入纯符号操作的泥潭.

(4) 结构清晰,循序渐进.

本书内容编排遵循由浅入深、由特殊到一般、由具体到抽象的原则,力求逻辑连贯、层次分明、便于教与学.针对特殊内容,增加"注""思考""拓展"等板块,辅助读者理解相关知识.

(5) 融入历史注记与思想方法.

本书在适当位置穿插关键概念和定理的历史背景与发展脉络简介,以及重要的数学思想方法(如逼近、转化、统一)的提炼,帮助读者增进理解,提升数学素养.

(6) 与其他学科有机融合.

本书增加了其他学科的一些数学应用,例如介绍了人工智能中常用的 ReLU 函数等,为读者学习其他学科奠定了基础.

(7) 精选例题与习题.

本书包含大量经过精心挑选的典型例题,展示了解题思路与方法. 每节后配备了数量充足、难度层次分明的习题,供读者练习以巩固知识、提升能力,部分习题带有一定的挑战性,旨在激发读者思考. 同时,本书提供了综合测试题,帮助读者检测对全书内容的掌握情况.

(8) 课程思政贯穿全书.

本书在每章章首提出课程思政要求,既重视学知识,又重视思政育人.

本书共 11 章,分为上下两册. 其中上册的绪论、第 1 章、第 2 章与第 5 章由杨斌鑫编写,第 3 章与第 4 章由王芳编写;下册的第 6 章由宋晓红编写,第 7 章与第 9 章由张新鸿编写,第 8 章由张华煜编写,第 10 章由王银珠编写,第 11 章由王华编写.

浙江理工大学陈琦琼老师、吉林大学数学学院李辉来教授、复旦大学吴泉水教授等对本书的编写给予了很大帮助,同时,西安电子科技大学出版社的编辑对本书的编写提供了很多建设性建议,使本书增色不少,在此一并表示衷心的感谢.

本书在编写过程中参考了许多相关教材,在此向各位作者致谢. 限于编者水平,书中难免存在不妥之处,希望广大读者提出批评和指正.

愿本书能成为读者攀登数学分析这座高峰时的一根可靠手杖,陪伴读者领略沿途的壮丽风景,最终到达理解与创造的喜悦之地.

编　者

2025 年 1 月

目 录

CONTENTS

绪　　论

一、为什么要学数学

走进大学你会发现，数学课程是很多专业学生的必修课. 数学的价值，远超公式与定理的范畴 —— 它构筑了人类认识世界的底层逻辑，更是国家竞争力的隐形支柱.

历史早已印证：数学实力与国家实力同频共振. 17 至 19 世纪的英国、法国和德国，不仅主导欧洲格局，更引领着世界数学的发展——牛顿与莱布尼茨开创了微积分，拉格朗日、柯西等不断完善之，他们共同为力学、天文学的突破提供了钥匙. 20 世纪的苏联更是典型：1957 年第一颗人造地球卫星升空的背后，正是其在轨道计算等数学领域的领先；而美国在第二次世界大战后崛起成为数学超级大国，既得益于吸纳欧洲流亡数学家，也源于其对核物理、航天等领域数学研究的持续投入.

为何数学被如此看重？只因它是所有成熟学科的"通用语言". 物理、化学、生物等基础科学需借数学模型表达规律；信息、航天、医药等现代技术依赖数学算法实现突破；就连当下火热的人工智能、大数据，其核心亦离不开数学——从图像识别的特征提取到预测模型的构建，数学都是底层支撑. 正如马克思所言："一门科学，只有当它成功地运用数学时，才能达到真正完善的地步."

数学作为人类文明的重要基石，在当代科技革命中展现出前所未有的战略价值. 纵观全球发展格局，数学实力已成为衡量国家综合竞争力的关键指标之一.

首先，数学是基础科学研究的核心工具. 现代科学的发展历程表明，数学语言是揭示自然规律的最高形式. 从量子力学的矩阵方程到广义相对论的张量分析，数学为科学发现提供了精确的表达框架，特别是在人工智能领域，深度学习算法的突破本质上是对高维非线性函数的数学建模，其中反向传播算法正是微积分中链式法则的创造性应用.

其次，数学是科技创新的加速引擎. 当代重大技术突破往往源于数学方法的革新. 以我国航天工程为例，轨道计算中的微分方程数值解法、姿态控制中的李群理论，再如大气层的偏微分方程建模，这些数学工具的应用精度直接决定了任务的成败. 华为 5G 技术的极化码理论、阿里巴巴推荐系统的矩阵分解算法，都彰显了数学在现代产业中的转化价值.

第三，数学是国家安全的战略支撑. 密码学中的数论算法保障着金融交易安全，计算流体力学支撑着新型飞行器设计，而量子计算的 Shor 算法正在重塑未来的加密体系. 我国数学家王小云教授对 Hash 函数的破解工作，为网络安全提供了重要理论保障.

二、为何要学微积分

微积分是大学数学的入门课，更是思维训练的"磨刀石". 它的价值，不仅在于为后续课程铺路，更在于塑造一种认知世界的方式.

现实中，我们总会遇到复杂问题：确定性与不确定性交织、模糊信息与海量数据并存.

在大数据时代，凭经验"拍脑袋"决策早已行不通——小则效率低下，大则酿成失误. 而微积分培养的量化思维，恰恰能帮助我们从混沌中抓关键：通过逻辑推理梳理脉络，通过精算细算制订方案，通过系统分析预判风险.

这种思维能力的价值不言而喻. 缺乏它，可能在复杂问题前手足无措，导致决策模糊、执行受阻；拥有它，便能在科研中洞察规律，在实践中精准施策. 无论是空间感知、逻辑推演，还是逆向思考、信息决策，这些微积分训练的素养，都是未来专业人才的核心竞争力.

更深刻的是，数学中的"相似性"为跨领域迁移提供了桥梁. 工作中遇到的动态变化、模糊边界，在微积分中早有对应 —— 微分描述瞬时变化，积分处理累积效应，概率应对不确定性. 理解这些数学思想，便掌握了破解复杂问题的"通用算法".

三、微积分的脉络与演进

要学好微积分，先得明白它与初等数学的分野，以及它自身的发展轨迹.

从古希腊时代至 17 世纪中叶的数学都属于初等数学阶段. 初等数学聚焦"静态"：研究常量(固定不变的量)与规则图形(如直线、多边形)，核心是离散量的运算(加减乘除及其逆运算). 而微积分则着眼"动态"：以变量(变化的量)和复杂形态(如曲线、曲面)为对象，构建了连续变化的数学体系，其核心便是微积分.

微积分诞生于 17 世纪. 当时的科学家面临四类难题：瞬时速度的计算(如变速运动中某一时刻的速度)、曲线切线的求解(如透镜设计需用到的光学原理)、函数极值的确定(如炮弹射程的最大化)、不规则图形的度量(如曲线长度、曲面体积). 这些问题推动牛顿与莱布尼茨各自创立微积分，为描述连续变化提供了工具.

但微积分的发展并非一帆风顺. 早期的理论依赖直观，存在逻辑漏洞(如"0 除以 0"的困惑)，引发了"第二次数学危机". 直到 19 世纪，柯西、威尔斯特拉斯等用极限理论厘清概念，戴德金、康托建立实数连续统，才为微积分筑牢了基础. 这一过程，与群论、非欧几何共同成为 19 世纪数学的三大突破，催生了"变量数学"时代 —— 数学从此能精准描述运动与变化，正如恩格斯所言："运动和辩证法进入了数学."

从 19 世纪末至今，数学迈入现代阶段，分支愈发丰富，但微积分仍是大学阶段的核心内容. 它连接着初等数学的"静态"与现代数学的"抽象"，是理解连续变化世界的关键钥匙.

四、如何学好微积分

学好微积分，需兼顾"知"与"行"，更要培养"思"的能力.

其一，深耕教材，看透本质. 数学概念往往以抽象符号呈现，要透过公式表象，理解其背后的思想. 比如导数不仅是斜率，更是变化率的量化；积分不仅是面积，更是累积效应的计算.

其二，以练促学，强化应用. 习题不是负担，而是理解的桥梁. 通过演算，既能熟练掌握运算技巧，更能体会理论的适用边界，比如复合函数求导的链式法则在深度学习的反向传播中如何发挥作用.

其三，联系实际，主动迁移. 尝试用数学视角分析身边问题，比如用概率解释天气预报的准确率，用微积分理解物体冷却的规律，这种迁移能力，才是数学学习的终极目标.

其四，独立思考，敢于质疑. 数学的发展本就是不断纠错、突破的过程. 面对定义，多问"为什么这样定义"，遇到难题，尝试"换种思路推导"，这种批判性思维，是创新的起点.

五、中国数学家的精神坐标

在中国的发展历程中，一代代数学家以智慧与担当书写传奇.

钱学森以数学为基，奠基中国航天事业，成为"两弹一星"功勋中的科学脊梁；关肇直深耕控制理论，为卫星测轨、导弹制导提供了核心算法，助力"东方红一号"升空；吴文俊开创"吴方法"，让机器证明几何定理成为可能，彰显了中国数学的原创力；王选将数学算法融入汉字激光照排，实现了印刷术的"第二次革命"；李大潜提出的"复电阻率测井模型"，至今仍在大庆等油田的开发中发挥作用；彭实戈创立的倒向随机微分方程，不仅是金融定价的基础工具，更曾为国家避免数百亿美元损失……

他们的故事印证了数学的价值，永远与国家需求紧密相连.

清代学者王国维曾言，成大事者需经三境："昨夜西风凋碧树，独上高楼，望尽天涯路"的探索，"衣带渐宽终不悔，为伊消得人憔悴"的坚守，"众里寻他千百度，蓦然回首，那人却在，灯火阑珊处"的顿悟. 学习微积分，亦是如此 —— 它或许有挑战，但当你能用它解析世界、报效祖国时，便会明白：所有的付出，都值得.

愿读者以数学为舟，渡向更广阔的认知海洋，成为国家需要的创新人才.

六、常用的数学符号

符　号	含　义	符　号	含　义
$\mathbf{N}$	自然数集（非负整数集）	$\Rightarrow$	必要条件
$\mathbf{N}_+$	正整数集	$\Leftarrow$	充分条件
$\mathbf{Z}$	整数集	$\Leftrightarrow$	充分必要条件
$\mathbf{Q}$	有理数集	$\triangleq$	相当于
$\mathbf{R}$	实数集	$\ll$	远小于
$\mathbf{R}_+$	正实数集	$\gg$	远大于
$\mathbf{C}$	复数集	$\forall$	全称量词
$A \backslash B$	集合 A 和 B 的差集	$\exists$	存在量词
$\overline{A}$ 或 A^{c}	集合 A 的补集	$\max$	最大
$\varnothing$	空集	$\min$	最小

符　号	含　义	符　号	含　义
$U(a,\delta)$,$U(a)$	a 的 δ 邻域	$\sum\limits_{i=1}^{n}a_i$	$a_1+a_2+\cdots+a_n$
$\overset{\circ}{U}(a,\delta)$,$\overset{\circ}{U}(a)$	a 的去心 δ 邻域	$\prod\limits_{i=1}^{n}a_i$	$a_1\cdot a_2\cdot\cdots\cdot a_n$
∂E	点集 E 的边界	$\exp x$	x 的指数函数(以 e 为底)
$x\to a$	x 趋于 a	Δx	x 的(有限)增量
$\lim\limits_{x\to a}f(x)$	x 趋于 a 时 $f(x)$ 的极限	$f(x)\Big|_a^b$, $\Big[f(x)\Big]_a^b$	$f(b)-f(a)$
$\dfrac{\mathrm{d}f}{\mathrm{d}x}$	单变量函数 f 的导(函)数或微商	$\mathrm{d}f$	函数 f 的全微分
$\displaystyle\int_a^b f(x)\mathrm{d}x$	函数 f 由 a 至 b 的定积分	$\displaystyle\int f(x)\mathrm{d}x$	函数 f 的不定积分
$\dfrac{\mathrm{d}f}{\mathrm{d}x}\Big|_{x=a}$	函数 f 的导(函)数在 a 的值	$\dfrac{\partial f}{\partial x}$	多变量 $x,y,\cdots$ 的函数 f 对于 x 的偏微商或偏导数
$\dfrac{\mathrm{d}^n f}{\mathrm{d}x^n}$	单变量函数 f 的 n 阶导函数	$\dfrac{\partial^{m+n}f}{\partial x^n\partial y^m}$	函数 f 先对 y 求 m 次偏微商,再对 x 求 n 次偏微商;混合偏导数

第1章 函数、极限与连续初阶

知识目标

1. 函数：掌握函数的定义、表示法、四大特性(有界性、单调性、周期性、奇偶性)，理解复合函数、反函数、分段函数、初等函数的概念，熟记基本初等函数的性质.

2. 极限：理解数列极限与函数极限的直观概念、四则运算，掌握夹逼准则、重要极限，区分无穷小与无穷大.

3. 连续：掌握函数在一点连续的定义、闭区间连续函数的性质(最大最小值、有界性、零点定理等).

能力目标

1. 能建立实际问题的函数关系，分解/构造复合函数.

2. 能利用闭区间上连续函数的性质证明方程根的存在性等问题.

课程思政目标

1. 感受中国古代数学成就(如刘徽"割圆术")，增强文化自信.

2. 体会极限中的辩证思维(近似与精确、量变到质变).

3. 培养严谨逻辑思维与解决实际问题的能力.

1.1 函　　数

1.1.1 函数的概念

1. 函数的定义

对于函数，中国清朝数学家李善兰的解释是"凡此变数中函彼变数者，则此为彼之函数"，即函数指一个量随着另一个量的变化而变化，或者是一个量中包含另一个量. 其严格定义如下.

➤【定义 1.1.1】 若 D 为一个非空实数集合，设有一个对应法则 f，使得对每一个实数 $x \in D$ 都有一个唯一确定的实数 y 与之对应，则称这个对应法则 f 为定义在 D 上的一个**函数**，或称变量 y 是变量 x 的函数，记作 $y = f(x)$，$x \in D$. 其中 x 称为**自变量**，y 称为**因变量**，集合 D 称为函数的**定义域**，也可以记作 $D(f)$. 对于 $x_0 \in D$ 所对应的 y 的值，记作 y_0、$f(x_0)$、$f|_{x=x_0}$ 或 $y|_{x=x_0}$，称为当 $x = x_0$ 时函数 $y = f(x)$ 的**函数值**. 全体函数值组成的集合 $\{y | y = f(x), x \in D\}$，称为函数 $y = f(x)$ 的**值域**，记作 R_f 或 $f(D)$.

集合 $\{(x, y) | y = f(x), x \in D\}$ 称为函数 f 的**图形**(或**图像**)，记为 graph(f)，也可简

记为 $G(f)$.

表示函数的符号可以任意选取,除了常用的 f 外,还可以用其他的英文或希腊字母,如 g,F,φ,ϕ 等. 在讨论同一问题时,不同的函数应该用不同的字母来表示. 以后若无特别说明,凡提及的数以及数集都限于实数范围内.

由定义 1.1.1 可知,**定义域和对应法则是构成函数的两大要素**. 只要定义域和对应法则给定,相应的值域也就确定了. 因此,**当且仅当两个函数的定义域和对应法则完全相同时,两个函数相同**,即若两个函数 f 和 g 相同,意味着 $D(f)=D(g)$,且对于任意的 $x\in D$,有 $f(x)=g(x)$.

例如,$f(x)=x+3$ 与 $g(x)=\dfrac{x^2-9}{x-3}$ 就表示两个不同的函数,因为二者的定义域不同. 而 $f(x)=x^2$ 和 $g(t)=t^2$ 尽管所用变量形式不同,但其定义域(全体实数)和对应法则相同,因此它们是相同的函数.

【例 1.1.1】 下列各题中,函数 $f(x)$ 与 $g(x)$ 是否相同? 为什么?

(1) $f(x)=\lg x^2$,$g(x)=2\lg x$;

(2) $f(x)=x$,$g(x)=\sqrt{x^2}$;

(3) $f(x)=\sqrt[3]{x^4-x^3}$,$g(x)=x\sqrt[3]{x-1}$;

(4) $f(x)=1$,$g(x)=\sec^2 x-\tan^2 x$.

解 (1) 不相同,因为 $\lg x^2$ 的定义域是 $(-\infty,0)\bigcup(0,+\infty)$,而 $2\lg x$ 的定义域是 $(0,+\infty)$.

(2) 不相同,因为两者的对应法则不同,当 $x<0$ 时,$g(x)=-x$.

(3) 相同,因为两者的定义域、对应法则均相同.

(4) 不相同,因为两者的定义域不同.

许多函数是由解析式来表示的,在这种情形下,函数的定义域并不专门给出,而由解析式蕴含,即函数的定义域是指使解析式中运算有意义的数集,这种定义域称为函数的自然定义域. 常见函数的自然定义域如表 1.1.1 所示.

表 1.1.1　常见函数的自然定义域

函　　数	定义域的限制	说　　明
$y=\dfrac{1}{x}$	$x\neq 0$	分母不能为零
$y=\sqrt{x}$,$y=\sqrt[2n]{x}$	$x\geqslant 0$	开偶次方时,被开方数必须大于或等于零
$y=\dfrac{1}{\sqrt{x}}$,$y=\dfrac{1}{\sqrt[2n]{x}}$	$x>0$	开偶次方时,被开方数必须大于或等于零,且分母不能为零
$y=\ln x$,$y=\log_a x$	$x>0$	真数必须大于零
$y=\dfrac{1}{\ln x}$,$y=\dfrac{1}{\log_a x}$	$x>0$ 且 $x\neq 1$	真数必须大于零,且不能等于 1
$y=\tan x$	$x\neq k\pi+\dfrac{\pi}{2}(k\in\mathbf{Z})$	$\tan x=\dfrac{\sin x}{\cos x}(\cos x\neq 0)$
$y=\cot x$	$x\neq k\pi(k\in\mathbf{Z})$	$\cot x=\dfrac{\cos x}{\sin x}(\sin x\neq 0)$

在一些实际问题中，函数的定义域还受实际条件的约束. 例如自由落体的路程 S 是下落时间 t 的函数 $S = \dfrac{1}{2}gt^2$，若其落到地面的总时间为 T，则此函数的定义域为 $[0, T]$.

【例 1.1.2】 设 $f(x-1)$ 的定义域为 $[0, a](a > 0)$，求 $f(x)$ 的定义域.

解 函数 $f(x-1)$ 的定义域是指 x 的变化范围，即 $0 \leqslant x \leqslant a$，令 $t = x - 1$，则 $-1 \leqslant t \leqslant a - 1$. 故对函数 $f(t)$ 而言，t 的变化范围为 $[-1, a-1]$，由函数表达式的"变量无关性"知：$f(x)$ 的定义域为 $[-1, a-1]$.

> 本例常见错误答案为 $[1, a+1]$. 之所以出错，主要是对函数定义域所指的变量取值范围理解不深，误认为 $0 \leqslant x - 1 \leqslant a$，由此得到 $1 \leqslant x \leqslant a + 1$.

2. 分段函数

有些函数在其定义域内的不同部分，对应法则由不同的解析式表达：

$$f(x) = \begin{cases} g(x), & x \in I_1 \\ h(x), & x \in I_2 \end{cases}$$

这种函数称为**分段函数**. 对于分段函数来说，虽然其由不同的解析式表达，但其仍是一个函数，而不是两个或几个函数，只是在函数的定义域中的不同段上，函数的对应法则的表达方式不同而已.

以下给出几个常见的分段函数.

1）绝对值函数

绝对值函数的解析式为

$$y = |x| = \begin{cases} x, & x \geqslant 0 \\ -x, & x < 0 \end{cases}$$

其定义域为 $\mathbf{R}$，值域为 $[0, +\infty)$，图形如图 1.1.1 所示.

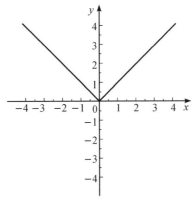

图 1.1.1 绝对值函数

绝对值函数常用于构造机器学习算法训练目标函数中的正则化项.

2）符号函数

符号函数的解析式为

$$y = \mathrm{sgn}x = \begin{cases} 1, & x > 0 \\ 0, & x = 0 \\ -1, & x < 0 \end{cases}$$

其定义域为 **R**，值域为$\{-1, 0, 1\}$，图形如图 1.1.2 所示.

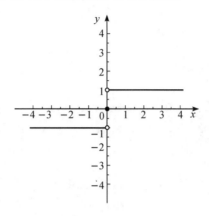

图 1.1.2　符号函数

用符号函数表示某些函数是比较方便的，如$|x| = x \cdot \mathrm{sgn}x$，$x = |x| \cdot \mathrm{sgn}x$．符号函数常用于分类器的预测函数，表示二值化的分类结果．符号函数在支持向量机、逻辑回归中常被使用．函数值为 1 时表示分类结果为正样本，为-1时表示分类结果为负样本．

3）取整函数

取整函数的解析式为$y = [x]$，其中$[x]$表示不超过x的最大整数，如$\left[\dfrac{2}{3}\right] = 0$，$[\sqrt{2}] = 1$，$[-1] = -1$，$[-3.4] = -4$等，其定义域为 **R**，值域为 **Z**．取整函数可以用分段函数表示为$y = [x] = n$，$n \leqslant x < n+1$，n是整数，其图形如图 1.1.3 所示．

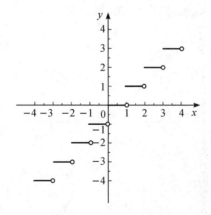

图 1.1.3　取整函数

取整函数具有如下性质：

(1) $[x] \leqslant x < [x] + 1$;　　　　　　　　(2) $[x] = x \Leftrightarrow x$ 为整数;

(3) $[x+y] \geqslant [x] + [y]$;　　　　　　　　(4) $[x+n] = [x] + n$.

4）最大值函数

最大值函数的解析式为

$$\max\{f(x),\,g(x)\}=\begin{cases}f(x),\,f(x)\geqslant g(x)\\g(x),\,f(x)<g(x)\end{cases}$$

例如，$f(x)=\max\{1,\,x^2\}=\begin{cases}x^2,\,x<-1\\1,\,\,|x|\leqslant1\\x^2,\,x>1\end{cases}$，$f(x)=\max\{1,\,x^2,\,x^3\}=\begin{cases}x^2,\,x<-1\\1,\,\,|x|\leqslant1\\x^3,\,x>1\end{cases}$均为最

大值函数.

在深度学习中被广泛使用的 ReLU 函数（Rectified Linear Unit，**线性整流函数**）定义为

$$f(x)=\max\{0,\,x\}=\begin{cases}x,\,x\geqslant0\\0,\,x<0\end{cases}$$

其图形如图 1.1.4 所示.

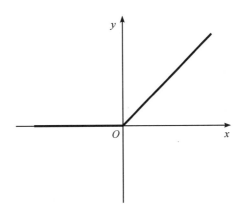

图 1.1.4　ReLU 函数

5）最小值函数

最小值函数的解析式为

$$\min\{f(x),\,g(x)\}=\begin{cases}g(x),\,f(x)\geqslant g(x)\\f(x),\,f(x)<g(x)\end{cases}$$

6）狄利克雷（Dirichlet）函数

狄利克雷函数的解析式为

$$D(x)=\begin{cases}1,\,x\in\mathbf{Q}\\0,\,x\in\mathbf{Q}^{c}\end{cases}$$

其定义域为 $\mathbf{R}$，值域为 $\{0,\,1\}$. 无法用图形直观地表示这个函数.

1.1.2　函数的表示法

函数可以通过多种形式表示，每种形式都有其独特的定义和应用场景. 显函数、隐函数、参数函数、极坐标函数是描述函数关系的四种常见方法.

1. 函数的显式表示——显函数

通常用 $y=f(x)$ 来表示函数，它是用自变量 x 的解析式来表示因变量 y 的，函数的这种表达式称为**显函数**. 例如，函数 $y=2x+1$ 是显函数. 显函数能清晰地将因变量解出，便于计算，但这并不是函数关系的唯一表达形式.

2. 函数的隐式表示——隐函数

一般地，对于二元方程 $F(x,y)=0$，若存在函数 $y=f(x)$，满足 $F[x,f(x)]=0$，则称 $y=f(x)$ 是由二元方程 $F(x,y)=0$ 所确定的隐函数. 隐函数强调变量间的整体关系，而不直接表达为 $y=f(x)$.

例如，圆的方程 $x^2+y^2=r^2$ 是隐函数，其中 y 不能直接表示为 x 的显式函数（因为对于每个 x，可能有多个 y 值），但方程却隐含了 x 和 y 的关系.

3. 函数的参数方程表示——参数函数

参数方程也是表示函数的一种方式，即形如

$$\begin{cases} x=\varphi(t) \\ y=\psi(t) \end{cases}, t\in I$$

的方程（I 为某个区间），变量 t 称为**参数**.

例如，圆 $x^2+y^2=4$ 可化为参数方程 $\begin{cases} x=2\cos\theta \\ y=2\sin\theta \end{cases}$，其中 $\theta\in[0,2\pi]$，参数 θ 表示动点 (x,y) 和圆心的连线与 x 轴正向的夹角.

再如，一个半径为 a 的圆，在一条直线上滚动，圆周上一定点 P 描绘出一条多拱形的曲线，称为**摆线**，如图 1.1.5 所示. 设圆滚动时所沿的直线为 x 轴，取一拱开始点作为坐标原点，过拱上一点 P 作 PM 垂直于 x 轴，过圆心 C 作 CN 垂直于 x 轴，过点 P 作 PQ 垂直于半径 CN. 取参数 $t=\angle PCN$，于是

$$ON=\overset{\frown}{PN}=at$$

从而可得一拱曲线的参数方程为

$$\begin{cases} x=OM=ON-MN=at-a\sin t=a(t-\sin t) \\ y=PM=NC-QC=a-a\cos t=a(1-\cos t) \end{cases}, 0\leqslant t\leqslant 2\pi$$

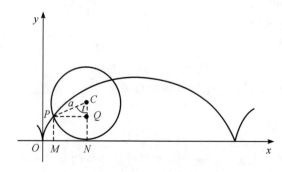

图 1.1.5　摆线

4. 函数的极坐标表示——极坐标函数

函数的解析式在不同的坐标系下其几何意义不同. 除了在直角坐标系中讨论函数的图形, 常在极坐标系中讨论函数的图形. 如图 1.1.6 所示, 在平面内取一个定点 O, 称为**极点**; 从极点引一条射线, 称为**极轴**; 再选定一个长度单位和角度正方向(通常取逆时针方向), 这样就建立了一个**极坐标系**. 极坐标方程常表示为 $\rho = \rho(\theta)$.

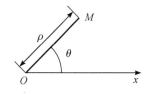

图 1.1.6 极坐标

在图 1.1.6 所示的极坐标系中, 对于平面上任意一点 M, 用 ρ 表示线段 OM 的长度, 用 θ 表示从 Ox(极轴)到 OM 的角度, 即以 Ox 为始边、OM 为终边的角. ρ 称为点 M 的极径, θ 称为点 M 的极角, 有序数对(ρ, θ)即为点 M 的极坐标. 特别规定: 当点 M 在极点时, 它的极径 $\rho = 0$, 极角 θ 可以取任意值.

直角坐标(x, y)与极坐标(ρ, θ)之间可以进行转换, 其关系是

$$x = \rho\cos\theta, \quad y = \rho\sin\theta$$

若函数曲线的极坐标方程为 $\rho = \rho(\theta)$, 则极坐标与直角坐标之间的关系可化为

$$\begin{cases} x = \rho(\theta)\cos\theta \\ y = \rho(\theta)\sin\theta \end{cases}$$

因此极坐标方程容易化为参数方程, 从而反映 x, y 间的关系.

例如, 圆 $x^2 + y^2 = 4$ 的极坐标方程为 $\rho = 2$; 直线 $y = x$ 的极坐标方程为 $\sin\theta = \cos\theta$(当 $x \geqslant 0$ 时可写为 $\theta = \dfrac{\pi}{4}$, 当 $x < 0$ 时可写为 $\theta = \dfrac{5\pi}{4}$).

再如, 图 1.1.7 和图 1.1.8 的极坐标方程分别为 $\rho = a(1 - \cos\theta)(a > 0)$ 和 $\rho^2 = a^2\cos2\theta(a > 0)$, 分别称为**心形线**和**双纽线**.

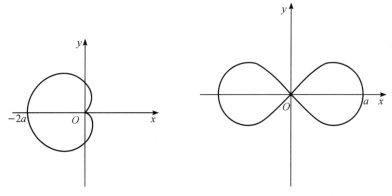

图 1.1.7 心形线   图 1.1.8 双纽线

【**例 1.1.3**】 分别写出$(x - a)^2 + y^2 = a^2$ 和 $x^2 + (y - a)^2 = a^2$ 的参数方程和极坐标方程, 并确定参数方程的参数的变化范围和极坐标的自变量.

解 $(x - a)^2 + y^2 = a^2$ 的参数方程为

$$\begin{cases} x = a + a\cos\theta \\ y = a\sin\theta \end{cases}, \quad \theta \in [0, 2\pi]$$

极坐标方程为

$$\rho = 2a\cos\theta, \ \theta \in \left[-\frac{\pi}{2}, \ \frac{\pi}{2}\right]$$

$x^2 + (y-a)^2 = a^2$ 的参数方程为

$$\begin{cases} x = a\cos\theta \\ y = a + a\sin\theta \end{cases}, \ \theta \in [0, \ 2\pi]$$

极坐标方程为

$$\rho = 2a\sin\theta, \ \theta \in [0, \ \pi]$$

1.1.3 复合函数

1. 复合函数的定义

▶【定义 1.1.2】 设函数 $y = f(u)$ 的定义域为 $D(f)$，函数 $u = g(x)$ 的定义域为 $D(g)$、值域为 $R(g)$，且 $R(g) \bigcap D(f) \neq \varnothing$，记 $D = \{x \mid x \in D(g), g(x) \in D(f)\}$，则将式

$$y = f[g(x)], \ x \in D$$

定义的函数称为由 $u = g(x)$，$y = f(u)$ 构成的**复合函数**. 变量 u 称为**中间变量**，$u = g(x)$ 称为**中间函数**. 用 $f \circ g$ 记这个复合函数，即对任意 $x \in D$，有

$$(f \circ g)(x) = f[g(x)]$$

例如，$y = \sin^2 x$ 是由 $y = u^2$ 和 $u = \sin x$ 复合而成的；$y = \cos x^2$ 是由 $y = \cos u$ 和 $u = x^2$ 复合而成的.

根据定义 1.1.2 知，复合函数的自然定义域不一定是中间函数的自然定义域. 例如 $y = \ln(\sin x)$ 是由 $y = \ln u$ 和 $u = \sin x$ 复合而成的，u 的自然定义域为 **R**，而复合函数 y 的定义域为 $D = \{x \mid x \in (2k\pi, 2k\pi + \pi), k \in \mathbf{Z}\}$，不是 **R**. 还要注意，并非任意两个函数都可以进行函数的复合. 如 $y = f(u) = \ln u$ 和 $u = g(x) = \sin x - 1$ 就不能复合，因为 $R(g) \bigcap D(f) = \varnothing$.

复合函数的概念可以推广到有限多个函数复合的情况. 例如，函数 $y = 2^{\sqrt{e^x - 1}}$ 可以看成是由

$$y = 2^u, \ u = \sqrt{v}, \ v = e^x - 1$$

三个函数复合而成的，复合函数的定义域为 $[0, +\infty)$；函数 $y = [\arctan(x + \sin x)]^{\frac{1}{2}}$，可以看成是由

$$y = u^{\frac{1}{2}}, \ u = \arctan v, \ v = x + \sin x$$

三个函数复合而成的.

2. 求复合函数的方法

求复合函数的常用方法有两种：代入法和图示法.

(1) 代入法. 代入法是将一个函数中的自变量用另一个函数的表达式来替代，从而求复合函数的一种方法. 该方法适用于初等函数或抽象函数的复合，也是求复合函数时一般

最先想到的方法. 例如, 设 $f(x)=\sin x$, $\phi(x)=\mathrm{e}^x$, 则 $f[\phi(x)]=\sin[\phi(x)]=\sin(\mathrm{e}^x)$.

（2）图示法. 图示法是借助于图形的直观性求复合函数的一种方法. 该方法适用于分段函数, 尤其是两个分段函数的复合. 图示法求复合函数的一般步骤如下:

① 画出中间变量函数 $u=\phi(x)$ 的图形;

② 把 $y=f(u)$ 的分界点在 xOu 平面上画出（这是若干条平行于 x 轴的直线）;

③ 写出 u 在不同区间段上 x 所对应的变化区间;

④ 将③所得结果代入 $y=f(u)$ 中, 便得 $y=f[\phi(x)]$ 的表达式及相应 x 的变化区间.

【例 1.1.4】 已知 $f(x)=\mathrm{e}^{x^2}$, $f[\phi(x)]=1-x$, 且 $\phi(x)\geqslant 0$, 求 $\phi(x)$ 及其定义域.

解 $f[\phi(x)]=\mathrm{e}^{\phi^2(x)}=1-x\Rightarrow\phi^2(x)=\ln(1-x)$, 故 $\phi(x)=\pm\sqrt{\ln(1-x)}$, 又由 $\phi(x)\geqslant 0$ 知 $\phi(x)=\sqrt{\ln(1-x)}$, 其定义域为 $\begin{cases}\ln(1-x)\geqslant 0\\1-x>0\end{cases}$, 得 $x\leqslant 0$.

【例 1.1.5】 设 $f(x)=\begin{cases}2x, & x<0\\x^2, & x\geqslant 0\end{cases}$, 试求 $f[f(x)]$.

解　方法 1 代入法:

$$f[f(x)]=\begin{cases}2f(x), f(x)<0=\begin{cases}2\cdot 2x, 2x<0, x<0\\2\cdot x^2, x^2<0, x\geqslant 0\text{（无解）}\end{cases}\\f^2(x), f(x)\geqslant 0=\begin{cases}(2x)^2, 2x\geqslant 0, x<0\text{（无解）}\\(x^2)^2, x^2\geqslant 0, x\geqslant 0\end{cases}\end{cases}$$

$$=\begin{cases}4x, & x<0\\x^4, & x\geqslant 0\end{cases}$$

方法 2 图示法:

令 $u=f(x)=\begin{cases}2x, & x<0\\x^2, & x\geqslant 0\end{cases}$, 作出 $u=f(x)$ 的图像, 如图 1.1.9 所示.

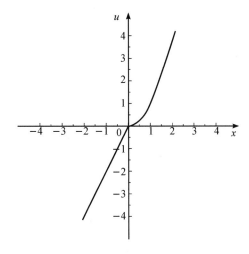

图 1.1.9

再在图 1.1.9 中作出 $y=f(u)=\begin{cases}2u, & u<0\\u^2, & u\geqslant 0\end{cases}$ 的分界点 $u=0$ 的图像（x 轴）.

从图 1.1.9 中可以看出，当 $u<0$ 时，对应的 $x<0$，此时 $u=2x$；当 $u\geqslant0$ 时，对应的 $x\geqslant0$，此时 $u=x^2$. 将这些结果代入 $y=f(u)=\begin{cases}2u, & u<0 \\ u^2, & u\geqslant0\end{cases}$，可得

$$y=f(u)=\begin{cases}2u, & u<0 \\ u^2, & u\geqslant0\end{cases}=\begin{cases}2\cdot2x, & x<0 \\ (x^2)^2, & x\geqslant0\end{cases}=\begin{cases}4x, & x<0 \\ x^4, & x\geqslant0\end{cases}=f[f(x)]$$

即 $f[f(x)]=\begin{cases}4x, & x<0 \\ x^4, & x\geqslant0\end{cases}$.

1.1.4　反函数

1. 反函数的定义

▶【定义 1.1.3】　设 $y=f(x)$ 为定义在 D 上的一个函数，其值域为 $f(D)$. 若对于每一个 $y\in f(D)$，均有唯一确定的 x 使得 $f(x)=y$ 与之对应，则将该对应法则记作 f^{-1}，并将这个定义在 $f(D)$ 上的函数 $x=f^{-1}(y)$ 称为函数 $y=f(x)$ 的**反函数**，或称它们互为反函数，有时也写成 $y=f^{-1}(x)$. $y=f(x)$ 称为**直接函数**.

反函数有以下两种表达方式.

1) 不改变记号

若 $x=g(y)$ 为 $y=f(x)$ 的反函数，则在某些场合，常把 $y=f(x)$ 的反函数记为 $x=f^{-1}(y)$ 或 $x=g(y)$. 没有改变记号的互为反函数的两个函数 $y=f(x)$ 和 $x=f^{-1}(y)$ 的曲线重合.

2) 改变记号

若 $x=g(y)$ 为 $y=f(x)$ 的反函数，则在某些场合，常把 $y=f(x)$ 的反函数记为 $y=f^{-1}(x)$ 或 $y=g(x)$，此时已重新把 x 视为自变量. 改变记号的互为反函数的两个函数 $y=f(x)$ 和 $y=g(x)=f^{-1}(x)$ 的曲线关于直线 $y=x$ 对称.

在反函数记号的使用中，一定要分清是否需要换变量记号，一般在纯粹需要求反函数时，需要改变记号.

一般地，除了专门要求一个函数的反函数用改变记号的表示方法，其余情况均用不改变记号的表示方法.

2. 存在反函数的充要条件

函数 $y=f(x)$ 存在反函数的充要条件是，对于定义域 D 中任意两个不同的自变量 x_1，x_2，有 $f(x_1)\neq f(x_2)$.

3. 反函数的性质

反函数有如下性质：

(1) 函数 $y=f(x)$ 与其反函数 $x=f^{-1}(y)$ 的图像关于直线 $y=x$ 对称.

(2) 设函数 $y=f(x)$ 的定义域为 (a,b)，值域为 (α,β)，若 $y=f(x)$ 在 (a,b) 上单调递增(或递减)，则 $y=f(x)$ 在 (a,b) 上存在反函数，且 $x=f^{-1}(y)$ 在 (α,β) 上单调递增(或递减).

【例 1.1.6】 求函数 $y = \dfrac{1+\sqrt{1-x}}{1-\sqrt{1-x}}$ 的反函数.

解 令 $t = \sqrt{1-x}$，则 $y = \dfrac{1+t}{1-t}$. 所以 $t = \dfrac{y-1}{y+1}$，即 $\sqrt{1-x} = \dfrac{y-1}{y+1}$，所以

$$x = 1 - \left(\frac{y-1}{y+1}\right)^2 = \frac{4y}{(y+1)^2}$$

因此函数 $y = \dfrac{1+\sqrt{1-x}}{1-\sqrt{1-x}}$ 的反函数为 $x = \dfrac{4y}{(y+1)^2}$.

习题 1.1

1. 下列各题中，$f(x)$ 与 $g(x)$ 是否表示同一函数？为什么？

(1) $f(x) = |x|$，$g(x) = \sqrt{x^2}$；

(2) $f(x) = \sqrt{1-\cos^2 x}$，$g(x) = \sin x$；

(3) $f(x) = 3x^2 + 2x - 1$，$g(t) = 3t^2 + 2t - 1$.

2. 设 $y = f(x)$，$x \in [0,4]$，求 $f(x^2)$ 和 $f(x+5) + f(x-5)$ 的定义域.

3. 设 $f(x) = \begin{cases} 1, & |x| < 1 \\ 0, & |x| = 1 \\ -1, & |x| > 1 \end{cases}$，$g(x) = \mathrm{e}^x$，求 $f[g(x)]$，$g[f(x)]$.

4. 已知 $f(x) = \sin x$，$f[\varphi(x)] = 1 - x^2$，且 $\varphi(x) \geqslant 0$，求 $\varphi(x)$ 并写出其定义域.

5. 求下列函数的反函数及其定义域：

$$y = \frac{1}{2}(\mathrm{e}^x + \mathrm{e}^{-x}),\ 0 \leqslant x < +\infty$$

6. 已知两个点电荷 q_1、q_2 的距离为 r，试表示相互作用力 f 与距离 r 间的函数关系.

7. 将半径为 R 的圆铁片自中心剪去一扇形，其中心角为 θ，用余下的铁片围成一个无底的圆锥，将其体积用 θ 表示出来.

1.2 函 数 的 特 性

1.2.1 单调性

▶**【定义 1.2.1】** 对于函数 $y = f(x)$，$x \in D$，若对某区间 I 内的任意两点 x_1，x_2，当 $x_1 > x_2$ 时，恒有 $f(x_1) > f(x_2)$（或 $f(x_1) < f(x_2)$），则称函数 $f(x)$ 在 I 上**单调增加（或单调减少）**，并称 I 为 $f(x)$ 的一个**单调增区间（或单调减区间）**；当 $x_1 > x_2$ 时，恒有 $f(x_1) \geqslant f(x_2)$（或 $f(x_1) \leqslant f(x_2)$），则称函数 $f(x)$ 在 I 上**单调不减（或单调不增）**.

根据函数单调性的定义，可得到如下性质：

(1) 若 $f_1(x)$，$f_2(x)$ 均为增函数（或减函数），则 $f_1(x) + f_2(x)$ 亦为增函数（或减函数）.

(2) 设 $f(x)$ 为增函数，若常数 $C > 0$，则 $Cf(x)$ 为增函数；若常数 $C < 0$，则 $Cf(x)$ 为

减函数.

(3) 若函数 $y=f(u)$ 与 $u=g(x)$ 的增减性相同，则复合函数 $y=f[g(x)]$ 为增函数；若函数 $y=f(u)$ 与 $u=f(x)$ 的增减性相反，则复合函数 $y=f[g(x)]$ 为减函数.

【例 1.2.1】 设 $f(x)$ 在 $(-\infty,+\infty)$ 上有定义，且对任意 $x,y\in(-\infty,+\infty)$，有 $|f(x)-f(y)|<|x-y|$，证明：$F(x)=f(x)+x$ 在 $(-\infty,+\infty)$ 上单调增加.

证 任取 $x_1,x_2\in(-\infty,+\infty)$，由于 x_1,x_2 的任意性，不妨设 $x_1<x_2$，根据题意有
$$|f(x_2)-f(x_1)|<|x_2-x_1|=x_2-x_1$$
由不等式的性质知
$$f(x_1)-f(x_2)\leqslant|f(x_1)-f(x_2)|$$
即
$$f(x_1)-f(x_2)\leqslant|f(x_2)-f(x_1)|<x_2-x_1$$
所以
$$f(x_1)+x_1<f(x_2)+x_2$$
从而 $F(x_1)<F(x_2)$，因此 $F(x)$ 在 $(-\infty,+\infty)$ 上单调增加.

1.2.2 周期性

▶【定义 1.2.2】 对于函数 $y=f(x)$，$x\in D$（D 为无界区域），若存在正数 T，使得对 D 内的任意一点 x 都有 $f(x\pm T)=f(x)$，则称 $f(x)$ 为一个**周期函数**，而 T 为 $f(x)$ 的一个**周期**. 易知，若 T 为 $f(x)$ 的一个周期，则对任意的正整数 n，nT 亦为 $f(x)$ 的周期. 在 $f(x)$ 的所有周期中，我们把最小的正数称为**最小正周期**.

> (1) 常见周期函数及其最小正周期：
> $y=\sin x$，$T=2\pi$；
> $y=\cos x$，$T=2\pi$；
> $y=\tan x$，$T=\pi$；
> $y=\cot x$，$T=\pi$.
>
> (2) 并不是所有的周期函数都有最小正周期. 例如，可以证明常值函数和狄利克雷函数就是不存在最小正周期的周期函数.
>
> (3) 研究周期函数的性质时，只需在任何一个长度为一个周期的闭区间（如 $[0,T]$）上来讨论就够了.

根据周期函数的定义，可得到以下性质：

(1) 若 $f(x)$ 以 T 为最小正周期，则 $f(\omega x)$ 以 $\dfrac{T}{|\omega|}$（$\omega\neq 0$）为最小正周期.

(2) 多个函数的和、差、积的最小正周期一般为各个函数的最小正周期的最小公倍数. 例如，$y=\sin 4x+\cos 3x$ 的最小正周期为 $\dfrac{2\pi}{4}$、$\dfrac{2\pi}{3}$ 的最小公倍数 2π. 不过也有例外，$\sin x$、$\cos x$ 的最小正周期均为 2π，但 $y=\sin x\cdot\cos x$ 的最小正周期为 π.

(3) 若 $\varphi(x)$ 是周期函数，则复合函数 $f[\varphi(x)]$ 也是周期函数. 例如，$e^{\sin x}$、$\sin^2 x$ 都是

周期函数.

（4）若 $y=f(x)$ 的图形有对称中心 $(a,0)$ 和 $(b,0)$，且 $a<b$，即 $f(a+t)=-f(a-t)$，$f(b+t)=-f(b-t)$，进而有

$$f(t)=-f(2a-t),\ f(t)=-f(2b-t)$$

$$\Rightarrow f(2a-t)=f(2b-t)\stackrel{2a-t=u}{\Longrightarrow}f(u)=f[u+2(b-a)]$$

$$\Rightarrow T=2(b-a)$$

可见，$f(x)$ 是周期为 $2(b-a)$ 的周期函数，但 $2(b-a)$ 不一定是最小正周期.

1.2.3　奇偶性

▶【定义 1.2.3】　设函数 $f(x)$ 的定义域 D 关于原点对称（即当 $x\in D$ 时必有 $-x\in D$）. 若对 D 内的任意一点 x，均有 $f(-x)=f(x)$（或 $f(-x)=-f(x)$），则称 $f(x)$ 为一个**偶函数**（或**奇函数**）.

常见的偶函数：C，x^2，x^{2n}，$|x|$，$\cos x$，$\sec x$，e^{x^2}，$\sin x^2$.

常见的奇函数：x，x^3，x^{2n+1}，$\dfrac{1}{x}$，$\sin x$，$\tan x$，$\cot x$，$\csc x$，$\arcsin x$，$\arctan x$，$\ln\dfrac{1+x}{1-x}$，$\ln(x+\sqrt{x^2+1})$，$\dfrac{a^x+1}{a^x-1}$.

（$f(x)+f(-x)=0$ 是判别函数为奇函数的一种有效方法）

根据奇函数和偶函数的定义，可以得到以下性质：

（1）在直角坐标系中，偶函数的图像关于 y 轴对称；奇函数的图像关于原点对称；若 $f(x)$ 在原点有定义，且 $f(x)$ 为奇函数，则必有 $f(0)=0$.

（2）函数四则运算后的奇偶性：

① 奇函数与奇函数的和、差均为奇函数；

② 偶函数与偶函数的和、差、积、商均为偶函数；

③ 奇函数与偶函数的积、商均为奇函数；

④ 奇函数与奇函数的积、商均为偶函数；

⑤ 奇函数与偶函数的和、差均为非奇非偶函数.

（3）复合函数的奇偶性：内偶则偶；同类复合奇偶不变；异类复合必为偶.

例如：e^{x^2}（偶），$\sin x^2$（偶），$|\sin x|$（偶），$\ln|x|$（偶），$\cos(\sin x)$（偶），$\sin^2 x$（偶），$\sin\dfrac{1}{x}$（奇），$\sqrt[3]{\tan x}$（奇），$\sin^3 x$（奇）.

（4）一类特定形式的奇（偶）函数：设 $f(x)$ 的定义域关于原点对称，则

① $f(x)+f(-x)$ 总是偶函数，如双曲余弦函数 $\mathrm{ch}x=\dfrac{\mathrm{e}^x+\mathrm{e}^{-x}}{2}$，$\sqrt[3]{(1+x)^2}+\sqrt[3]{(1-x)^2}$.

② $f(x)-f(-x)$ 总是奇函数，如双曲正弦函数 $\mathrm{sh}x=\dfrac{\mathrm{e}^x-\mathrm{e}^{-x}}{2}$，$\ln\dfrac{1+x}{1-x}=\ln(1+x)-\ln(1-x)$.

③ $f(x)$ 总可以表示成一个奇函数与一个偶函数之和，即

$$f(x) = \frac{f(x) + f(-x)}{2} + \frac{f(x) - f(-x)}{2}$$

(5) 一些对称性结论:

① 若 $y = f(x)$ 的图形有对称轴 $x = a$,则有

$$f(a-x) = f(a+x) \overset{a-x=t}{\Longrightarrow} f(t) = f(2a-t)$$

且 $f(a-x)$ 为偶函数.

② 若 $y = f(x)$ 的图形有对称中心 $(a, 0)$,则有

$$f(a-x) = -f(a+x) \overset{a-x=t}{\Longrightarrow} f(t) = -f(2a-t)$$

且 $f(a-x)$ 为奇函数.

1.2.4　有界性

▶【定义 1.2.4】　设函数 f 的定义域为 D,数集 $X \subset D$,若存在常数 M_1,使得

$$f(x) \leqslant M_1, \ \forall x \in X$$

则称函数 f 在 X 上**有上界**;若存在常数 M_2,使得

$$f(x) \geqslant M_2, \ \forall x \in X$$

则称函数 f 在 X 上**有下界**. 若函数 f 在 X 上既有上界又有下界,则称函数 f 在 X 上**有界**.

函数 f 在 X 上有界也可这样定义:若存在常数 M,使得

$$|f(x)| \leqslant M, \ \forall x \in X$$

则称函数 f 在 X 上**有界**.

常见的有界函数:

① $y = \sin x$,$|\sin x| \leqslant 1$; 　　　　② $y = \cos x$,$|\cos x| \leqslant 1$;

③ $y = \arcsin x$,$|\arcsin x| \leqslant \dfrac{\pi}{2}$; 　　④ $y = \arccos x$,$0 \leqslant \arccos x \leqslant \pi$;

⑤ $y = \arctan x$,$|\arctan x| < \dfrac{\pi}{2}$; 　　⑥ $y = \operatorname{arccot} x$,$0 < \operatorname{arccot} x < \pi$;

⑦ $y = \dfrac{1}{1+x^2}$,$0 < \dfrac{1}{1+x^2} \leqslant 1$; 　　⑧ $y = \dfrac{x}{1+x^2}$,$\dfrac{|x|}{1+x^2} \leqslant \dfrac{1}{2}$.

一个函数可能只有下界,也可能只有上界. 不是有界的函数就称为**无界函数**. 换言之,若对 $\forall M > 0$(不论它有多大),$\exists x_M \in X$,使得 $|f(x_M)| > M$,则称函数 f 在 X 上无界.

例如,$y = \sin x$ 在其定义域 $(-\infty, +\infty)$ 上有界;$y = \dfrac{1}{x}$ 在 $(0, 1]$ 上无界,在 $[1, +\infty)$ 上有界.

复合函数的有界性:若外层函数有界,则复合函数必有界.

【例 1.2.2】　讨论下列函数在其定义域内的有界性.

(1) $\dfrac{x}{1+x^2}$; 　　(2) $\sin\left(\dfrac{\mathrm{e}^x}{x+1}\right)$; 　　(3) $x \cdot \sin x$.

解　(1) 由于 $1 + x^2 \geqslant 2|x|$,因此有 $\left|\dfrac{x}{1+x^2}\right| = \dfrac{|x|}{1+x^2} \leqslant \dfrac{|x|}{2|x|} = \dfrac{1}{2}$,从而函数 $\dfrac{x}{1+x^2}$ 有界.

(2) 由于 $\left|\sin\left(\dfrac{e^x}{x+1}\right)\right|\leqslant 1$，因此函数 $\sin\left(\dfrac{e^x}{x+1}\right)$ 有界.

(3) 取 $x_n=2n\pi+\dfrac{\pi}{2}$，$n\in\mathbf{N}_+$，则

$$x_n\cdot\sin x_n=\left(2n\pi+\dfrac{\pi}{2}\right)\cdot\sin\left(2n\pi+\dfrac{\pi}{2}\right)=2n\pi+\dfrac{\pi}{2}$$

当 n 充分大时，$2n\pi+\dfrac{\pi}{2}$ 可以大于任意给定的正数 M，故函数 $x\cdot\sin x$ 无界.

习题 1.2

1. 判别函数 $f(x)=\sin x^2$ 与 $g(x)=\sin^2 x$ 是否为周期函数. 若是，求出其最小正周期；若不是，说明理由.

2. 判别下列函数是否周期函数. 若是，试求其周期.

(1) $f(x)=\cos\dfrac{x}{2}+2\sin\dfrac{x}{3}$；   (2) $f(x)=\sqrt{\tan x}$；

(3) $f(x)=|\sin x|+\sqrt{\tan\dfrac{x}{2}}$；   (4) $f(x)=\sin x\cos\dfrac{\pi x}{2}$.

3. 判断下列函数的奇偶性.

(1) $f(x)=x\sin x$；   (2) $f(x)=\sin x-\cos x$；

(3) $f(x)=\ln(x+\sqrt{x^2+1})$；   (4) $f(x)=(2+\sqrt{3})^x+(2-\sqrt{3})^x$.

4. 试证：

(1) 两个偶函数的和是偶函数，两个奇函数的和是奇函数；

(2) 两个偶函数的乘积是偶函数，两个奇函数的乘积是偶函数，一个奇函数和一个偶函数的乘积是奇函数.

5. 设 $f(x)$ 为定义在 $\mathbf{R}$ 内的任何函数，证明：$f(x)$ 可分解成一个奇函数和一个偶函数之和.

6. 设 $f(x)$，$g(x)$ 为实数轴上的单调函数，证明：$f[g(x)]$ 也是实数轴上的单调函数.

7. 证明：函数 $f(x)=\dfrac{x}{1+x}$ 在 $(-\infty,-1)$ 与 $(-1,+\infty)$ 上分别单调增加. 并由此证明：

$$\dfrac{|a+b|}{1+|a+b|}\leqslant\dfrac{|a|}{1+|a|}+\dfrac{|b|}{1+|b|}$$

8. 设函数 $f(x)$ 和 $g(x)$ 在区间 (a,b) 内是单调增加的，证明：函数 $\varphi(x)=\max\{f(x),g(x)\}$ 及 $\psi(x)=\min\{f(x),g(x)\}$ 在区间 (a,b) 内也是单调增加的.

9. 对下列函数分别讨论其定义域、值域、奇偶性、周期性、有界性，并作出函数的图形.

(1) $y=x-[x]$；   (2) $y=\tan|x|$；

(3) $y=\sqrt{x(2-x)}$；   (4) $y=|\sin x|+|\cos x|$.

10. 作出下列函数的图形.

(1) $y=x\cdot\sin x$；   (2) $y=\sin\dfrac{1}{x}$；

(3) $y = \text{sgn}(\cos x)$；

(4) $y = [x] - 2\left[\dfrac{x}{2}\right]$.

1.3 基本初等函数与初等函数

1.3.1 基本初等函数

我们经常遇到的函数都是由几种简单的函数构成的，这些最简单的函数就是在中学里学过的六类**基本初等函数**，即常函数、幂函数、指数函数、对数函数、三角函数、反三角函数. 读者应对其定义域、单调性、周期性等性质及图像能熟练掌握.

1. 常函数

常数函数形如 $y = C$（C 为常数），它的定义域为 $(-\infty, +\infty)$，值域 $R_f = \{C\}$，其图像如图 1.3.1 所示.

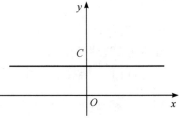

图 1.3.1　常函数

2. 幂函数

幂函数形如 $y = x^\alpha$（α 为实数），它的定义域随 α 而异. 例如，$y = x^2$，$y = x^{\frac{2}{3}}$，$y = x^3$，$y = x^{\frac{1}{3}}$，定义域为 $(-\infty, +\infty)$；$y = x^{\frac{1}{2}}$，定义域为 $[0, +\infty)$；$y = x^{-1}$，定义域为 $(-\infty, 0) \bigcup (0, +\infty)$；$y = x^{-\frac{1}{2}}$，定义域为 $(0, +\infty)$等.

当 $\alpha > 0$ 时，函数 $y = x^\alpha$ 的图像通过原点 $(0, 0)$ 和点 $(1, 1)$，在 $(0, +\infty)$ 内单调增加，如图 1.3.2(a) 所示. 当 $\alpha < 0$ 时，函数 $y = x^\alpha$ 的图像不过原点，但仍通过点 $(1, 1)$，在 $(0, +\infty)$ 内单调减少，如图 1.3.2(b) 所示. 当 α 为奇数时，函数 $y = x^\alpha$ 是奇函数；当 α 为偶数时，函数 $y = x^\alpha$ 是偶函数.

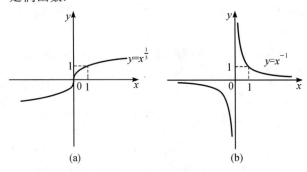

图 1.3.2　幂函数

3. 指数函数

指数函数形如 $y = a^x$（$a > 0$，$a \neq 1$），特别地，$y = \mathrm{e}^x$，它的定义域是 $(-\infty, +\infty)$，函数的图像全部在 x 轴上方，且通过点 $(0, 1)$，如图 1.3.3 所示. 当 $a > 1$ 时，函数单调增加；当 $0 < a < 1$ 时，函数单调减少.

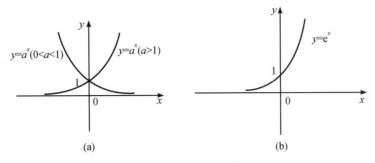

图 1.3.3　指数函数

4. 对数函数

对数函数形如 $y=\log_a x(a>0,a\neq1)$，特别地，若 $a=e$ 时，记为 $y=\ln x$，若 $a=10$ 时，记为 $y=\lg x$，若 $a=2$ 时，记为 $y=\text{lb}x$．它的定义域是 $(0,+\infty)$，函数的图像全部在 y 轴右侧，值域是 $(-\infty,+\infty)$．无论 a 取何值，曲线都通过点 $(1,0)$，如图 1.3.4 所示．当 $a>1$ 时，函数单调增加；当 $0<a<1$ 时，函数单调减少．

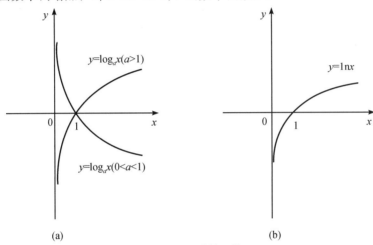

图 1.3.4　对数函数

5. 三角函数

三角函数是指 $\sin x$，$\cos x$，$\tan x$，$\cot x$，$\sec x$ 和 $\csc x$．

正弦函数 $y=\sin x$，定义域为 $(-\infty,+\infty)$，值域为 $[-1,1]$，奇函数，以 2π 为周期，有界，如图 1.3.5 所示．

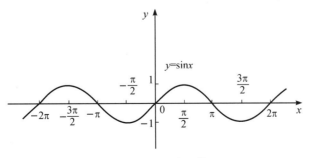

图 1.3.5　正弦函数

余弦函数 $y=\cos x$，定义域为 $(-\infty,+\infty)$，值域为 $[-1,1]$，偶函数，以 2π 为周期，有界，如图 1.3.6 所示.

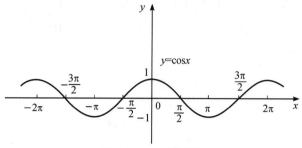

图 1.3.6　余弦函数

正切函数 $y=\tan x=\dfrac{\sin x}{\cos x}$，定义域为 $x\neq k\pi+\dfrac{\pi}{2}(k=0,\pm1,\pm2,\cdots)$，值域为 $(-\infty,+\infty)$，奇函数，以 π 为周期，在每一个定义区间内单调增加，以直线 $x=k\pi+\dfrac{\pi}{2}$ $(k=0,\pm1,\pm2,\cdots)$ 为渐近线，如图 1.3.7 所示.

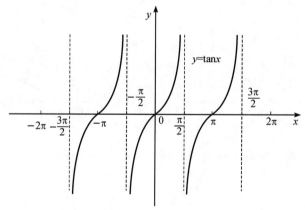

图 1.3.7　正切函数

余切函数 $y=\cot x=\dfrac{\cos x}{\sin x}$，定义域为 $x\neq k\pi(k=0,\pm1,\pm2,\cdots)$，值域为 $(-\infty,+\infty)$，奇函数，以 π 为周期，在每一个定义区间内单调减少，以直线 $x=k\pi$ $(k=0,\pm1,\pm2,\cdots)$ 为渐近线，如图 1.3.8 所示.

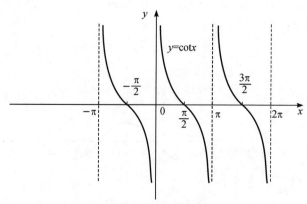

图 1.3.8　余切函数

正割函数 $y=\sec x=\dfrac{1}{\cos x}$，定义域为 $x\neq k\pi+\dfrac{\pi}{2}\,(k=0,\pm 1,\pm 2,\cdots)$，值域为

$(-\infty,-1]\cup[1,+\infty)$，偶函数，以 π 为周期，以直线 $x=k\pi+\dfrac{\pi}{2}\,(k=0,\pm 1,\pm 2,\cdots)$

为渐近线，如图 1.3.9 所示.

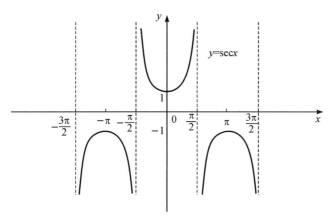

图 1.3.9　正割函数

余割函数 $y=\csc x=\dfrac{1}{\sin x}$，定义域为 $x\neq k\pi\,(k=0,\pm 1,\pm 2,\cdots)$，值域为

$(-\infty,-1]\cup[1,+\infty)$，奇函数，以 π 为周期，以直线 $x=k\pi\,(k=0,\pm 1,\pm 2,\cdots)$ 为渐

近线，如图 1.3.10 所示.

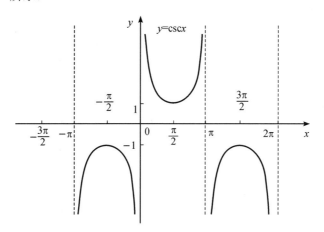

图 1.3.10　余割函数

6. 反三角函数

反三角函数是指 $\arcsin x$，$\arccos x$，$\arctan x$，$\text{arccot}\,x$，$\text{arcsec}\,x$ 和 $\text{arccsc}\,x$，以下介绍前 4 个.

正弦函数 $y=\sin x$ 在区间 $\left[-\dfrac{\pi}{2},\dfrac{\pi}{2}\right]$ 上的反函数称为反正弦函数，记为 $y=\arcsin x$，

其定义域为 $[-1,1]$，值域为 $\left[-\dfrac{\pi}{2},\dfrac{\pi}{2}\right]$，单调增加的奇函数，有界，如图 1.3.11 所示.

余弦函数 $y=\cos x$ 在区间 $[0,\pi]$ 上的反函数称为余弦函数，记为 $y=\arccos x$，其定义域为 $[-1,1]$，值域为 $[0,\pi]$，单调减少函数，有界，如图 1.3.12 所示.

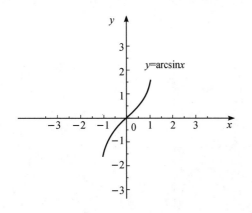

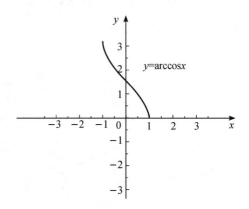

图 1.3.11 反正弦函数   图 1.3.12 反余弦函数

正切函数 $y=\tan x$ 在区间 $\left(-\dfrac{\pi}{2},\dfrac{\pi}{2}\right)$ 上的反函数称为反正切函数，记为 $y=\arctan x$，其定义域为 $(-\infty,+\infty)$，值域为 $\left(-\dfrac{\pi}{2},\dfrac{\pi}{2}\right)$，单调增加的奇函数，有界，如图 1.3.13 所示.

余切函数 $y=\cot x$ 在区间 $(0,\pi)$ 上的反函数称为反余切函数，记为 $y=\text{arccot}\,x$，其定义域为 $(-\infty,+\infty)$，值域为 $(0,\pi)$，单调减少函数，有界，如图 1.3.14 所示.

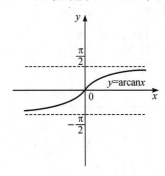

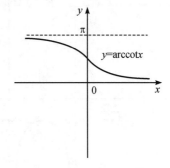

图 1.3.13 反正切函数   图 1.3.14 反余切函数

1.3.2 常用基本初等函数公式

1. 三角函数间的关系

（1）$\sin\alpha\csc\alpha=1$；

（2）$\cos\alpha\sec\alpha=1$；

（3）$\tan\alpha\cot\alpha=1$；

（4）$\sin^2\alpha+\cos^2\alpha=1$；

（5）$1+\tan^2\alpha=\sec^2\alpha$；

（6）$1+\cot^2\alpha=\csc^2\alpha$；

（7）$\tan\alpha=\dfrac{\sin\alpha}{\cos\alpha}$；

（8）$\cot\alpha=\dfrac{\cos\alpha}{\sin\alpha}$.

2. 倍角公式

（1）$\sin 2\alpha = 2\sin\alpha\cos\alpha$；

（2）$\cos 2\alpha = \cos^2\alpha - \sin^2\alpha = 1 - 2\sin^2\alpha = 2\cos^2\alpha - 1$；

（3）$\tan 2\alpha = \dfrac{2\tan\alpha}{1 - \tan^2\alpha}$；

（4）$\cot 2\alpha = \dfrac{\cot^2\alpha - 1}{2\cot\alpha}$；

（5）$\sin^2\alpha = \dfrac{1 - \cos 2\alpha}{2}$；

（6）$\cos^2\alpha = \dfrac{1 + \cos 2\alpha}{2}$.

3. 三角函数的和差化积与积化和差公式

（1）$\sin\alpha + \sin\beta = 2\sin\dfrac{\alpha+\beta}{2}\cos\dfrac{\alpha-\beta}{2}$；

（2）$\sin\alpha - \sin\beta = 2\cos\dfrac{\alpha+\beta}{2}\sin\dfrac{\alpha-\beta}{2}$；

（3）$\cos\alpha + \cos\beta = 2\cos\dfrac{\alpha+\beta}{2}\cos\dfrac{\alpha-\beta}{2}$；

（4）$\cos\alpha - \cos\beta = -2\sin\dfrac{\alpha+\beta}{2}\sin\dfrac{\alpha-\beta}{2}$；

（5）$\sin\alpha\cos\beta = \dfrac{1}{2}\left[\sin(\alpha+\beta) + \sin(\alpha-\beta)\right]$；

（6）$\cos\alpha\cos\beta = \dfrac{1}{2}\left[\cos(\alpha+\beta) + \cos(\alpha-\beta)\right]$；

（7）$\cos\alpha\sin\beta = \dfrac{1}{2}\left[\sin(\alpha+\beta) - \sin(\alpha-\beta)\right]$；

（8）$\sin\alpha\sin\beta = -\dfrac{1}{2}\left[\cos(\alpha+\beta) - \cos(\alpha-\beta)\right]$.

4. 三角函数的诱导公式

三角函数的诱导公式如表 1.3.1 所示，其中 n 为整数.

表 1.3.1　三角函数的诱导公式

角	函数					
	sin	cos	tan	cot	sec	csc
$\dfrac{\pi}{2} \pm \alpha$	$\cos\alpha$	$\mp\sin\alpha$	$\mp\cot\alpha$	$\mp\tan\alpha$	$\mp\csc\alpha$	$\sec\alpha$
$\pi \pm \alpha$	$\mp\sin\alpha$	$-\cos\alpha$	$\pm\tan\alpha$	$\pm\cot\alpha$	$-\sec\alpha$	$\mp\csc\alpha$
$\dfrac{3\pi}{2} \pm \alpha$	$-\cos\alpha$	$\pm\sin\alpha$	$\mp\cot\alpha$	$\mp\tan\alpha$	$\pm\csc\alpha$	$-\sec\alpha$
$2\pi \pm \alpha$	$\pm\sin\alpha$	$\cos\alpha$	$\pm\tan\alpha$	$\pm\cot\alpha$	$\sec\alpha$	$\pm\csc\alpha$
$n\pi \pm \alpha$	$\pm(-1)^n\sin\alpha$	$(-1)^n\cos\alpha$	$\pm\tan\alpha$	$\pm\cot\alpha$	$(-1)^n\sec\alpha$	$\pm(-1)^n\csc\alpha$

5. 反三角函数恒等式

（1）$\arcsin x + \arccos x = \dfrac{\pi}{2}$；

（2）$\arctan x + \text{arccot}\, x = \dfrac{\pi}{2}$.

6. 对数 $\log_a N\,(a > 0,\ a \neq 1,\ N > 0)$

（1）对数恒等式 $N = a^{\log_a N}$，更常用 $N = \mathrm{e}^{\ln N}$；

（2）$\log_a(MN) = \log_a M + \log_a N$；

(3) $\log_a\left(\dfrac{M}{N}\right)=\log_a M-\log_a N$;　　　　(4) $\log_a(M^n)=n\log_a M$;

(5) $\log_a\sqrt[n]{M}=\dfrac{1}{n}\log_a M$;　　　　(6) $\log_a M=\dfrac{\log_b M}{\log_b a}$;

(7) $\log_a 1=0$;　　　　(8) $\log_a a=1$.

7. 乘法公式与因式分解

(1) $(a\pm b)^2=a^2\pm 2ab+b^2$;

(2) $(a+b+c)^2=a^2+b^2+c^2+2ab+2ac+2bc$;

(3) $a^2-b^2=(a-b)(a+b)$;

(4) $(a\pm b)^3=a^3\pm 3a^2b+3ab^2\pm b^3$;

(5) $a^3\pm b^3=(a\pm b)(a^2\mp ab+b^2)$;

(6) $a^n-b^n=(a-b)(a^{n-1}+a^{n-2}b+a^{n-3}b^2+\cdots+ab^{n-2}+b^{n-1})$.

8. 不等式

(1) 设 $a>b>0$，$n>0$，则 $a^n>b^n$;

(2) 设 $a>b>0$，n 为正整数，则 $\sqrt[n]{a}>\sqrt[n]{b}$;

(3) 设 $\dfrac{a}{b}<\dfrac{c}{d}$，则 $\dfrac{a}{b}<\dfrac{a+c}{b+d}<\dfrac{c}{d}$.

(4) 平均值不等式:

① $\sqrt{ab}\leqslant\dfrac{1}{2}(a+b)\ (a,b\geqslant 0)$;

② $\dfrac{a}{b}+\dfrac{b}{a}\geqslant 2\ (a,b\ 同号)$;

③ $a^2+b^2\geqslant 2ab\ (a,b\in\mathbf{R})$.

①、②、③等号成立$\Leftrightarrow a=b$. 其几何直观如图 1.3.15 所示.

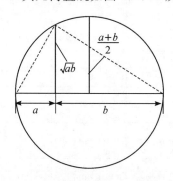

图 1.3.15　算术平均值与几何平均值的几何直观

我们现在把这个公式推广到有限个正数的情形.

先给几个定义. 设 $a_1,a_2,\cdots,a_n$ 是 n 个正数$(n\geqslant 2)$,

算术平均值 $A_n=\dfrac{a_1+a_2+\cdots+a_n}{n}$;

几何平均值 $G_n=\sqrt[n]{a_1a_2\cdots a_n}$;

调和平均值 $H_n = \dfrac{n}{\dfrac{1}{a_1} + \dfrac{1}{a_2} + \cdots + \dfrac{1}{a_n}}$,

则有 $H_n \leqslant G_n \leqslant A_n$,并且等号成立的条件是:这 n 个正数相同.

(5) 伯努利不等式:设 $h > -1$, $n \in \mathbf{N}_+$,则

$$(1+h)^n \geqslant 1 + nh$$

当且仅当 $h = 0$ 或 $n = 1$ 时等号成立.

(6) 绝对值不等式:

① $|a| - |b| \leqslant |a \pm b| \leqslant |a| + |b|$;

② $\big||a| - |b|\big| \leqslant |a - b| \Leftrightarrow -|a-b| \leqslant |a| - |b| \leqslant |a - b|$.

9. 指数公式

(1) $a^m a^n = a^{m+n}$; (2) $a^m \div a^n = a^{m-n}$;

(3) $(a^m)^n = a^{mn}$; (4) $(ab)^n = a^n b^n$;

(5) $\left(\dfrac{a}{b}\right)^m = \dfrac{a^m}{b^m}$; (6) $a^{-m} = \dfrac{1}{a^m}$.

 延伸阅读

几个不等式的证明

1. 平均值不等式的证明

证 当 n 个正数 a_1, a_2, $\cdots$, a_n 完全相同时,不等式 $H_n \leqslant G_n \leqslant A_n$ 自然成立.下面假设所取的正数不完全相同,不妨设 $a_1 \neq a_2$.

先证明不等式 $G_n < A_n$.

采用数学归纳法.

当 $n = 2$ 时,我们早已知道不等式 $G_n < A_n$ 成立.

假设当 $n = k$ 时,不等式 $G_n < A_n$ 成立.

下面考察 $n = k + 1$ 的情形.任取不完全相同的 $k + 1$ 个正数 a_1, a_2, $\cdots$, a_{k+1},可以看出

$$
\begin{aligned}
A_{k+1} &= \frac{1}{2k}\big[(k+1)A_{k+1} + (k-1)A_{k+1}\big] \\
&= \frac{1}{2k}\big[a_1 + a_2 + \cdots + a_k + a_{k+1} + (k-1)A_{k+1}\big] \\
&= \frac{1}{2}\left[\frac{a_1 + a_2 + \cdots + a_k}{k} + \frac{a_{k+1} + (k-1)A_{k+1}}{k}\right]
\end{aligned}
$$

另外,根据归纳法假设,注意到 $a_1 \neq a_2$,有

$$\frac{a_1 + a_2 + \cdots + a_k}{k} > \sqrt[k]{a_1 a_2 \cdots a_k} = G_k$$

$$\frac{a_{k+1} + (k-1)A_{k+1}}{k} \geqslant \sqrt[k]{a_{k+1} A_{k+1}^{k-1}}$$

式中 $(k-1)A_{k+1}$ 是 $k-1$ 个正数的和. 这样一来, 就有

$$A_{k+1}>\frac{G_k+\sqrt[k]{a_{k+1}A_{k+1}^{k-1}}}{2}\geqslant\sqrt{G_k\cdot\sqrt[2k]{a_{k+1}A_{k+1}^{k-1}}}$$

为了解出 A_{k+1}, 在前后两端取 $2k$ 次幂, 有

$$A_{k+1}^{2k}>G_k^k a_{k+1}A_{k+1}^{k-1}$$

$$A_{k+1}^{k+1}>G_k^k a_{k-1}=a_1 a_2\cdots a_k a_{k-1}$$

由此推出: $A_{k+1}>G_{k+1}$, 这样就证明了不等式 $G_n<A_n$.

下面证明不等式 $H_n<G_n$.

对正数 $a_1,a_2,\cdots,a_n$ 的倒数, 应用不等式 $G_n<A_n$, 有

$$\sqrt[n]{\frac{1}{a_1}\frac{1}{a_2}\cdots\frac{1}{a_n}}\leqslant\frac{\frac{1}{a_1}+\frac{1}{a_2}+\cdots+\frac{1}{a_n}}{n}$$

并且等式成立的条件是: 右端分子上的 n 个数相等, 即 n 个正数 $a_1,a_2,\cdots,a_n$ 完全相同. 这就完成了整个证明.

2. 伯努利不等式的证明

证　方法 1　采用数学归纳法.

当 $n=1$ 时, $1+h=1+h$ 成立;

当 $n=2$ 时, $(1+h)^2=1+2h+h^2\geqslant1+2h$ 等号成立 $\Leftrightarrow h=0$.

设当 $n=k$ 时, $(1+h)^k\geqslant1+hk$ 等号成立, 则 $n=k+1$ 时, 有

$$\begin{aligned}(1+h)^{k+1}&=(1+h)^k(1+h)\geqslant(1+kh)(1+h)\\&=1+kh+h+kh^2=1+(k+1)h+kh^2\\&\geqslant1+(k+1)h,\text{ 等号成立}\Leftrightarrow h=0\end{aligned}$$

故由数学归纳法知结论成立.

方法 2　采用均值不等式.

若 $1+nh\leqslant0$, 则不等式左边为正, 右边非正, 不等式显然成立.

不妨设 $1+nh>0$, 当 $h\neq0$ 时, 考虑 n 个正数

$$1+nh,1,1,\cdots,1$$

根据均值不等式有

$$\sqrt[n]{(1+nh)\cdot1\cdots1}<\frac{(1+nh)+n-1}{n}=1+h$$

由此即得结论.

3. 绝对值不等式的证明

① $|a|-|b|\leqslant|a\pm b|\leqslant|a|+|b|$.

证　由绝对值的性质, 有

$$-|a|\leqslant a\leqslant|a|,\quad-|b|\leqslant b\leqslant|b|$$

两式相加有

$$-(|a|+|b|)\leqslant a+b\leqslant|a|+|b|\Leftrightarrow|a+b|\leqslant|a|+|b|$$

将上式中的 b 换成 $-b$，有 $|a-b| \leqslant |a| + |b|$，故知右半式成立.

而

$$|a| = |a+b-b| \leqslant |a+b| + |b| \Rightarrow |a| - |b| \leqslant |a+b|$$

将上式中的 b 换成 $-b$，有 $|a-b| \leqslant |a-b|$，故知左半式成立.

② $\big| |a| - |b| \big| \leqslant |a-b| \Leftrightarrow -|a-b| \leqslant |a| - |b| \leqslant |a-b|$.

证　右半式已证，然后 a, b 互换，有 $|b| - |a| \leqslant |a-b| \Rightarrow |a| - |b| \geqslant -|a-b|$.

1.3.3　初等函数

所谓**初等函数**，是指由基本初等函数经有限次的四则运算和有限次的函数复合所构成的可用一个解析式表示的函数. 例如 $y = \ln(x + \sqrt{1+x^2})$，$y = \sqrt{e^{x^2} + \sin^2 \dfrac{x}{2}}$ 等. 而在研究微积分的运算时，常需要把一个初等函数分解成一些基本初等函数（或者它们的和、差、积、商）来考虑. 例如 $y = \sqrt{e^{x^2} + \sin^2 \dfrac{x}{2}}$ 可分解为

$$y = \sqrt{u}，u = e^v + w^2，v = x^2，w = \sin t，t = \frac{x}{2}$$

初等函数以外的其他函数称为非初等函数. 不能用一个式子表示的分段函数为非初等函数，如取整函数 $[x]$. 但并不是分段函数一定不是初等函数，如 $y = |x|$ 就是分段函数，它可表示成为 $y = \sqrt{x^2}$，因而也是初等函数.

习题 1.3

1. 设 $F(x) = \left(\dfrac{1}{a^x - 1} + \dfrac{1}{2} \right) f(x)$，其中 $a > 0$，$a \neq 1$. $f(x)$ 在 $(-\infty, +\infty)$ 上有定义，且对任何 x, y 有 $f(x+y) = f(x) + f(y)$，求证 $F(x)$ 为偶函数.

2. 设 $f(x) = \dfrac{1}{2}(x + |x|)$，$\varphi(x) = \begin{cases} e^{-x}, & x < 0 \\ x^2, & x \geqslant 0 \end{cases}$，求 $f[\varphi(x)]$.

3. 函数 $f(x)$ 在 $[0, 1]$ 上有定义，且 $f(0) = f(1)$，对任何 x, $y \in [0, 1]$，有 $|f(x) - f(y)| \leqslant |x - y|$，求证 $|f(x) - f(y)| \leqslant \dfrac{1}{2}$.

1.4　极限初阶

我们前面学习了函数，它是微积分研究的对象. 微积分的主要内容是在实数域内，以极限为工具，研究函数的微分与积分运算. 我们在了解了函数的概念后，接下来讨论研究的工具——极限. 这里，我们只对极限相关概念进行一个初步的感性认识，通过后续的学习逐步加深对极限概念的理解. 在第 5 章，我们将对极限相关概念进行深入的研究，上升到理性认识.

1.4.1　数列极限

1. 数列的概念

▶【定义 1.4.1】　按照一定顺序排列的一串"有头无尾"的数

$$a_1, a_2, a_3, \cdots, a_n, \cdots$$

称为**无穷数列**（简称**数列**），记作$\{a_n\}$，其中 a_n 称为数列的**第 n 项**或**通项**.

例如：

(1) $1, \dfrac{1}{2}, \dfrac{1}{3}, \cdots, \dfrac{1}{n}, \cdots$；

(2) $2, \dfrac{1}{2}, \dfrac{4}{3}, \cdots, 1+\dfrac{(-1)^{n+1}}{n}, \cdots$；

(3) $1, 0, 1, 0, \cdots, \dfrac{1-(-1)^n}{2}, \cdots$；

(4) $1, 2, 1, 4, 1, 6, \cdots$

均为数列，其通项分别为(1) $a_n=\dfrac{1}{n}$；(2) $a_n=1+\dfrac{(-1)^{n+1}}{n}$；(3) $a_n=\dfrac{1-(-1)^n}{2}$；(4) $a_n=\begin{cases}1, & n \text{ 为正奇数} \\ n, & n \text{ 为正偶数}\end{cases}$.

根据定义 1.4.1，数列$\{a_n\}$实质上是定义在正整数集上的函数 $a_n=f(n)$，$n\in\mathbf{N}_+$，因而数列也称为**整标函数**. 当自变量依次取 1，2，3，…等一切正整数时，对应的函数值就排成数列$\{a_n\}$. 数列作为函数，可以讨论它的有界性和单调性等性质.

称数列$\{a_n\}$**有上界**，若其对应的函数 $a_n=f(n)$是有上界的；称数列$\{a_n\}$**有下界**，若其对应的函数 $a_n=f(n)$有下界；称数列$\{a_n\}$**有界**，若其对应的函数 $a_n=f(n)$有界.

称数列$\{a_n\}$**单调增加**，若其对应的函数 $a_n=f(n)$是单调增加的，即若 $a_1 < a_2 < \cdots < a_n < \cdots$，称数列是单调增加的；称数列$\{a_n\}$**单调减少**，若其对应的函数 $a_n=f(n)$是单调减少的，即若 $a_1 > a_2 > \cdots > a_n > \cdots$，称数列是单调减少的.

称数列$\{a_n\}$**单调不减**，若其对应的函数 $a_n=f(n)$是单调不减的，即若 $a_1 \leqslant a_2 \leqslant \cdots \leqslant a_n \leqslant \cdots$，称数列是单调不减的；称数列$\{a_n\}$**单调不增**，若其对应的函数 $a_n=f(n)$是单调不增的，即若 $a_1 \geqslant a_2 \geqslant \cdots \geqslant a_n \geqslant \cdots$，称数列是单调不增的.

上面给出的 4 个数列中，(4)为无界数列，(1)、(2)、(3)为有界数列，(1)是单调减少数列.

下面我们先介绍极限的概念，而不予以证明及深入地讨论.

2. 数列极限的直观定义

我们往往需要考察当项数 n 无限增大时数列的项的变化趋势.

▶【定义 1.4.2】　对于无穷数列

$$a_1, a_2, \cdots, a_n, \cdots$$

来说，当项数 n 无限增大时数列的项如果无限趋近于一个固定的常数 A，那么固定常数 A 就叫作这个**无穷数列的极限**，记作$\lim\limits_{n\to\infty} a_n=A$(此处的∞表示$+\infty$). 反之，当项数 n 无限增大时数列的项如果不会无限趋近于一个固定的常数 A，那么称数列 $\{a_n\}$ 是**发散**的，即 $\{a_n\}$ 没有极限.

极限思想的产生来源于人类对"无穷"的探索和对某些问题精确解的研究. 下面列举两例.

截杖问题. 春秋战国时期的道家代表人物庄子(约公元前 369—前 286)，其著作《庄子》中的"天下"篇中有几句话："一尺之棰，日取其半，万世不竭." 由于《庄子》中没有对此做进一步的阐述，我们只能按照今天的观点来猜测其中的含义. 下面举出两种可能的解释.

一种解释是将每天所取的长度排起来形成一个数列

$$\frac{1}{2}, \frac{1}{2^2}, \cdots, \frac{1}{2^n}, \cdots$$

可以看出，这个数列当 n 无限增大时趋于 0，即 0 是数列 $\left\{\dfrac{1}{2^n}\right\}$ 的极限，记为 $\lim\limits_{n\to\infty}\dfrac{1}{2^n}=0$.

另一种解释是一尺长的棰可以分成无限多个部分，即有

$$1=\frac{1}{2}+\frac{1}{2^2}+\cdots+\frac{1}{2^n}+\cdots$$

这涉及对无限项求和(无穷级数)的问题.

在本书下册无穷级数的学习中，我们可以看到无限项求和的概念与数列有密切的关系. 它们是同一事物的不同表现方式.

魏晋时期数学家刘徽的"割圆术". 所谓"割圆术"，是用圆内接正多边形的面积去无限逼近圆面积并以此求取圆周率的方法. "圆，一中同长也". 意思是说：圆只有一个中心，圆周上每一点到中心的距离相等. 早在我国先秦时期，《墨经》上就已经给出了圆的这个定义，而公元前 11 世纪，我国西周时期数学家商高也曾与周公讨论过圆与方的关系. 认识了圆，人们也就开始了有关于圆的种种计算，特别是计算圆的面积. 我国古代数学经典《九章算术》(图 1.4.1)在第一章"方田"中写到"半周半径相乘得积步"，也就是我们现在所熟悉的公式 $S_{圆}=\pi r^2$.

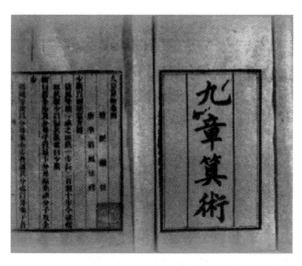

图 1.4.1　《九章算术》

　　为了证明圆的面积这一公式,我国魏晋时期数学家刘徽于公元 263 年撰写《九章算术注》(图 1.4.2),在这一公式后面写了一篇 1800 余字的注记,这篇注记就是数学史上著名的"割圆术".

图 1.4.2 《九章算术注》

　　"割圆术",是以"圆内接正多边形的面积"来无限逼近"圆面积"(图 1.4.3). 刘徽形容他的"割圆术"说:割之弥细,所失弥少,割之又割,以至于不可割,则与圆合体,而无所失矣. 用极限的语言表示为

$$\lim_{n \to \infty} \frac{n}{2} \sin \frac{2\pi}{n} = \pi$$

其中 $\frac{n}{2} \sin \frac{2\pi}{n}$ 为单位圆的内接正 n 边形的面积.

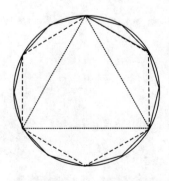

图 1.4.3 割圆术

　　另一方面,通过圆内接正多边形细割圆,并使正多边形的周长无限接近圆的周长,进而来求得较为精确的圆周率. 刘徽用这样的方法,得到了当时世界上最准确的圆周率

3.141 59.

对于本节最初的几个数列，我们可以观察得出如下结论.

(1) $\lim\limits_{n\to\infty}\dfrac{1}{n}=0$；

(2) $\lim\limits_{n\to\infty}\left[1+\dfrac{(-1)^{n+1}}{n}\right]=1$；

(3) $\lim\limits_{n\to\infty}\left[\dfrac{1-(-1)^n}{2}\right]$ 不存在；

(4) $a_n=\begin{cases}1, & n\text{ 为正奇数}\\ n, & n\text{ 为正偶数}\end{cases}$，$\lim\limits_{n\to\infty}a_n$ 不存在.

再举一例.

信息传播的威力——在一定的状况下，信息的传播可以用下面的关系来表示：

$$p_n=\dfrac{1}{1+a\,e^{-kn}}$$

其中 p_n 表示第 n 天人群中知道该信息的人数比例，a、k 均为正数.

通过观察可以知道 $\lim\limits_{n\to\infty}p_n=\lim\limits_{n\to\infty}\dfrac{1}{1+a\,e^{-kn}}=1$，也就是随着时间的慢慢推移，最终所有的人都将会知道这个信息. 这就是极限本身在其他学科中的应用.

3. 数列极限的四则运算

下面给出数列极限的四则运算.

【定理 1.4.1】　如果两个数列有极限，那么这两个数列各对应项的和、差、积、商组成的数列的极限，分别等于这两个数列的极限的和、差、积、商（作为除数的数列的极限不能是零）.

就是说，如果 $\lim\limits_{n\to\infty}a_n=A$，$\lim\limits_{n\to\infty}b_n=B$，那么

$$\lim\limits_{n\to\infty}(a_n\pm b_n)=A\pm B$$
$$\lim\limits_{n\to\infty}(a_n\cdot b_n)=AB$$
$$\lim\limits_{n\to\infty}\dfrac{a_n}{b_n}=\dfrac{A}{B}\,(B\neq0)$$

如果 k 为常数，那么

$$\lim\limits_{n\to\infty}k\cdot a_n=kA$$

4. 数列极限的存在准则

关于数列极限的存在性，我们有夹逼准则和单调有界准则.

【定理 1.4.2(数列极限存在的夹逼准则)】　若 $a_n\leqslant b_n\leqslant c_n$，且 $\lim\limits_{n\to\infty}a_n=\lim\limits_{n\to\infty}c_n=A$，则必有 $\lim\limits_{n\to\infty}b_n=A$.

【定理 1.4.3(数列极限存在的单调有界准则)】　若数列单调增加且有上界（或单调减少且有下界），则此数列必存在极限.

下面介绍一个重要极限：$\lim\limits_{n\to\infty}\left(1+\dfrac{1}{n}\right)^n=\mathrm{e}$.

考察数列 $x_n=\left(1+\dfrac{1}{n}\right)^n$. 由算术平均值-几何平均值不等式，有

$$x_n=\left(1+\frac{1}{n}\right)^n=\underbrace{\left(1+\frac{1}{n}\right)\left(1+\frac{1}{n}\right)\cdots\left(1+\frac{1}{n}\right)}_{n\text{个}}\cdot 1<\left[\frac{n\left(1+\dfrac{1}{n}\right)+1}{n+1}\right]^{n+1}$$

$$=\left(1+\frac{1}{n+1}\right)^{n+1}=x_{n+1}$$

所以 $\{x_n\}$ 是严格单调增加数列，又

$$x_n\cdot\frac{1}{2}\cdot\frac{1}{2}=\left(1+\frac{1}{n}\right)^n\cdot\frac{1}{2}\cdot\frac{1}{2}$$

$$=\underbrace{\left(1+\frac{1}{n}\right)\left(1+\frac{1}{n}\right)\cdots\left(1+\frac{1}{n}\right)}_{n\text{个}}\cdot\frac{1}{2}\cdot\frac{1}{2}<\left[\frac{n\left(1+\dfrac{1}{n}\right)+\dfrac{1}{2}+\dfrac{1}{2}}{n+2}\right]^{n+2}$$

$$=1$$

知 $\{x_n\}$ 有上界 4，故数列 $\{x_n\}$ 收敛. 记

$$\lim_{n\to\infty}\left(1+\frac{1}{n}\right)^n=\mathrm{e}$$

计算可得 $\mathrm{e}=2.718\,281\,828\,45\cdots$，还可以证明 e 是一个无理数.

1.4.2　函数极限

▶【定义 1.4.3】　对于函数 $y=f(x)$，如果当自变量 x 无限接近 a 时，函数值 $f(x)$ 无限趋近于一个固定的常数 A，那么这个常数 A 就叫作**函数 $y=f(x)$ 当 x 为趋向于 a 时的极限**，记作

$$\lim_{x\to a}f(x)=A$$

这里，a 可以是有限数，也可以是无穷大（∞、$+\infty$ 或 $-\infty$）.

从定义 1.4.3 容易看出：

【定理 1.4.4】　$\lim\limits_{x\to\infty}f(x)=A$ 成立的充分必要条件是 $\lim\limits_{x\to+\infty}f(x)=A$ 且 $\lim\limits_{x\to-\infty}f(x)=A$.

$\lim\limits_{x\to+\infty}f(x)$ 与 $\lim\limits_{x\to-\infty}f(x)$ 为单侧极限的记号.

【定理 1.4.5】　$\lim\limits_{x\to a}f(x)=A$ 成立的充分必要条件是 $\lim\limits_{x\to a^-}f(x)=\lim\limits_{x\to a^+}f(x)=A$.

$\lim\limits_{x\to a^-}f(x)$ 与 $\lim\limits_{x\to a^+}f(x)$ 分别为函数 f 当 x 趋于 a 时的**左极限与右极限**的记号. 左极限与右极限统称为**单侧极限**.

可以看出，函数极限中自变量 x 的变化趋势有六种，即 $x\to a$，$x\to a^-$，$x\to a^+$，$x\to\infty$，$x\to+\infty$，$x\to-\infty$.

和数列极限的情形相仿，函数极限有下述四则运算结果.

【**定理 1.4.6**】　若 $\lim\limits_{x \to a} f(x)$ 和 $\lim\limits_{x \to a} g(x)$ 都存在，则有

$$\lim_{x \to a}[f(x) \pm g(x)] = \lim_{x \to a} f(x) \pm \lim_{x \to a} g(x)$$

$$\lim_{x \to a}[f(x) \cdot g(x)] = \lim_{x \to a} f(x) \cdot \lim_{x \to a} g(x)$$

$$\lim_{x \to a} \frac{f(x)}{g(x)} = \frac{\lim\limits_{x \to a} f(x)}{\lim\limits_{x \to a} g(x)} \quad (\lim_{x \to a} g(x) \neq 0)$$

【**定理 1.4.7(函数极限存在的夹逼准则)**】　如在点 a 的附近，不等式

$$f(x) \leqslant h(x) \leqslant g(x)$$

成立，且 $\lim\limits_{x \to a} f(x) = \lim\limits_{x \to a} g(x) = A$，则 $\lim\limits_{x \to a} h(x) = A$.

注意，定理 1.4.6 与定理 1.4.7 对于自变量的其余 5 种变化趋势也都是成立的.

作为夹逼准则的应用，下面给出两个重要极限，并加以证明.

(1) $\lim\limits_{x \to 0} \dfrac{\sin x}{x} = 1$.

证　作单位圆，如图 1.4.4 所示，设 x 为圆心角 $\angle AOB$，并设 $0 < x < \dfrac{\pi}{2}$，不难发现 $S_{\triangle AOB} < S_{扇形 AOB} < S_{\triangle AOD}$，得 $\dfrac{1}{2}\sin x < \dfrac{1}{2}x < \dfrac{1}{2}\tan x$，即 $\sin x < x < \tan x$，由 $\sin x > 0$，两端同时除以 $\sin x$，得

$$1 < \frac{x}{\sin x} < \frac{1}{\cos x} \text{ 或 } \cos x < \frac{\sin x}{x} < 1$$

上述不等式在 $-\dfrac{\pi}{2} < x < 0$ 时也成立，即对 $0 < |x| < \dfrac{\pi}{2}$，均有 $\cos x < \dfrac{\sin x}{x} < 1$，且 $\lim\limits_{x \to 0} \cos x = 1$，$\lim\limits_{x \to 0} 1 = 1$，则由夹逼准则可得 $\lim\limits_{x \to 0} \dfrac{\sin x}{x} = 1$.

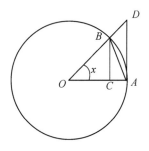

图 1.4.4

(2) $\lim\limits_{x \to \infty} \left(1 + \dfrac{1}{x}\right)^x = e$.

证　所证极限等价于 $\lim\limits_{x \to -\infty} \left(1 + \dfrac{1}{x}\right)^x = e$ 与 $\lim\limits_{x \to +\infty} \left(1 + \dfrac{1}{x}\right)^x = e$ 同时成立.

先证 $x \to +\infty$ 的情形，从待证的极限式很自然想到 $\lim\limits_{n \to \infty} \left(1 + \dfrac{1}{n}\right)^n = e$. 因 $[x] \leqslant x < [x] + 1$，故当 $x > 1$ 时有

$$1+\frac{1}{[x]+1}<1+\frac{1}{x}\leqslant 1+\frac{1}{[x]}$$

由幂函数的递增性得

$$\left(1+\frac{1}{[x]+1}\right)^x<\left(1+\frac{1}{x}\right)^x\leqslant\left(1+\frac{1}{[x]}\right)^x$$

再由指数函数(底大于1)的递增性得

$$\left(1+\frac{1}{[x]+1}\right)^{[x]}<\left(1+\frac{1}{x}\right)^x\leqslant\left(1+\frac{1}{[x]}\right)^{[x]+1}$$

又因为

$$\lim_{x\to+\infty}\left(1+\frac{1}{[x]+1}\right)^{[x]}=\lim_{x\to+\infty}\left(1+\frac{1}{[x]+1}\right)^{[x]+1}\left(1+\frac{1}{[x]+1}\right)^{-1}=\mathrm{e}$$

$$\lim_{x\to+\infty}\left(1+\frac{1}{[x]}\right)^{[x]+1}=\lim_{x\to+\infty}\left(1+\frac{1}{[x]}\right)^{[x]}\left(1+\frac{1}{[x]}\right)=\mathrm{e}$$

故由夹逼准则得 $\lim\limits_{x\to+\infty}\left(1+\frac{1}{x}\right)^x=\mathrm{e}$.

再考虑 $x\to-\infty$ 的情形. 令 $x\to-y$,则

$$\left(1+\frac{1}{x}\right)^x=\left(1-\frac{1}{y}\right)^{-y}=\left(\frac{y}{y-1}\right)^y=\left(1+\frac{1}{y-1}\right)^{y-1}\left(1+\frac{1}{y-1}\right)$$

且 $x\to-\infty$ 时,$y\to+\infty$,故上式右端以 e 为极限,从而得 $\lim\limits_{x\to-\infty}\left(1+\frac{1}{x}\right)^x=\mathrm{e}$. 故 $\lim\limits_{x\to\infty}\left(1+\frac{1}{x}\right)^x=\mathrm{e}$ 成立.

下面简单介绍一下无穷小量和无穷大量的概念.

若在某极限过程 $x\to\square$(此处 $x\to\square$ 表示 $x\to a$,$x\to a^-$,$x\to a^+$,$x\to\infty$,$x\to+\infty$,$x\to-\infty$ 六种变化趋势中的任何一种)中,函数 $f(x)$ 的极限值为 0,也即 $\lim\limits_{x\to\square}f(x)=0$,则称 $f(x)$ 为当 $x\to\square$ 时的**无穷小量**,简称**无穷小**,记为 $f(x)=o(1)\ (x\to\square)$.

例如,当 $x\to0$ 时,x^2,$\sin x$ 等都是无穷小;当 $x\to+\infty$ 时 $\frac{1}{x}$,$\frac{1}{\ln x}$,$\frac{1}{a^x}(a>1)$ 等都是无穷小;当 $x\to1$ 时,$\ln x$,$\sin\pi x$ 等都是无穷小;当 $n\to\infty$ 时,$\frac{1}{n^2}$,$\tan\frac{1}{n}$ 等都是无穷小.

设在某极限过程 $x\to\square$ 中,函数 $\alpha(x)$,$\beta(x)$ 都为无穷小,并且都不为 0.

(1) 若 $\lim\limits_{x\to\square}\dfrac{\alpha(x)}{\beta(x)}=0$,则称当 $x\to\square$ 时,$\alpha(x)$ 为 $\beta(x)$ 的**高阶无穷小**,或 $\beta(x)$ 为 $\alpha(x)$ 的**低阶无穷小**,记作 $\alpha(x)=o(\beta(x))$;

(2) 若 $\lim\limits_{x\to\square}\dfrac{\alpha(x)}{\beta(x)}=C\neq0$,则称当 $x\to\square$ 时,$\alpha(x)$ 与 $\beta(x)$ 为**同阶无穷小**;

(3) 若 $\lim\limits_{x\to\square}\dfrac{\alpha(x)}{\beta(x)}=1$,则称当 $x\to\square$ 时,$\alpha(x)$ 与 $\beta(x)$ 为**等价无穷小**,记作 $\alpha(x)\sim\beta(x)$.

例如,因 $\lim\limits_{x\to0}\dfrac{\sin x}{x}=1$,故 $\sin x$ 与 x 是 $x\to0$ 时的等价无穷小,即 $\sin x\sim x$.

若 $\lim\limits_{x\to a}f(x)=A$,则有 $\lim\limits_{x\to a}[f(x)-A]=0$,即 $f(x)-A$ 是 $x\to a$ 时的无穷小,记为

$f(x)-A=\alpha(x)$，则有 $f(x)=A+\alpha(x)$，其中 $\alpha(x)\to 0(x\to a)$．这个性质体现了极限与无穷小的关系，称为**脱帽定理**，原因是把 $f(x)$ 从极限帽子里脱了出来，同时给出了在 $x=a$ 的附近 $f(x)$ 的表达式，即 $f(x)$ 在 $x=a$ 的附近可表示为其极限值 A 与无穷小 $\alpha(x)$ 的和．

【定理 1.4.8(无穷小的运算性质)】　(1) 有限个无穷小的和仍然是无穷小．

(2) 有界函数与无穷小之积仍然是无穷小，从而常数与无穷小之积仍然是无穷小．

(3) 有限个无穷小之积仍然是无穷小．

若在某极限过程 $x\to\square$（此处 $x\to\square$ 表示 $x\to a$，$x\to a^-$，$x\to a^+$，$x\to\infty$，$x\to+\infty$，$x\to-\infty$ 六种变化趋势中的任何一种）中，函数 $f(x)$ 的函数值的绝对值无限增大，也即 $\lim\limits_{x\to\square}f(x)=\infty$（或 $+\infty$ 或 $-\infty$），则称 $f(x)$ 为当 $x\to\square$ 时的**无穷大量**，简称**无穷大**．

例如，当 $x\to+\infty$ 时，x^2，$\ln x$，$a^x(a>1)$ 等都是正无穷大；当 $x\to 0^+$ 时，$\dfrac{1}{x}$，$\cot x$ 等都是正无穷大，$\ln x$，$-\dfrac{1}{x}$ 等都是负无穷大．

注意，无穷大是极限不存在的一种形式．

关于极限的概念，将在本书第 5 章中严格、仔细地加以讨论．

习题 1.4

1．指出下列数列的通项公式，并判断是否为有界数列．

(1) 2，$\dfrac{3}{2}$，$\dfrac{4}{3}$，$\dfrac{5}{4}$，$\cdots$；　　　(2) 1，-1，1，-1，$\cdots$；　　　(3) 2，4，6，8，$\cdots$．

2．判断下列数列的单调性．

(1) $a_n=\dfrac{n}{n+1}$；　　　　　(2) $a_n=(-1)^n\cdot n$；　　　　　(3) $a_n=3-\dfrac{1}{n}$．

3．观察下列数列，判断当 $n\to\infty$ 时是否有极限．若有，写出极限值．

(1) $a_n=\dfrac{3n+1}{n}$；　　　　(2) $a_n=\dfrac{(-1)^n}{n^2}$；　　　　(3) $a_n=\begin{cases}2，& n\text{ 为奇数}\\[2mm]\dfrac{1}{n}，& n\text{ 为偶数}\end{cases}$．

4．利用数列极限的四则运算法则计算．

(1) $\lim\limits_{n\to\infty}\left(\dfrac{1}{n^2}+\dfrac{2}{n^2}+\cdots+\dfrac{n}{n^2}\right)$；

(2) $\lim\limits_{n\to\infty}\dfrac{3n^2-n+1}{2n^2+1}$；

(3) 已知 $\lim\limits_{n\to\infty}a_n=2$，$\lim\limits_{n\to\infty}b_n=-1$，求 $\lim\limits_{n\to\infty}(3a_n-2b_n)$．

5．利用夹逼准则证明：$\lim\limits_{n\to\infty}\dfrac{1}{\sqrt{n^2+1}}+\dfrac{1}{\sqrt{n^2+2}}+\cdots+\dfrac{1}{\sqrt{n^2+n}}=1$．

6．利用重要极限计算下列极限．

(1) $\lim\limits_{n\to\infty}\left(1+\dfrac{1}{n}\right)^{2n}$;　　　　(2) $\lim\limits_{n\to\infty}\left(1-\dfrac{1}{n}\right)^{n}$.

7. 讨论函数 $f(x)=\begin{cases}x-1, & x<0 \\ 0, & x=0 \\ x+1, & x>0\end{cases}$ 在 $x\to0$ 时的左极限、右极限及极限是否存在.

8. 利用函数极限的四则运算法则计算下列极限.

(1) $\lim\limits_{x\to2}(3x^2-2x+1)$；　　(2) $\lim\limits_{x\to1}\dfrac{x^2-1}{x-1}$；　　　　(3) $\lim\limits_{x\to\infty}\dfrac{2x^3-x+1}{3x^3+2x^2}$.

9. 利用函数的两个重要极限计算下列极限.

(1) $\lim\limits_{x\to0}\dfrac{\sin2x}{x}$；　　　　　(2) $\lim\limits_{x\to0}\dfrac{\tan x}{x}$；

(3) $\lim\limits_{x\to\infty}\left(1+\dfrac{2}{x}\right)^{x}$；　　　(4) $\lim\limits_{x\to0}(1+2x)^{\frac{1}{x}}$.

10. 指出下列函数在给定极限过程中哪些是无穷小，哪些是无穷大.

(1) $f(x)=\dfrac{1}{x^2}$, $x\to0$；　　(2) $f(x)=\ln x$, $x\to1$；　　(3) $f(x)=\mathrm{e}^x$, $x\to+\infty$.

11. 判断当 $x\to0$ 时，下列无穷小之间的阶的关系.

(1) x 与 x^2；　　(2) $1-\cos x$ 与 x^2；　　(3) $\sin x$ 与 x.

1.5　连 续 初 阶

1.5.1　函数的连续性

在很多自然现象中，遇到的函数往往是"连续"的．例如，一个质点运动时，它的一个坐标 x 就是时间 t 的连续函数 $x=f(t)$，因为质点从一个位置过渡到另一个位置时，它必须经过一切中间位置．函数 $x=f(t)$ 的图形如图 1.5.1 所示，这是一条连续不断的曲线．考察其中的一个时刻，例如 $t=t_0$，当 t 在 t_0 处有很小变化 Δt 时，$f(t)$ 也相应地有很小的变化 $\Delta x=f(t+\Delta t)-f(t)$，且当 $\Delta t\to0$ 时，Δx 也趋向于零，即当 $t\to t_0$ 时，有 $f(t)\to f(t_0)$．反之，如果当 $\Delta t\to0$ 时，$f(t)$ 的相应的变化 $\Delta x=f(t+\Delta t)-f(t)$ 不趋于零，那么曲线在 $t=t_0$ 处就会有一间断，如图 1.5.2 所示．

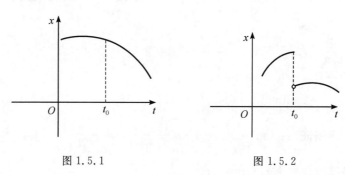

图 1.5.1　　　　　　　　　　　图 1.5.2

函数 $f(t)$ 在 $t=t_0$ 点处连续，是指 $\lim\limits_{t \to t_0} f(t) = f(t_0)$ 成立，否则称为**间断**.

由 $\lim\limits_{t \to t_0} f(t) = f(t_0)$ 以及 $t_0 = \lim\limits_{t \to t_0} t$，有 $\lim\limits_{t \to t_0} f(t) = f(\lim\limits_{t \to t_0} t) = f(t_0)$，表明连续函数的函数符号与极限运算符号可以交换顺序. 于是

$$\lim_{t \to 0} \frac{\ln(1+t)}{t} = \lim_{t \to 0} \frac{1}{t} \ln(1+t) = \lim_{t \to 0} \ln(1+t)^{\frac{1}{t}}$$

$$= \ln\left[\lim_{t \to 0}(1+t)^{\frac{1}{t}}\right] = \ln e = 1$$

这表明 $t \to 0$ 时，$\ln(1+t) \sim t$.

由图 1.5.1 也可看出，若 $f(t)$ 在 t_0 点处连续，且 $f(t_0) > 0$，则在 t_0 的附近 $f(t) > 0$，这个性质称为函数极限的**局部保号性**. 事实上，可以证明在 t_0 的附近 $f(t)$ 能够大于任何比 $f(t_0)$ 小的数，如 $\dfrac{f(t_0)}{2}$，即 $f(t) > \dfrac{f(t_0)}{2} > 0$.

数学上用邻域表示"附近"这个概念.

▶**【定义 1.5.1】**　设 a 与 δ 是两个实数，且 $\delta > 0$（通常是指很小的正数），数轴上到点 a 的距离小于 δ 的点的全体，称为点 a **的 δ 邻域**，记为 $U(a, \delta)$，即

$$U(a, \delta) = (a-\delta, a+\delta) = \{x \mid |x-a| < \delta\}$$

数集 $\{x \mid 0 < |x-a| < \delta\}$ 称为点 a 的**去心 δ 邻域**. 记为 $\overset{\circ}{U}(a, \delta)$. 如图 1.5.3 所示.

$$U(a, \delta) = (a-\delta, a+\delta) = \{x \mid |x-a| < \delta\} \qquad \overset{\circ}{U}(a, \delta) = (a-\delta, a) \cup (a, a+\delta) = \{x \mid 0 < |x-a| < \delta\}$$

图 1.5.3　邻域与去心邻域

当不需要特别辨明邻域的半径时，领域可简记为 $U(a)$，去心邻域可简记为 $\overset{\circ}{U}(a)$.

▶**【定义 1.5.2】**　设函数 f 在点 x_0 处的右（左）邻域内有定义，若 $\lim\limits_{x \to x_0^+} f(x) = f(x_0)$（$\lim\limits_{x \to x_0^-} f(x) = f(x_0)$），则称 f 在点 x_0 处**右（左）连续**.

函数 $f(x)$ 在 x_0 点处连续的充要条件是它在该点处左连续且右连续.

1.5.2　闭区间上连续函数的性质

若函数 $f(x)$ 在开区间 (a, b) 内的每一点处均连续，则称函数 $f(x)$ **在开区间 (a, b) 内连续**.

若函数 $f(x)$ 在开区间 (a, b) 内连续，且 $f(x)$ 在 $x=a$ 处右连续，在 $x=b$ 处左连续，则称函数 $f(x)$ 在**闭区间 $[a, b]$ 上连续**.

闭区间上连续函数具有如下性质.

【定理 1.5.1（最大最小值定理）】　若函数 $f(x)$ 在闭区间 $[a, b]$ 上连续，则函数 $f(x)$ 可以在闭区间 $[a, b]$ 上取得最大值及最小值. 即存在 $\alpha, \beta \in [a, b]$，使得对于任意 $x \in [a, b]$，均有 $f(\alpha) \leqslant f(x) \leqslant f(\beta)$.

【**定理 1.5.2(有界性定理)**】　若函数 $f(x)$ 在闭区间 $[a,b]$ 上连续，则函数 $f(x)$ 在闭区间 $[a,b]$ 上有界．

证　由于函数 $f(x)$ 在闭区间 $[a,b]$ 上连续，由定理 1.5.1 知，存在 $\alpha,\beta\in[a,b]$，使得对于任意 $x\in[a,b]$，都有 $f(\alpha)\leqslant f(x)\leqslant f(\beta)$，表明函数 $f(x)$ 在闭区间 $[a,b]$ 上有界．

如果 x_0 使 $f(x_0)=0$，则 x_0 称为函数 $f(x)$ 的**零点**．

【**定理 1.5.3(零点定理)**】　若函数 $f(x)$ 在闭区间 $[a,b]$ 上连续，且 $f(a)\cdot f(b)<0$，则至少存在一点 $\xi\in(a,b)$，使得 $f(\xi)=0$．

从几何上看，定理 1.5.3 是显然的：如果连续曲线 $y=f(x)$ 的两个端点的函数值位于 x 轴的两边，则曲线与 x 轴必有交点(图 1.5.4)．

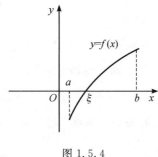

图 1.5.4

注

　(1) 定理 1.5.3 表明，端点函数值异号的连续曲线与 x 轴至少有一个交点 $(\xi,0)$；

　(2) 定理 1.5.3 中的 ξ 是区间 (a,b) 的内点，即 $\xi\in(a,b)$．另一方面，定理 1.5.3 只说明 ξ 的存在性，但并不能由此求出 ξ．

【**定理 1.5.4(介值定理)**】　设函数 $f(x)$ 在闭区间 $[a,b]$ 上连续，且 $f(a)\neq f(b)$，则对介于 $f(a)$，$f(b)$ 之间的任意一个数 A，总存在 $\xi\in[a,b]$，使 $f(\xi)=A$．

证　构造辅助函数 $F(x)=f(x)-A$，则 $F(x)$ 在 $[a,b]$ 上也连续，且 $F(a)=f(a)-A$，$F(b)=f(b)-A$．

如果 $F(a)=f(a)-A\neq0$，$F(b)=f(b)-A\neq0$，又因为 A 介于 $f(a)$，$f(b)$ 之间，故 $f(a)-A$ 与 $f(b)-A$ 异号，得 $F(a)\cdot F(b)<0$，由定理 1.5.3，存在 $\xi\in(a,b)$，使 $F(\xi)=0$，即 $f(\xi)=A$；

如果 $F(a)=f(a)-A=0$ 或 $F(b)=f(b)-A=0$，即有 $f(a)=A$ 或 $f(b)=A$，则取 $\xi=a$ 或 $\xi=b$ 即可．

综上讨论，总存在 $\xi\in[a,b]$，使得 $f(\xi)=A$．

定理 1.5.4 的几何意义是：连续曲线 $y=f(x)$ 与水平直线 $y=A$ 至少相交于一点(图 1.5.5)．

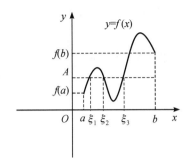

图 1.5.5

【推论 1.5.1】　闭区间上的连续函数必取得介于最大值与最小值之间的任何值.

【推论 1.5.2】　闭区间上不为常数的连续函数把该闭区间映为闭区间.

【例 1.5.1】　证明：方程 $x^3-4x^2+1=0$ 在区间 $(0,1)$ 内至少有一个实根.

证　设 $f(x)=x^3-4x^2+1$，则 $f(x)$ 在区间 $[0,1]$ 上连续，且 $f(0)=1$，$f(1)=-2$，即端点的函数值异号，由零点定理知，$\exists\,\xi\in(0,1)$，使 $f(\xi)=0$，即 $\xi^3-4\xi^2+1=0$，证得方程 $x^3-4x^2+1=0$ 在区间 $(0,1)$ 内至少有一个实根 ξ.

【例 1.5.2】　已知函数 $f(x)$ 在区间 $[0,1]$ 上连续，且 $f(0)=1$，$f(1)=0$. 证明：$\exists\,\xi\in(0,1)$，使 $f(\xi)=\xi$.

证　令 $F(x)=f(x)-x$，则 $F(x)$ 在 $[0,1]$ 上连续，$F(0)=f(0)-0=1>0$，$F(1)=f(1)-1=-1<0$，即有 $F(0)\cdot F(1)<0$，故由零点定理知，$\exists\,\xi\in(0,1)$，使 $F(\xi)=0$，即 $f(\xi)=\xi$.

【例 1.5.3】　已知 $a,b>0$，证明：方程 $x-a\sin x=b$ 在 $(0,a+b)$ 上至少有一个正根.

证　令 $f(x)=x-a\sin x-b$，则 $f(x)$ 在 $[0,a+b]$ 上连续，而
$$f(0)=0-a\sin 0-b=-b<0$$
$$f(a+b)=a+b-a\sin(a+b)-b=a[1-\sin(a+b)]\geqslant 0$$

即有
$$f(0)\cdot f(a+b)\leqslant 0$$

故由零点定理知，$f(x)=0$ 在 $(0,a+b]$ 上至少有一个根，即方程 $x-a\sin x=b$ 在 $(0,a+b]$ 上至少有一个正根.

可以证明，**一切初等函数在其定义区间中是连续函数**.

关于连续函数的概念，将在本书第 5 章中严格、仔细地加以讨论.

习题 1.5

1. 设 $f(x)=\begin{cases}x,&x\neq 0\\1,&x=0\end{cases}$，作出 $f(x)$ 的图形，并求 $f(1)$，$f(-1)$，$f(0)$，$f(t)$，指出 $f(x)$ 在哪些点上连续、哪些点上不连续.

2. 设 $\varphi(x)=\dfrac{f(x+h)-f(x)}{h}$，求当 $f(x)$ 分别为以下函数时 $\varphi(x)$ 的值.

(1) $f(x)=ax+b$;   (2) $f(x)=x^2$;   (3) $f(x)=a^x$.

3. 研究下列函数的连续性.

(1) $y=x^2$;   (2) $y=\sin x$;   (3) $y=x^2\sin x$;

(4) $y=\dfrac{1-x^2}{2+x}$;   (5) $y=\dfrac{1}{\sin\pi x}$;   (6) $y=\begin{cases}\dfrac{|x|}{x}, & x\neq 0 \\ 0, & x=0\end{cases}$;

(7) $y=\begin{cases}x, & 0\leqslant x<1 \\ 4x-2, & 1<x<3 \\ 13-x, & 3\leqslant x<+\infty\end{cases}$.

4. 证明下列方程在指定区间上有根.

(1) $x^3-3x=1$, $x\in[1,2]$;

(2) $x2^x=1$, $x\in[0,1]$.

第2章 微积分的基本概念

1. 定积分：掌握定积分的定义、几何意义、性质及可积条件，会用定义计算简单积分，能用性质比较积分大小.

2. 导数与微分：理解导数的几何/物理意义、微分定义及可导与连续的关系，能求基本初等函数导数和分段函数可导性.

3. 中值定理：掌握罗尔定理、拉格朗日中值定理及柯西中值定理，能用其证明单调性、不等式和方程根的存在性.

4. 微积分基本定理：理解微分与积分的逆运算关系，掌握原函数、不定积分概念及牛顿-莱布尼茨公式.

1. 建模计算：将实际问题（面积、功等）转化为定积分并求解，用微分近似计算函数值.

2. 定理应用：用中值定理证明数学命题，用微积分基本定理简化积分计算.

1. 辩证思维：通过"分割-极限"思想体会近似与精确的转化，理解微分与积分的对立统一.

2. 科学精神：从黎曼、牛顿、莱布尼茨的贡献感受数学发展的严谨性，通过实例培养理论联系实际的应用意识.

2.1 定 积 分

2.1.1 引例

定积分概念具有深刻的物理背景，简而言之，任何涉及对连续变量的求和，本质上就是使用了定积分的思想. 较为典型的问题是求曲边梯形的面积、变力所做的功、变速直线运动的路程、非均匀细棒的质量等. 以下我们从求曲边梯形的面积、变力做功两个实际问题出发，总结并抽象出定积分的概念.

1. 曲边梯形的面积

在实际生活中经常碰到由任意曲线围成的平面图形的面积. 如何确定曲边图形的面积呢？在实践中人们发现计算由任意曲线围成的平面图形的面积，都可归结为计算这类图形中最基本的图形——曲边梯形的面积.

所谓曲边梯形是这样的平面图形,它由一条连续曲线弧和三条直线边围成,三条直线边中有两条互相平行,并且与第三条垂直,第三条边称为底边,两条互相平行的直线边与曲线弧都至多只有一个交点(如图 2.1.1).

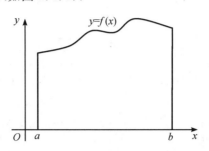

图 2.1.1   曲边梯形

【**例 2.1.1**】   求由闭区间$[a,b]$上的连续曲线 $y=f(x)(f(x)\geqslant0)$和直线 $x=a$,$x=b$ 及 Ox 轴所围成的曲边梯形的面积 A.

解   这是一个对连续变量的求和问题,为了方便起见,我们选择如图 2.1.2 所示的坐标系,曲线 CD 的方程为 $y=f(x)$. 如果 $f(x)=h$(h 是常数),那么这个曲边梯形实际上就是矩形,其面积=底×高=$(b-a)h$;如果 $f(x)$不为常数,那么曲边梯形的高 $f(x)$随着 x 变化而变化,此时曲边梯形的面积就不能用我们以前所熟悉的公式进行计算,这就是曲边梯形面积计算的困难所在. 由于 $f(x)$在闭区间$[a,b]$上连续,故只要 x 变化很小,$f(x)$的变化就一定很小,当 x 在一个很小的区间上变化时,$f(x)$近似不变. 正是 $f(x)$在区间$[a,b]$上有这个特点,我们就可以运用分割、近似、求和、取极限等四个步骤,方便地求出曲边梯形的面积,方法如下:

第一步,分割:如图 2.1.2 所示,用闭区间$[a,b]$内任意 $n-1$ 个分点
$$a=x_0<x_1<x_2<\cdots<x_{i-1}<x_i<\cdots<x_{n-1}<x_n=b$$
将闭区间$[a,b]$分成 n 个小闭区间$[x_{i-1},x_i]$$(i=1,2,\cdots,n)$,其中第 i 个小闭区间$[x_{i-1},x_i]$的长度用 Δx_i 表示,即 $\Delta x_i=x_i-x_{i-1}$,过每一个分点 x_i 作垂直于 Ox 轴的直线,相应地把曲边梯形分成 n 个小的曲边梯形.

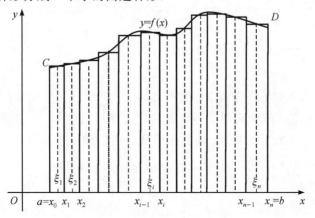

图 2.1.2

第二步，近似：记曲边梯形的面积为 A，第 i 个小曲边梯形的面积为 $\Delta A_i(i=1,$ $2,\cdots,n)$，因为 $f(x)$ 在闭区间 $[a,b]$ 上连续，所以当每个小闭区间 $[x_{i-1},x_i]$ 很小时，该区间上任意两点的函数值相差很小，以至于近似相等. 从而小闭区间 $[x_{i-1},x_i]$ 上的曲线可近似看成平行于 Ox 轴的直线，因此，可把此闭区间上的小曲边梯形近似看成以小闭区间 $[x_{i-1},x_i]$ 为底，闭区间 $[x_{i-1},x_i]$ 上任一点 ξ_i 的函数值 $f(\xi_i)$ 为高的矩形，于是第 i 个小曲边梯形的面积为

$$\Delta A_i \approx f(\xi_i) \cdot \Delta x_i (i=1,2,\cdots,n)$$

第三步，求和：整个曲边梯形的面积为

$$A = \Delta A_1 + \Delta A_2 + \cdots + \Delta A_i + \cdots + \Delta A_n$$
$$\approx f(\xi_1)\Delta x_1 + f(\xi_2)\Delta x_2 + \cdots + f(\xi_i)\Delta x_i + \cdots + f(\xi_n)\Delta x_n$$
$$= \sum_{i=1}^{n} f(\xi_i)\Delta x_i$$

第四步，取极限：若分点 $x_1,x_2,\cdots,x_{n-1}$ 越密，且各个闭区间长度 $\Delta x_i = x_i - x_{i-1}$ 值越小，和式 $\sum\limits_{i=1}^{n} f(\xi_i)\Delta x_i$ 就越接近于曲边梯形的面积 A. 若各个闭区间长度 Δx_i 的最大值 $\lambda = \max\limits_{1\leqslant i\leqslant n}\{\Delta x_i\}$ 趋于零，就能保证每个小闭区间的长度都无限变小，从而保证 $\sum\limits_{i=1}^{n} f(\xi_i)\Delta x_i$ 与 A 无限接近. 当 λ 趋于零时(此时分段数 n 无限增多，即 $n \to \infty$)，如果和式的极限

$$\lim_{\lambda \to 0} \sum_{i=1}^{n} f(\xi_i)\Delta x_i \tag{2-1-1}$$

存在，则这个极限就是曲边梯形的面积 A. 从而将求曲边梯形面积的问题归结为求形如式(2-1-1)极限的问题.

2. 变力所做的功

【**例 2.1.2**】 设质点受平行于 Ox 轴的变力 $f(x)$ 的作用，沿 x 轴从点 a 移动到点 b(函数 $y=f(x)\geqslant0$ 是闭区间 $[a,b]$ 上的连续函数)，求变力所做的功.

解 如果 $f(x)=C$ 是常量，则力 $f(x)$ 所做的功为 $W=C(b-a)$. 现在由于力不是常量，而是 x 的连续函数 $f(x)$，所以上述算法就不适用了. 那么，如何确定变力所做的功呢? 这也是对连续变量的求和问题，有了求曲边梯形面积的思想方法，我们采取同样的方法来解决问题.

第一步，分割：如图 2.1.3 所示，用闭区间 $[a,b]$ 内任意 $n-1$ 个分点

$$a = x_0 < x_1 < x_2 < \cdots < x_{i-1} < x_i < \cdots < x_{n-1} < x_n = b$$

将闭区间 $[a,b]$ 分成 n 个小闭区间 $[x_{i-1},x_i](i=1,2,\cdots,n)$，其中第 i 个小闭区间 $[x_{i-1},x_i]$ 的长度用 Δx_i 表示，即 $\Delta x_i = x_i - x_{i-1}$.

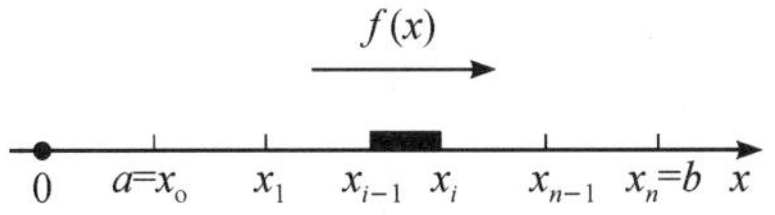

图 2.1.3

第二步，近似：因为 $f(x)$ 在闭区间 $[a,b]$ 上连续，所以当每个小闭区间 $[x_{i-1},x_i]$ 很

小时,该区间上任意两点的函数值相差也很小,以至于近似相等. 从而小闭区间$[x_{i-1}, x_i]$上的力可近似看成常力,因此,在每个小闭区间上的变力$f(x)$,可用闭区间上任意点$\varepsilon_i \in [x_{i-1}, x_i]$处的力$f(\xi_i)$来近似代替,即$f(x) \approx f(\xi_i)$,于是力$f(x)$在闭区间$[x_{i-1}, x_i]$上所做的功为

$$\Delta W_i \approx f(\xi_i) \cdot \Delta x_i (i = 1, 2, \cdots, n)$$

第三步,求和:设质点在Ox轴上从a点移动到b点所做的功为W,则

$$W = \Delta W_1 + \Delta W_2 + \cdots + \Delta W_i + \cdots + \Delta W_n$$
$$\approx f(\xi_1)\Delta x_1 + f(\xi_2)\Delta x_2 + \cdots + f(\xi_i)\Delta x_i + \cdots + f(\xi_n)\Delta x_n$$
$$= \sum_{i=1}^{n} f(\xi_i)\Delta x_i$$

第四步,取极限:若分点$x_1, x_2, \cdots, x_{n-1}$越密,且各个闭区间长度$\Delta x_i = x_i - x_{i-1}$值越小,和式$\sum_{i=1}^{n} f(\xi_i)\Delta x_i$就越接近于变力$f(x)$所做的功$W$. 若各个闭区间长度$\Delta x_i$的最大值$\lambda = \max_{1 \leq i \leq n}\{\Delta x_i\}$趋于零,就能保证每个小闭区间的长度都无限变小,从而保证$\sum_{i=1}^{n} f(\xi_i)\Delta x_i$与$W$无限接近. 当$\lambda$趋向于零时(此时分段数$n$无限增多,即$n \to \infty$),如果和式的极限

$$\lim_{\lambda \to 0} \sum_{i=1}^{n} f(\xi_i)\Delta x_i \tag{2-1-2}$$

存在,则这个极限就是变力$f(x)$所做的功W. 从而将变力做功的问题归结为求形如式(2-1-2)极限的问题.

类似地,以速度$v = v(t)$做连续变速直线运动的物体,从时刻$t = a$到时刻$t = b$所经过的路程为$s = \lim_{\lambda \to 0} \sum_{i=1}^{n} v(\xi_i)\Delta x_i$;位于$Ox$轴上从$x = a$到$x = b$处的细棒,其密度分布为连续函数$\rho = \rho(x)$,该细棒的质量为$m = \lim_{\lambda \to 0} \sum_{i=1}^{n} \rho(\xi_i)\Delta x_i$.

2.1.2 定积分的定义

由以上对具体问题的讨论可知,虽然它们的实际意义并不相同,但从数量关系上看,其解决问题的思路、计算的步骤直到数学表达式的形式都是一样的. 在生产实践与科学研究中,有大量的非均匀变化的问题的解决,最后都归结于求这类和式$\sum_{i=1}^{n} f(\xi_i)\Delta x_i$当$\lambda = \max_{1 \leq i \leq n}\{\Delta x_i\} \to 0$时的极限. 因此,研究这种和式的极限具有普遍意义,我们把这种处理问题的方法加以概括,抽象出它们的共同数学特征,就形成了数学上的一重要概念——定积分.

▶【**定义 2.1.1**】 设函数$f(x)$在区间$[a, b]$上有界,在$[a, b]$内任意插入$n-1$个分点

$$a = x_0 < x_1 < x_2 < \cdots < x_{n-1} < x_n = b$$

这样$[a, b]$就被分为了n个小区间$[x_{i-1}, x_i](i = 1, 2, \cdots, n)$,用$\Delta x_i = x_i - x_{i-1}$表示各

区间的长度，再在每个区间上取一点 ξ_i，$x_{i-1} \leqslant \xi_i \leqslant x_i$，作如下和式

$$\sum_{i=1}^{n} f(\xi_i)\Delta x_i = f(\xi_1)\Delta x_1 + f(\xi_2)\Delta x_2 + \cdots + f(\xi_n)\Delta x_n$$

令 $\lambda = \max\limits_{1 \leqslant i \leqslant n}(\Delta x_i)$，若极限 $\lim\limits_{\lambda \to 0}\sum\limits_{i=1}^{n} f(\xi_i)\Delta x_i$ 存在且与 $[a,b]$ 的划分及 ξ_i 的选取无关，则称 $f(x)$ **在区间** $[a,b]$ **上可积**，该极限称之为 $f(x)$ 在区间 $[a,b]$ 上的**定积分**，记作 $\int_a^b f(x)\mathrm{d}x$，即

$$\lim_{\lambda \to 0}\sum_{i=1}^{n} f(\xi_i)\Delta x_i = \int_a^b f(x)\mathrm{d}x$$

其中 $f(x)$ 称为**被积函数**，x 称为**积分变量**，$[a,b]$ 称为**积分区间**，b，a 分别称为**积分上限**、**积分下限**.

定积分概念的精确化，是 19 世纪德国数学家黎曼（Riemann，1826—1866）做出的贡献（他首创地把定积分的定义在一般形式下阐述出来，并研究了定积分的应用范围），所以人们又将这种积分称为**黎曼积分**，简称为 R -**积分**. 为方便起见，把在区间 $[a,b]$ 上黎曼可积的函数全体构成的集合记作 $R[a,b]$.

定积分的几何意义：

(1) 当 $f(x) \geqslant 0$ 时，如图 2.1.4(a) 所示，定积分 $\int_a^b f(x)\mathrm{d}x$ 表示由 x 轴，直线 $x=a$，

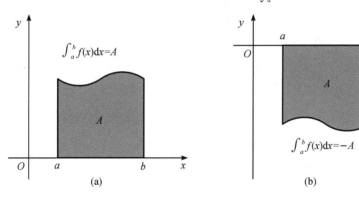

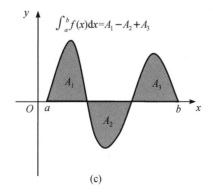

图 2.1.4

$x=b$ 及曲线 $y=f(x)$ 所围成曲边梯形的面积 A，即

$$\int_a^b f(x)\mathrm{d}x = A$$

（2）当 $f(x)\leqslant 0$ 时，如图 2.1.4(b) 所示，定积分 $\int_a^b f(x)\mathrm{d}x$ 表示由 x 轴，直线 $x=a$，$x=b$ 及曲线 $y=f(x)$ 所围成曲边梯形的面积 A 的负值，即

$$\int_a^b f(x)\mathrm{d}x = -A$$

（3）当 $f(x)$ 在 $[a,b]$ 上的值有正有负时，如图 2.1.4(c) 所示，函数 $f(x)$ 的图形某些部分在 x 轴上方，某些部分在 x 轴下方，这时定积分 $\int_a^b f(x)\mathrm{d}x$ 表示介于 x 轴，$x=a$，$x=b$ 及曲线 $y=f(x)$ 之间的图形位于 x 轴上方图形的面积减去位于 x 轴下方图形的面积，即

$$\int_a^b f(x)\mathrm{d}x = A_1 - A_2 + A_3$$

由定积分的定义知，函数 $f(x)\in R[a,b]$ 的必要条件是 $f(x)$ 在 $[a,b]$ 上有界. 但函数 $f(x)$ 在 $[a,b]$ 上满足怎样的条件时，有 $f(x)\in R[a,b]$？对此我们给出下面三个充分条件：

【定理 2.1.1】 若 $f(x)$ 在 $[a,b]$ 上连续，则 $f(x)\in R[a,b]$.

【定理 2.1.2】 若 $f(x)$ 在 $[a,b]$ 上有界且只有有限个间断点，则 $f(x)\in R[a,b]$.

【定理 2.1.3】 若 $f(x)$ 在 $[a,b]$ 上单调有界，则 $f(x)\in R[a,b]$.

【例 2.1.3】 用定积分的定义计算定积分 $\int_a^b x^2\mathrm{d}x$.

解 由于 $f(x)=x^2$ 在 $[a,b]$ 上连续，故 $f(x)=x^2$ 在 $[a,b]$ 上可积，即 $\lim\limits_{\lambda\to 0}\sum\limits_{i=1}^n \xi_i^2 \Delta x_i$ 存在，且此极限与对 $[a,b]$ 的划分及 ξ_i 的取法无关，因此，可以用易于计算的方式来分割 $[a,b]$ 和取点 ξ_i.

（1）分割：将区间 $[a,b]$ 分成 n 等分，得 $\Delta x_i = \dfrac{b-a}{n}$，分点为 $a=x_0$，$x_i = \dfrac{i(b-a)}{n}+a$ $(i=1,2,\cdots,n)$.

（2）近似：取每个小区间 $[x_{i-1},x_i]$ 的左端点为 ξ_i，即 $\xi_i = x_{i-1} = a + \dfrac{i-1}{n}(b-a)$ $(i=1,2,\cdots,n)$，则

$$\begin{aligned}
f(\xi_i)\Delta x_i = \xi_i^2 \Delta x_i &= \left[a+\frac{i-1}{n}(b-a)\right]^2 \frac{b-a}{n}\\
&= \left[a^2 + \frac{2a(b-a)}{n}(i-1) + \frac{(b-a)^2}{n^2}\cdot(i-1)^2\right]\cdot\frac{b-a}{n}
\end{aligned}$$

（3）求和：

$$\sum_{i=1}^{n} \xi_i^2 \Delta x_i = \sum_{i=1}^{n} \left[a^2 + \frac{2a(b-a)}{n}(i-1) + \frac{(b-a)^2}{n^2}(i-1)^2 \right] \cdot \frac{b-a}{n}$$

$$= \frac{b-a}{n} \left[na^2 + \frac{2a(b-a)}{n} \sum_{i=1}^{n}(i-1) + \frac{(b-a)^2}{n^2} \sum_{i=1}^{n}(i-1)^2 \right]$$

$$= \frac{b-a}{n} \left[na^2 + \frac{2a(b-a)}{n} \cdot \frac{(n-1)n}{2} + \frac{(b-a)^2}{n^2} \cdot \frac{(n-1) \cdot n \cdot (2n-1)}{6} \right]$$

$$= a^2(b-a) + a(b-a)^2 \left(1 - \frac{1}{n}\right) + \frac{(b-a)^3}{6}\left(1 - \frac{1}{n}\right)\left(2 - \frac{1}{n}\right)$$

（4）取极限：注意到 $\lambda = \dfrac{b-a}{n}$，所以 $\lambda \to 0$ 等价于 $n \to \infty$，于是

$$\int_a^b f(x)\mathrm{d}x = \lim_{n \to \infty} \sum_{i=1}^{n} \xi_i^2 \Delta x_i$$

$$= \lim_{n \to \infty} \left[a^2(b-a) + a(b-a)^2\left(1 - \frac{1}{n}\right) + \frac{(b-a)^3}{6}\left(1 - \frac{1}{n}\right)\left(2 - \frac{1}{n}\right) \right]$$

$$= a^2(b-a) + a(b-a)^2 + \frac{(b-a)^3}{3} = \frac{1}{3}(b^3 - a^3)$$

2.1.3　定积分的性质

对定积分做以下规定：

（1）$\displaystyle\int_a^b f(x)\mathrm{d}x = \int_a^b f(u)\mathrm{d}u = \int_a^b f(t)\mathrm{d}t$；

（2）$\displaystyle\int_a^b f(x)\mathrm{d}x = -\int_b^a f(x)\mathrm{d}x$，特例：$\displaystyle\int_a^a f(x)\mathrm{d}x = 0$，$\displaystyle\int_b^b f(x)\mathrm{d}x = 0$.

由定积分的定义可以得到以下性质及推论.

【性质 2.1.1】　若 $f(x)=1$，则 $\displaystyle\int_a^b f(x)\mathrm{d}x = \int_a^b \mathrm{d}x = b-a$.

【性质 2.1.2（线性性质）】　设 $f(x)$，$g(x) \in R[a,b]$，$\alpha, \beta \in \mathbf{R}$，则 $\alpha f(x) + \beta g(x) \in R[a,b]$，且

$$\int_a^b [\alpha f(x) + \beta g(x)]\mathrm{d}x = \alpha \int_a^b f(x)\mathrm{d}x + \beta \int_a^b g(x)\mathrm{d}x$$

【性质 2.1.3（积分区间的可加性）】　设 I 为任意有限区间，若 $f(x) \in R(I)$，则对于 $\forall a, b, c \in I$，有

$$\int_a^b f(x)\mathrm{d}x = \int_a^c f(x)\mathrm{d}x + \int_c^b f(x)\mathrm{d}x$$

【性质 2.1.4（保号性）】　若 $f(x) \in R[a,b]$，且 $f(x) \geqslant 0$，$x \in [a,b]$，则 $\displaystyle\int_a^b f(x)\mathrm{d}x \geqslant 0$.

【推论 2.1.1（单调性）】　设 $f(x)$，$g(x) \in R[a,b]$，且 $f(x) \leqslant g(x)$，$\forall x \in [a,b]$，则 $\displaystyle\int_a^b f(x)\mathrm{d}x \leqslant \int_a^b g(x)\mathrm{d}x$.

证　令 $F(x) = g(x) - f(x)$，则 $F(x) \geqslant 0$，$x \in [a,b]$，由性质 2.1.2 知 $F(x) \in$

$R[a, b]$，且 $\int_a^b F(x)\mathrm{d}x = \int_a^b [g(x) - f(x)]\mathrm{d}x$，再由性质 2.1.3 知 $\int_a^b F(x)\mathrm{d}x \geqslant 0$，所以

$$\int_a^b g(x)\mathrm{d}x \geqslant \int_a^b f(x)\mathrm{d}x$$

【例 2.1.4】 设 $f(x)$ 在 $[a, b]$ 上连续，且 $f(x) \geqslant 0$，若 $\int_a^b f(x)\mathrm{d}x = 0$，则在 $[a, b]$ 上 $f(x) \equiv 0$.

证 反证法. 假设在某点 $x_0 (a < x_0 < b)$ 上有 $f(x_0) > 0$，则由连续函数局部保号性知必存在 x_0 的某邻域 $(x_0 - \delta, x_0 + \delta)$，使 $f(x) > \dfrac{f(x_0)}{2} > 0$. 由性质 2.1.3 有

$$\int_a^b f(x)\mathrm{d}x = \int_a^{x_0 - \delta} f(x)\mathrm{d}x + \int_{x_0 - \delta}^{x_0 + \delta} f(x)\mathrm{d}x + \int_{x_0 + \delta}^b f(x)\mathrm{d}x$$

由性质 2.1.3 知，上式等号右边第一、第三个积分非负，而第二个积分有

$$\int_{x_0 - \delta}^{x_0 + \delta} f(x)\mathrm{d}x > \frac{f(x_0)}{2} \cdot 2\delta = f(x_0)\delta > 0$$

从而 $\int_a^b f(x)\mathrm{d}x > 0$，这与题干矛盾. 因此 $f(x) \equiv 0$.

【例 2.1.5】 比较 $\int_3^4 \ln x\,\mathrm{d}x$ 与 $\int_3^4 (\ln x)^2 \mathrm{d}x$ 的大小.

解 因 $x \geqslant 3$，有 $\ln x > 1$，从而 $(\ln x)^2 > \ln x$，故 $\int_3^4 \ln x\,\mathrm{d}x < \int_3^4 (\ln x)^2 \mathrm{d}x$.

【例 2.1.6】 设 $I = \int_0^{\frac{\pi}{4}} \ln(\sin x)\mathrm{d}x$，$J = \int_0^{\frac{\pi}{4}} \ln(\cot x)\mathrm{d}x$，$K = \int_0^{\frac{\pi}{4}} \ln(\cos x)\mathrm{d}x$，则 I，J，K 的大小关系是(   ).

A. $I < J < K$ B. $I < K < J$ C. $J < I < K$ D. $K < J < I$

解 在 $\left[0, \dfrac{\pi}{4}\right]$ 上，$\sin x \leqslant \cos x \leqslant \cot x$，又 $\ln x$ 为增函数，因此有 $\ln \sin x \leqslant \ln \cos x \leqslant \ln(\cot x)$，从而 $\int_0^{\frac{\pi}{4}} \ln(\sin x)\mathrm{d}x < \int_0^{\frac{\pi}{4}} \ln(\cos x)\mathrm{d}x < \int_0^{\frac{\pi}{4}} \ln(\cot x)\mathrm{d}x$，即 $I < K < J$，故选 B.

【推论 2.1.2(积分的基本估计)】 设 $f(x) \in R[a, b]$，且 $m \leqslant f(x) \leqslant M(m, M$ 是常数)，$x \in [a, b]$，则

$$m(b - a) \leqslant \int_a^b f(x)\mathrm{d}x \leqslant M(b - a)$$

证 因 $m \leqslant f(x) \leqslant M$，故由推论 2.1.1 有

$$\int_a^b m\,\mathrm{d}x \leqslant \int_a^b f(x)\mathrm{d}x \leqslant \int_a^b M\,\mathrm{d}x$$

由性质 2.1.1 及性质 2.1.2 有

$$\int_a^b m\,\mathrm{d}x = m(b - a), \quad \int_a^b M\,\mathrm{d}x = M(b - a)$$

故

$$m(b - a) \leqslant \int_a^b f(x)\mathrm{d}x \leqslant M(b - a)$$

【例 2.1.7】 估计定积分 $\int_{-1}^{2}(x^2+1)\mathrm{d}x$ 的值的范围.

解 先求被积函数 $f(x)=x^2+1$ 在积分区间 $[-1,2]$ 上的最大值与最小值. 由中学的知识可知, $f(x)$ 在 $[-1,2]$ 上的最大值 $M=5$, 最小值 $m=1$, 于是

$$1\times[2-(-1)]\leqslant\int_{-1}^{2}(x^2+1)\mathrm{d}x\leqslant5\times[2-(-1)]$$

即

$$3\leqslant\int_{-1}^{2}(x^2+1)\mathrm{d}x\leqslant15$$

【推论 2.1.3(绝对可积性不等式)】 设 $f(x)\in R[a,b]$, 则

$$\left|\int_{a}^{b}f(x)\mathrm{d}x\right|\leqslant\int_{a}^{b}|f(x)|\mathrm{d}x$$

证 因为 $-|f(x)|\leqslant f(x)\leqslant|f(x)|$, 所以由推论 2.1.2 知

$$-\int_{a}^{b}|f(x)|\mathrm{d}x\leqslant\int_{a}^{b}f(x)\mathrm{d}x\leqslant\int_{a}^{b}|f(x)|\mathrm{d}x$$

即 $\left|\int_{a}^{b}f(x)\mathrm{d}x\right|\leqslant\int_{a}^{b}|f(x)|\mathrm{d}x$.

【例 2.1.8】 设 $f(x),g(x)$ 在 $[a,b]$ 上连续, 证明:

$$\left[\int_{a}^{b}f(x)g(x)\mathrm{d}x\right]^2\leqslant\int_{a}^{b}[f(x)]^2\mathrm{d}x\cdot\int_{a}^{b}[g(x)]^2\mathrm{d}x$$

证 对 $\forall\lambda\in\mathbf{R}$, 因为 $[f(x)+\lambda g(x)]^2\geqslant0$, 所以

$$\int_{a}^{b}[f(x)+\lambda g(x)]^2\mathrm{d}x=\int_{a}^{b}[f(x)]^2\mathrm{d}x+2\lambda\int_{a}^{b}f(x)g(x)\mathrm{d}x+\lambda^2\int_{a}^{b}[g(x)]^2\mathrm{d}x\geqslant0$$

上述关于 λ 的二次三项式中, 由于 λ^2 的系数 $\int_{a}^{b}[g(x)]^2\mathrm{d}x\geqslant0$, 故

$$4\left[\int_{a}^{b}f(x)g(x)\mathrm{d}x\right]^2-4\int_{a}^{b}[f(x)]^2\mathrm{d}x\int_{a}^{b}[g(x)]^2\mathrm{d}x\leqslant0$$

即

$$\left[\int_{a}^{b}f(x)g(x)\mathrm{d}x\right]^2\leqslant\int_{a}^{b}[f(x)]^2\mathrm{d}x\cdot\int_{a}^{b}[g(x)]^2\mathrm{d}x$$

2.1.4 积分中值定理

【定理 2.1.4】 设函数 $f(x),g(x)$ 在闭区间 $[a,b]$ 上连续, 且 $g(x)$ 在闭区间 $[a,b]$ 上不变号, 则

$$\int_{a}^{b}f(x)g(x)\mathrm{d}x=f(\xi)\int_{a}^{b}g(x)\mathrm{d}x(a\leqslant\xi\leqslant b)$$

证 $g(x)\equiv0$ 时结论显然成立. 为了明确起见, 不妨设 $g(x)\geqslant0$ 且 $g(x)\not\equiv0(a\leqslant x\leqslant b)$. 由于 $f(x)$ 在 $[a,b]$ 上连续, 因此 $f(x)$ 在 $[a,b]$ 上有最大值 M 和最小值 m, 即 $m\leqslant f(x)\leqslant M$, 故 $mg(x)\leqslant f(x)g(x)\leqslant Mg(x)$, 于是

$$m\int_{a}^{b}g(x)\mathrm{d}x\leqslant\int_{a}^{b}f(x)g(x)\mathrm{d}x\leqslant M\int_{a}^{b}g(x)\mathrm{d}x$$

因为 $g(x) \geqslant 0$ 且 $g(x) \not\equiv 0 (a \leqslant x \leqslant b)$，故由例 2.1.4 知，$\int_a^b g(x) \mathrm{d}x > 0$. 根据上述不等式

有 $m \leqslant \dfrac{\int_a^b f(x)g(x)\mathrm{d}x}{\int_a^b g(x)\mathrm{d}x} \leqslant M$. 由介值定理知，存在 $\xi \in [a,b]$，使 $f(\xi) = \dfrac{\int_a^b f(x)g(x)\mathrm{d}x}{\int_a^b g(x)\mathrm{d}x}$

成立，故

$$\int_a^b f(x)g(x)\mathrm{d}x = f(\xi)\int_a^b g(x)\mathrm{d}x$$

【推论 2.1.4】 设 $f(x)$ 在区间 $[a,b]$ 上连续，则存在 $\xi \in [a,b]$，使

$$\int_a^b f(x)\mathrm{d}x = f(\xi)(b-a)$$

证 在定理 2.1.4 中令 $g(x) \equiv 1$，则有 $\int_a^b f(x)\mathrm{d}x = f(\xi)(b-a)$，故上述结论成立.

定理 2.1.4 及推论 2.1.4 均称为**积分中值定理**. 推论 2.1.4 有明显的几何意义：设 $f(x) \geqslant 0$，由曲线 $y = f(x)$，x 轴及直线 $x = a$，$x = b$ 所围成的曲边梯形的面积等于以区间 $[a,b]$ 为底，某一函数值 $f(\xi)$ 为高的矩形面积(图 2.1.5).

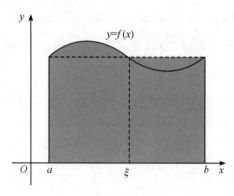

图 2.1.5

函数 $f(x)$ 在区间 $[a,b]$ 上的平均值定义为 $\dfrac{\int_a^b f(x)\mathrm{d}x}{b-a}$.

习题 2.1

1. 用定积分的定义计算 $\int_0^1 2x \mathrm{d}x$.

2. 比较定积分 $\int_1^2 x^2 \mathrm{d}x$ 与 $\int_1^2 x^3 \mathrm{d}x$ 的大小.

3. 估计定积分 $\int_0^\pi \sin x \mathrm{d}x$ 的值的范围.

4. 用定积分表示由曲线 $y = x^2$，直线 $x = 1$，$x = 2$ 及 x 轴围成的曲边梯形的面积.

5. 一物体在变力 $f(x) = 2x + 1$(单位：N) 的作用下，沿 x 轴从 $x = 0$ 移动到 $x = 3$(单位：m)，用定积分表示该变力所做的功.

6. 一物体以速度 $v(t)=t+2$(单位：m/s)做变速直线运动，用定积分表示该物体从时刻 $t=1$ 到时刻 $t=3$ 所走过的路程.

7. 有一个位于 Ox 轴上从 $x=2$ 到 $x=5$ 处的细棒，其密度分布为 $\rho(x)=x+1$(单位：kg/m)，用定积分表示该细棒的质量.

2.2 导数与微分

2.2.1 引例

1. 曲线的切线

在上一节中已经介绍了微积分的主要矛盾的一面，即定积分的概念. 在这一节中，我们将介绍它的另一面——微分的概念. 先介绍导数的概念，从曲线求切线说起.

在中学里我们只知道圆的切线是定义为与圆只有一个交点的直线. 这种定义只有对圆这样一类曲线才适用. 例如，考虑抛物线 $y=x^2$，这时 x 轴、y 轴和抛物线都只有一个交点，难道说 y 轴也是抛物线的切线吗？这显然是不对的. 因此，对于一般的曲线，究竟如何来定义它的切线还是一个新问题. 为了解决这个问题，我们要用极限的想法. 设曲线 C(图 2.2.1)上一点 P 的坐标为 $(x_0, f(x_0))$，在曲线 C 上另取一点 P'，设其坐标为 $(x_0+\Delta x, f(x_0+\Delta x))$. 连接点 P 和 P' 的直线就是曲线 C 的一条割线，它的斜率显然是

$$\tan\varphi = \frac{P'Q}{PQ} = \frac{f(x_0+\Delta x)-f(x_0)}{\Delta x}$$

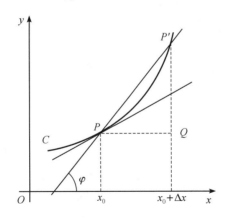

图 2.2.1

如果令点 P' 沿着曲线 C 移动并无限地接近于点 P，那么割线 PP' 亦将随之而转动. 由于当 P' 无限地接近于 P 时，$\Delta x \to 0$，所以割线 PP' 的斜率亦将趋于极限

$$\lim_{\Delta x \to 0}\tan\varphi = \lim_{\Delta x \to 0}\frac{f(x_0+\Delta x)-f(x_0)}{\Delta x}(\text{记作 } k)$$

这就是说，当 P' 无限地接近 P 时，割线 PP' 必无限地接近某一极限位置，处于这极限位置的直线就叫作曲线 C 在点 P 的切线.

切线的斜率既然知道，根据解析几何中的点斜式，可以立刻写出切线的方程

$$y - y_0 = k(x - x_0)$$

这就是通过曲线 $y = f(x)$ 上一点 (x_0, y_0) 的切线的方程.

【例 2.2.1】 求抛物线 $y = x^2$ 在点 $(2, 4)$ 处的切线方程.

解 先算 $f(x) = x^2$ 在点 $(2, 4)$ 处的切线斜率,即

$$k = \lim_{\Delta x \to 0} \frac{f(2 + \Delta x) - f(2)}{\Delta x} = \lim_{\Delta x \to 0} \frac{(2 + \Delta x)^2 - 4}{\Delta x} = \lim_{\Delta x \to 0} (4 + \Delta x) = 4$$

所以在点 $(2, 4)$ 处的切线方程为

$$y - 4 = 4(x - 2)$$

即

$$4x - y - 4 = 0$$

从这里可以看出,求曲线 $y = f(x)$ 在一点 x_0 处的切线问题,实际上就是求下列极限值的问题:

$$\lim_{\Delta x \to 0} \frac{f(x_0 + \Delta x) - f(x_0)}{\Delta x} \tag{2-2-1}$$

2. 速度、密度

再来看两个物理方面的例子.

(1) 2021 年 8 月 5 日,我国 14 岁的小将全红婵出战东京奥运会女子 10 米跳台决赛,这也是她第一次参加国际大赛,比赛中全红婵跳出三个满分动作,以总分 466.20 分打破前辈陈若琳保持的总分世界纪录,夺得金牌,为祖国赢得了荣誉. 那么,你知道全红婵在入水时的瞬时速度是多少吗?

大家知道,全红婵在起跳后做自由落体运动,可以看作是变速直线运动,她入水时的瞬时速度这个问题可以归结为求变速直线运动物体的瞬时速度.

一个质点沿着直线运动,设已知质点从始点开始走过的路程 s 与经历的时间 t 的函数关系为 $s = s(t)$,这称为质点的运动规律. 我们来研究质点运动的快慢问题. 质点在时刻 t_0 到时刻 t 这段时间间隔内走过的路程为 $s(t) - s(t_0)$,比值 $\dfrac{s(t) - s(t_0)}{t - t_0} = \bar{v}$ 表示质点在时间间隔 $[t_0, t]$ 内平均的快慢程度,称为质点在时间间隔 $[t_0, t]$ 内的"平均速度",它显然是一个以连续变量 t 为自变量的函数. 由于运动一般是非均匀的,即在相等的时间间隔内所走过的路程并不相同,因此 $\bar{v}(t)$ 还不能精确地表达质点在 t_0 那个瞬时的动态;但很明显,$[t_0, t]$ 间隔越短,$\bar{v}(t)$ 就越接近那个瞬时的动态,当时间间隔 $[t_0, t]$ 无限缩短,也就是让 t 无限接近于 t_0 时,平均速度 $\bar{v}(t)$ 所趋向的极限 $v(t_0)$ 就表达了质点在时刻 t_0 的"瞬时速度",因此我们要计算极限

$$\lim_{t \to t_0} \frac{s(t) - s(t_0)}{t - t_0} \tag{2-2-2}$$

用此结论,我们可以推出自由落体运动 $s = \dfrac{1}{2} g t^2$(g 为常数)在 t_0 时刻的速度为

$$v(t_0) = \lim_{t \to t_0} \frac{\frac{1}{2} g t^2 - \frac{1}{2} g t_0^2}{t - t_0} = \lim_{t \to t_0} \frac{\frac{1}{2} g (t - t_0)(t + t_0)}{t - t_0}$$

$$= \lim_{t \to t_0} \frac{1}{2} g(t + t_0) = g t_0$$

全红婵从跳台到水面的距离是 10 米，用时约 1.43 秒，因此可知，她在入水瞬间的速度约为 14 米/秒.

（2）设有一条由某种物质做成的细杆 AB（图 2.2.2），用 x 表示杆上从端点 A 到点 M 处的长度，当然这一段杆的质量 m 是 x 的函数 $m = m(x)$. 假定杆是不均匀的，怎样确定在点 M 处杆的线密度呢？

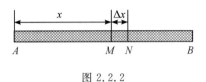

图 2.2.2

如图 2.2.2 所示，取一个和它相邻的点 N，并令 $MN = \Delta x$，那么由 M 到 N 这一段杆的质量将是 $m(x + \Delta x) - m(x)$，比值 $\dfrac{m(x + \Delta x) - m(x)}{\Delta x}$ 就表示在 MN 这一段上每单位长度的质量，也就是平均线密度. 当然，这个平均密度还不能代表杆在 M 处的密度，但当 Δx 充分小时，这个平均密度就能任意接近 M 处的线密度，因此极限

$$\lim_{\Delta x \to 0} \frac{m(x + \Delta x) - m(x)}{\Delta x} \qquad (2-2-3)$$

就表示杆在 M 处的线密度，这显然又是式（2-2-1）型的极限.

从求曲线在一点上的切线，以及上面所举的两个例子来看，问题来自不同的领域，但解决的方法却完全一样，即计算式（2-2-1）型的极限. 也就是式（2-2-1）型的极限表征着自然界中很多不同现象在量方面的共性，因此有必要从这些具体问题中把它抽象出来加以研究，再反过来去解决这类具体问题.

2.2.2　导数的定义

▶【定义 2.2.1】　设 $y = f(x)$ 是定义在区间 $[a, b]$ 上的一个函数，x_0 是这个区间内的一点，如果极限

$$\lim_{\Delta x \to 0} \frac{f(x_0 + \Delta x) - f(x_0)}{\Delta x} \qquad (2-2-4)$$

存在，我们就说函数 $f(x)$ 在点 x_0 处**可导**，并称该极限为函数 $f(x)$ 在 x_0 点处的**导数**（或**微商**），记为 $f'(x_0)$ 或 $\left. \dfrac{\mathrm{d}y}{\mathrm{d}x} \right|_{x = x_0}$.

若令 $x_0 + \Delta x = x$，则式（2-2-4）可以等价地写成 $\lim\limits_{x \to x_0} \dfrac{f(x) - f(x_0)}{x - x_0}$，即有

$$f'(x_0) = \lim_{\Delta x \to 0} \frac{f(x_0 + \Delta x) - f(x_0)}{\Delta x} = \lim_{x \to x_0} \frac{f(x) - f(x_0)}{x - x_0}$$

称 $f'_-(x_0) = \lim\limits_{\Delta x \to 0^-} \dfrac{f(x_0 + \Delta x) - f(x_0)}{\Delta x} = \lim\limits_{x \to x_0^-} \dfrac{f(x) - f(x_0)}{x - x_0}$ 为函数 $f(x)$ 在 x_0 点

的**左导数**，称 $f'_+(x_0)=\lim\limits_{\Delta x\to 0^+}\dfrac{f(x_0+\Delta x)-f(x_0)}{\Delta x}=\lim\limits_{x\to x_0^+}\dfrac{f(x)-f(x_0)}{x-x_0}$ 为函数 $f(x)$ 在 x_0 点的**右导数**. 由极限存在的充要条件可知函数 $f(x)$ 在点 x_0 处可导的充要条件是左、右导数存在且相等.

显然 $f'(x_0)$ 的值与点 x_0 有关，当点 x_0 在区间 $[a,b]$ 内变化时，$f'(x_0)$ 也将跟着变化. 因此，如果函数 $f(x)$ 在区间 $[a,b]$ 内每点都可导，那么 $f'(x)$ 便是一个新的函数，称为 $f(x)$ 的**导函数**.

求已知函数 $f(x)$ 的导数 $f'(x)$ 的运算，称为**导数运算**.

我们称 Δx 这个量为**自变量 x 的改变量**，而称差
$$\Delta y=f(x+\Delta x)-f(x)$$

为**函数 $f(x)$ 在 x 点的相应的改变量**. 函数的改变量和自变量改变量的比值 $\dfrac{\Delta y}{\Delta x}$ 称为函数 $f(x)$ 的**差商**，因此导数
$$\frac{dy}{dx}=\lim\limits_{\Delta x\to 0}\frac{f(x+\Delta x)-f(x)}{\Delta x}=\lim\limits_{\Delta x\to 0}\frac{\Delta y}{\Delta x}$$

就是当自变量改变量 $\Delta x\to 0$ 时差商的极限. 应当注意，这里 $\dfrac{dy}{dx}$ 是一个独立的记号，它表示函数 $f(x)$ 在点 x 的导数，现在我们还不能把它当成一个分数来看待，必须把它看成一个整体. 将来要赋予 dy，dx 以独立的意义，到那时，就可以把它理解为 dy 与 dx 之商了.

从导数的定义可以看出：曲线在一点的切线的斜率，就是函数在这一点的导数；运动质点在时刻 t_1 的瞬时速度，就是 $s(t)$ 在 t_1 的导数；求杆在一点的线密度，就是求质量 $m(x)$ 对 x 的导数. 导数所刻画的，实际上是函数关系中因变量相对于自变量的**瞬时变化率**.

从导数的定义可以看出：导数所涉及的是函数的"局部"性质，也就是说，函数 $y=f(x)$ 在一点 x_0 处是否可导，如果可导，它在该点的导数等于多少，只与函数 $y=f(x)$ 在 $x=x_0$ 处及其邻近的点有关，而与其他地方无关.

从导数的定义还可以看出：如果函数 $y=f(x)$ 在一点 $x=x_0$ 处可导，则一定在这一点连续. 这是因为
$$f(x_0+\Delta x)-f(x_0)=\frac{f(x_0+\Delta x)-f(x_0)}{\Delta x}\cdot\Delta x$$

令 $\Delta x\to 0$，上式两边取极限，由于 $\lim\limits_{\Delta x\to 0}\dfrac{f(x_0+\Delta x)-f(x_0)}{\Delta x}$ 存在，因此等式的右边显然趋于零，故 $\lim\limits_{\Delta x\to 0}[f(x_0+\Delta x)-f(x_0)]=0$，即 $f(x)$ 在 x_0 处连续. 显然，连续也是一个"局部"性质.

【例 2.2.2】 验证常数的导数等于零，即 $\dfrac{dC}{dx}=0$，此处 C 为常数.

解 $\dfrac{dC}{dx}=\lim\limits_{\Delta x\to 0}\dfrac{C-C}{\Delta x}=0.$

【例 2.2.3】 求 $y=x^n$（n 为正整数）在 $x=x_0$ 处的导数.

解 从定义知道

$$\lim_{\Delta x \to 0} \frac{(x_0 + \Delta x)^n - x_0^n}{\Delta x} = \lim_{\Delta x \to 0} \frac{x_0^n + nx_0^{n-1}\Delta x + \cdots + (\Delta x)^n - x_0^n}{\Delta x}$$

$$= \lim_{\Delta x \to 0} \left[nx_0^{n-1} + \frac{n(n-1)}{2} x_0^{n-2}\Delta x + \cdots + (\Delta x)^{n-1} \right]$$

$$= nx_0^{n-1}$$

即

$$\frac{\mathrm{d}x^n}{\mathrm{d}x} = nx^{n-1} (n \text{ 为正整数})$$

【例 2.2.4】　求 $y = \sin x$ 在 $x = x_0$ 处的导数.

解　从定义知道

$$\lim_{\Delta x \to 0} \frac{\sin(x_0 + \Delta x) - \sin x_0}{\Delta x} = \lim_{\Delta x \to 0} \frac{2\sin \dfrac{\Delta x}{2} \cos \dfrac{2x_0 + \Delta x}{2}}{\Delta x} = \lim_{\Delta x \to 0} \frac{\sin \dfrac{\Delta x}{2}}{\dfrac{\Delta x}{2}} \cdot \cos\left(x_0 + \frac{\Delta x}{2}\right) = \cos x_0$$

即

$$\frac{\mathrm{d}(\sin x)}{\mathrm{d}x} = \cos x$$

同样可以推得 $\dfrac{\mathrm{d}(\cos x)}{\mathrm{d}x} = -\sin x$.

【例 2.2.5】　求 $f(x) = \log_a x \ (a > 0, a \neq 1)$ 的导数.

解　

$$f'(x) = \lim_{\Delta x \to 0} \frac{f(x + \Delta x) - f(x)}{\Delta x} = \lim_{\Delta x \to 0} \frac{\log_a(x + \Delta x) - \log_a x}{\Delta x}$$

$$= \lim_{\Delta x \to 0} \frac{\log_a\left(1 + \dfrac{\Delta x}{x}\right)}{\Delta x}$$

$$= \lim_{\Delta x \to 0} \frac{1}{x} \cdot \log_a\left(1 + \frac{\Delta x}{x}\right)^{\frac{x}{\Delta x}}$$

$$= \frac{1}{x} \log_a \mathrm{e} = \frac{1}{x \ln a}$$

特别地，有

$$(\ln x)' = \frac{1}{x}$$

【例 2.2.6】　求 ReLU 函数

$$f(x) = \max\{0, x\} = \begin{cases} x, & x \geqslant 0 \\ 0, & x < 0 \end{cases}$$

的导数.

解　当 $x > 0$ 时，$f'(x) = 1$；当 $x < 0$ 时，$f'(x) = 0$；在分段点 $x = 0$ 处，需用定义讨论可导性.

$$f'_+(0) = \lim_{x \to 0^+} \frac{f(x) - f(0)}{x - 0} = \lim_{x \to 0^+} \frac{x - 0}{x - 0} = 1$$

$$f'_-(0) = \lim_{x \to 0^-} \frac{f(x) - f(0)}{x - 0} = \lim_{x \to 0^-} \frac{0 - 0}{x - 0} = 0$$

由于 $f'_+(0) \neq f'_-(0)$，故知 $f'(0)$ 不存在，因此

$$f'(x) = \begin{cases} 1, & x > 0 \\ 0, & x < 0 \end{cases}$$

2.2.3　微分的定义

函数 $f(x)$ 在 x 处的增量 Δy 为

$$\Delta y = f(x + \Delta x) - f(x)$$

在已知函数关系 $y = f(x)$ 的条件下，求 Δy 只是个计算的问题，似乎没有什么困难. 例如，已知 $y = x^2$，则

$$\Delta y = (x + \Delta x)^2 - x^2 = 2x \cdot \Delta x + (\Delta x)^2$$

但是，即使不考虑别的原因，只是从计算角度来看，只要函数关系稍复杂一些，求 Δy 就相当难了. 例如，求内半径为 r，厚度为 Δr 的球壳的体积，我们已知球的体积为 $V = \frac{4}{3}\pi r^3$. 即当半径从 r 增加到 $r + \Delta r$ 时，球的体积增加了

$$\Delta V = \frac{4}{3}\pi(r + \Delta r)^3 - \frac{4}{3}\pi r^3 = \frac{4}{3}\pi(3r^2\Delta r + 3r\Delta r^2 + \Delta r^3)$$

$$= 4\pi r^2 \Delta r + 4\pi r(\Delta r)^2 + \frac{4}{3}\pi(\Delta r)^3$$

再如，已知 $y = e^{\tan x}\cos x$，则

$$\Delta y = e^{\tan(x + \Delta x)}\cos(x + \Delta x) - e^{\tan x}\cos x$$

再往下算就不容易了.

既然遇到了困难，那么就需要改变一下处理方法，即改变为，当 x 有微小增量 Δx 时，求函数的增量 Δy 的主要部分，使误差与 Δx 相比较是一个高阶无穷小(当 $\Delta x \to 0$ 时).

根据导数的定义，有

$$\lim_{\Delta x \to 0} \frac{\Delta y}{\Delta x} = \lim_{\Delta x \to 0} \frac{f(x + \Delta x) - f(x)}{\Delta x} = f'(x)$$

根据极限与无穷小的关系，上式表示，当 $\Delta x \to 0$ 时，$\dfrac{f(x + \Delta x) - f(x)}{\Delta x}$ 与 $f'(x)$ 相差为无穷小，即

$$\frac{\Delta y}{\Delta x} = f'(x) + \alpha, \lim_{\Delta x \to 0}\alpha = 0$$

所以

$$\Delta y = f'(x)\Delta x + \alpha\Delta x$$

这就是说，Δy 为两项之和，现将这两项分别与 Δx 之比的极限值作一对比，有

$$\lim_{\Delta x \to 0} \frac{f'(x)\Delta x}{\Delta x} = \lim_{\Delta x \to 0} f'(x) = f'(x)$$

$$\lim_{\Delta x \to 0} \frac{\alpha\Delta x}{\Delta x} = \lim_{\Delta x \to 0}\alpha = 0$$

可见，当 $f'(x) \neq 0$ 时，$f'(x)\Delta x$ 与 Δx 为同阶无穷小，而 $\alpha \Delta x$ 是比 Δx 高阶的无穷小（当 $\Delta x \to 0$ 时）. 且

$$\lim_{\Delta x \to 0} \frac{\Delta y}{f'(x)\Delta x} = \lim_{\Delta x \to 0} \frac{f'(x)\Delta x + \alpha \Delta x}{f'(x)\Delta x} = 1 + \lim_{\Delta x \to 0} \frac{\alpha}{f'(x)} = 1 \ (f'(x) \neq 0)$$

所以，当 $f'(x) \neq 0$ 时，Δy 与 $f'(x)\Delta x$ 是当 $\Delta x \to 0$ 时的等价无穷小.

由上述可知，当 $f'(x) \neq 0$，$\Delta x \to 0$ 时，$f'(x)\Delta x$ 是 Δy 的主要部分，把它称为函数在 x 处的**微分**，记为

$$\mathrm{d}y = f'(x)\Delta x$$

在 Δx 很小时

$$\Delta y \approx \mathrm{d}y$$

从上面的讨论，可给出如下关于函数 $y = f(x)$ 在点 x 的微分的定义.

➤【定义 2.2.2】　设函数 $y = f(x)$ 在点 x 处有导数 $f'(x)$，则自变量的改变量 Δx 与导数 $f'(x)$ 的乘积 $f'(x)\Delta x$ 叫作函数 $y = f(x)$ 在点 x 处的**微分**，记作

$$\mathrm{d}y = f'(x)\Delta x \tag{2-2-5}$$

也可以用如下定义微分.

➤【定义 2.2.3】　设函数 $y = f(x)$ 在某区间内有定义，x 及 $x + \Delta x$ 在该区间内，如果函数的增量

$$\Delta y = f(x + \Delta x) - f(x)$$

可表示为

$$\Delta y = A\Delta x + o(\Delta x) \tag{2-2-6}$$

且其中 A 是不依赖于 Δx 的常数，而 $o(\Delta x)$ 是比 Δx 高阶的无穷小，那么称函数 $y = f(x)$ 在 x 处可微，而 $A\Delta x$ 称为函数 $y = f(x)$ 在 x 处相应于 Δx 的**微分**，记为 $\mathrm{d}y$，即

$$\mathrm{d}y = A\Delta x$$

如果微分概念是由定义 2.2.3 给出的，则尚需讨论一下函数可微的条件.

(1) 函数 $f(x)$ 可微，则其一定可导. 因为可微，则有

$$\Delta y = A\Delta x + o(\Delta x)$$

于是

$$\lim_{\Delta x \to 0} \frac{\Delta y}{\Delta x} = \lim_{\Delta x \to 0} \frac{A\Delta x + o(\Delta x)}{\Delta x} = A$$

故导数存在，且 $f'(x) = A$.

(2) 函数 $f(x)$ 可导，则其一定可微. 因为可导，则有

$$\lim_{\Delta x \to 0} \frac{\Delta y}{\Delta x} = f'(x)$$

由极限与无穷小的关系，有

$$\frac{\Delta y}{\Delta x} = f'(x) + \alpha$$

故得

$$\Delta y = f'(x)\Delta x + \alpha \Delta x, \ \text{且} \lim_{\Delta x \to 0} \alpha = 0$$

$f'(x)$不依赖于 Δx，故由定义 2.2.3 知函数 $y=f(x)$ 是可微的.

定义 2.2.2 和定义 2.2.3 是完全等价的，同时可知可导与可微是等价的.

对于上文提到的当半径从 r 增加到 $r+\Delta r$ 时，球的体积改变量的问题，现在可以知道

$$\Delta V=4\pi r^2\Delta r+4\pi r(\Delta r)^2+\frac{4}{3}\pi(\Delta r)^3\approx V'(r)\Delta r=4\pi r^2\Delta r$$

微分与定积分是微积分的一对主要矛盾. 微积分的全部内容都是围绕着这对主要矛盾而展开的. 现在先来看看微分本身的意义.

在 $y=f(x)$ 所表示的曲线 C 上取点 $P(x_0,y_0)$ 和其邻近的点 $P'(x_0+\Delta x,y_0+\Delta y)$(图2.2.3)，作 PM，$P'N$ 垂直于 x 轴，过 P 点作曲线的切线，它与 $P'N$ 交于 D，与 x 轴的交角设为 α，于是从图上可以看出

$$PQ=\Delta x,\ P'Q=P'N-QN=f(x_0+\Delta x)-f(x_0)=\Delta y$$
$$DQ=PQ\tan\alpha=f'(x_0)\Delta x=\mathrm{d}y$$

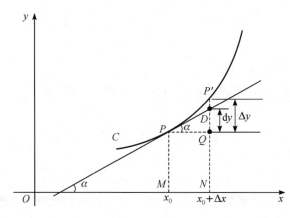

图 2.2.3

因此 Δy 是曲线的纵坐标的改变量，而 $\mathrm{d}y$ 是切线的纵坐标的对应改变量. 从图 2.2.3 上还可以看出

$$\Delta y-\mathrm{d}y=P'D$$

当 $\Delta x\to0$ 时，$\Delta y-\mathrm{d}y$ 趋于零，而且趋于零的速度比 Δx 快.

特别取函数 $y=x$，则 $f'(x)=x'=1$. 因此，函数 $y=x$ 的微分

$$\mathrm{d}x=1\cdot\Delta x=\Delta x$$

即自变量的微分就是自变量的改变量，因此可把$(2-2-5)$改写为

$$\mathrm{d}y=f'(x)\mathrm{d}x$$

上式中的 $\mathrm{d}x$ 与 $\mathrm{d}y$ 现在都有完全确定的意义，它们分别是自变量 x 和因变量 y 的微分，所以函数的导数可以表示成这两个微分的商：

$$\frac{\mathrm{d}y}{\mathrm{d}x}=f'(x)$$

过去我们只把$\dfrac{\mathrm{d}y}{\mathrm{d}x}$看作一个记号，它表示函数 $y=f(x)$ 的导数；现在有了微分的概念，

就可以把它当作一个比值,因此函数 $y = f(x)$ 的导数就是函数的微分和自变量的微分之商,这也就是导数也叫微商这个名称的由来.

【例 2.2.7】　常数的微分等于零.

【例 2.2.8】　若 $y = x^n$(n 为正整数),则 $\mathrm{d}y = nx^{n-1}\mathrm{d}x$.

【例 2.2.9】　若 $y = \sin x$,则 $\mathrm{d}y = \cos x \mathrm{d}x$.

【例 2.2.10】　若 $y = \ln x$,则 $\mathrm{d}y = \dfrac{1}{x}\mathrm{d}x$.

2.2.4　微分中值定理

在前面,我们从变化率问题入手,利用极限的方法,引入了导数的概念,并能够根据定义计算简单函数的导数. 这样一来,类似于求已知曲线上点的切线问题已获解决. 但如果想用导数这一工具去分析、解决一些复杂的问题,只知道怎样计算导数是远远不够的,而要以此为基础,发展更多的工具.

另一方面,我们注意到:(1)函数与其导函数是两个不同的函数;(2)函数在一点处的导数只是反映函数在一点的局部特征;(3)我们往往要了解函数在其定义域上的整体性态. 比如我们要研究函数在区间上的单调性,相应的单调性判定定理在中学已经学过,即

设函数 $y = f(x)$ 在区间 I 上可导,若 $f'(x) > 0(<0)$,则 $f(x)$ 在 I 上严格递增(严格递减).

这说明反映局部特性的导数在某种条件下是可以反映函数的整体性态的,也就是说导数与函数之间是有联系的. 这充分体现了矛盾是对立统一的这一辩证法的重要思想.

那么,如何体现反映局部性态的导数和函数的整体性态这一对儿矛盾之间的对立统一呢?

我们来看一个实际生活中的例子.

【例 2.2.11】(区间测速)交通管理中检测汽车的车速是否超速,一般采用区间测速的方法,假设时间点 a 采集到汽车的位移为 $s(a)$,时间点 b 采集到汽车的位移为 $s(b)$,可以据此算出平均速度为

$$\frac{s(b) - s(a)}{b - a}$$

如果这段路限速 $60\ \mathrm{km/h}$,那么若汽车的平均速度为 $70\ \mathrm{km/h}$,就可以判定汽车在这段路中必然至少有一个点超速吗? 答案是肯定的.

我们猜测,在区间 (a, b) 内存在某一个时刻 ξ,该点的瞬时速度 $v(\xi)$ 等于该时段的平均速度 $\dfrac{s(b) - s(a)}{b - a}$,即 $\xi \in (a, b)$,使得

$$v(\xi) = s'(\xi) = \frac{s(b) - s(a)}{b - a}$$

这个结论如果成立,那么就在导数及函数间建立起联系,即搭起一座"桥",而这座"桥"确实是存在的,就是拉格朗日中值定理.

【定理 2.2.1(拉格朗日(Lagrange)中值定理)】　设 $f(x)$ 在闭区间 $[a, b]$ 上连续，在开区间 (a, b) 内可导，则存在 $\xi \in (a, b)$，使得

$$f'(\xi) = \frac{f(b) - f(a)}{b - a}$$

成立.

拉格朗日中值定理有时也叫作**微分中值定理**，它精确地表达了函数在一个区间上的增量与函数在该区间内某点处的导数之间的关系，实现了导数(局部)与函数(整体)的对立统一，因此拉格朗日中值定理在微分学中占有重要地位. 我们上面给出的单调性的判定定理非拉格朗日中值定理不能得证.

事实上，设函数 $y = f(x)$ 在区间 I 上可导，若 $f'(x) > 0(< 0)$，则对于任意 $x_1, x_2 \in I$，$x_1 < x_2$，对 $f(x)$ 在区间 $[x_1, x_2]$ 上应用拉格朗日中值定理，知存在 $\xi \in (x_1, x_2)$，使得

$$f(x_2) - f(x_1) = f'(\xi)(x_2 - x_1)$$

由于 $x_1 < x_2$，且 $f'(x) > 0(< 0)$，知 $f(x_2) - f(x_1) > 0(< 0)$，即 $f(x_2) > (<) f(x_1)$，从而可得 $f(x)$ 在 I 上严格递增(严格递减).

为了证明拉格朗日中值定理，我们从回忆中学讲过的极值开始.

如果函数 $f(x)$ 在点 x_0 的值，比它在充分接近点 x_0 的一切点的值都大，也就是说，如果能找到一个正数 δ，使得对区间 $(x_0 - \delta, x_0 + \delta)$ 内的任意点，都有

$$f(x) \leqslant f(x_0)$$

我们就说 $f(x)$ 在点 x_0 取到了**极大值**. 同样，如果对于区间 $(x_0 - \delta, x_0 + \delta)$ 内的任意点 x，都有

$$f(x) \geqslant f(x_0)$$

我们就说 $f(x)$ 在点 x_0 取到了**极小值**.

函数的极大值与极小值统称为**极值**. 使函数取到极值的点称为**极值点**.

先来证明如下的费马定理.

　【定理 2.2.2(费马(Fermat)定理)】　如果函数 $f(x)$ 在 x_0 点可导，且在该点取得极值，那么必有 $f'(x_0) = 0$.

证　事实上，不妨设 $f(x)$ 在 x_0 点取得极大值，则必存在 x_0 的一个邻域 $(x_0 - \delta, x_0 + \delta)$，使得对其中任何 x 都有

$$f(x) \leqslant f(x_0)$$

于是得到

当 $x \in (x_0 - \delta, x_0)$ 时，有 $\dfrac{f(x) - f(x_0)}{x - x_0} \geqslant 0$，进而 $f'_-(x_0) = \lim\limits_{x \to x_0^-} \dfrac{f(x) - f(x_0)}{x - x_0} \geqslant 0$.

当 $x \in (x_0, x_0 + \delta)$ 时，有 $\dfrac{f(x) - f(x_0)}{x - x_0} \leqslant 0$，进而 $f'_+(x_0) = \lim\limits_{x \to x_0^+} \dfrac{f(x) - f(x_0)}{x - x_0} \leqslant 0$.

又已知函数 $f(x)$ 在 x_0 点可导，则必有 $f'(x_0) = f'_-(x_0) = f'_+(x_0)$，由此即得

$$f'(x_0) = 0$$

对于极小值也可仿此证明.

关于极值问题将在本书第 4 章中仔细讨论.

有了上述结果,就可证明如下的结果. 这个结果称为**罗尔(Rolle)定理**.

【定理 2.2.3(罗尔(Rolle)定理)】　若函数 $f(x)$ 在 $[a,b]$ 上连续,在 (a,b) 内可导,且 $f(a)=f(b)$,则至少存在一点 $\xi\in(a,b)$,使得

$$f'(\xi)=0$$

证　设 m,M 分别为 $f(x)$ 在 $[a,b]$ 上的最小值与最大值,则有 $\xi,\eta\in[a,b]$ 满足

$$f(\xi)=M,\quad f(\eta)=m$$

若 $M=m$,则 $f(x)$ 在 $[a,b]$ 上恒为常数,故 $f'(\xi)=0$,对所有 $\xi\in[a,b]$ 都成立.

若 $M>m$,则 M 与 m 两数中至少有一个与 $f(a)$(亦即 $f(b)$)不相同,不妨设

$$M=f(\xi)>f(a)=f(b)$$

因此 $\xi\in(a,b)$ 显然是极大值点,因此有

$$f'(\xi)=0$$

若 $f(a)=f(b)>f(\eta)=m$,则 $\eta\in(a,b)$ 显然是极小值点,因此有

$$f'(\eta)=0$$

有了这些准备,就可以来证明拉格朗日中值定理.

先看一下拉格朗日中值定理的几何意义. 由图 2.2.4 可看出,$\dfrac{f(b)-f(a)}{b-a}$ 为弦 AB 的斜率,而 $f'(\xi)$ 为曲线在点 C 处的切线的斜率. 因此拉格朗日中值定理的几何意义是:如果在连续曲线 $y=f(x)$ 的弦 AB 上除端点 A、B 外处处具有不垂直于 x 轴的切线,那么弧 AB 上至少有一点 C,使曲线在 C 点处的切线平行于弦 AB.

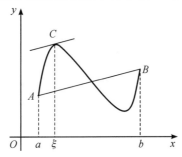

图 2.2.4

直接证明拉格朗日中值定理似乎不好实现. 我们换一个角度来考虑问题:在保持图形完全不变的情况下对图形做一定的旋转,使得 $f(a)=f(b)$,如图 2.2.5 所示. 那么我们发

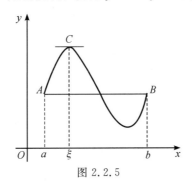

图 2.2.5

现曲线在 C 点处的切线平行于弦 AB 的性质不发生改变, 而此时曲线在 C 点处的切线为水平切线. 这时对应的拉格朗日中值定理就变成了如下的罗尔定理. 于是我们可以用罗尔定理证明拉格朗日中值定理.

证　考虑函数

$$\varphi(x) = f(x) - \frac{f(b) - f(a)}{b - a} x, \; x \in [a, b]$$

由于 $f(x)$ 在 $[a, b]$ 上连续, 在 (a, b) 内可导, 故 $\varphi(x)$ 在 $[a, b]$ 上连续, 在 (a, b) 上可导, 且有

$$\varphi(a) = \varphi(b)$$

故由罗尔定理知, 至少存在一点 $\xi \in (a, b)$, 使得 $\varphi'(\xi) = 0$. 对 $\varphi(x)$ 的表达式求导, 立即得到

$$f'(\xi) = \frac{f(b) - f(a)}{b - a}$$

最后要指出: 这里给出的微分中值定理与 2.1.4 节中所给出的积分中值定理, 虽然形式上完全不相同, 且有完全不同的几何意义(积分中值定理说: 曲边梯形的面积等于一个矩形的面积; 微分中值定理说: 可以作一条切线与一条割线相平行), 尽管如此, 重要的是这两条定理实质上说的是同一件事, 不过用不同的形式来表达而已, 一个是用微分形式, 一个是用积分形式. 为了说清楚这一点, 这里用另一个符号来叙述微分中值定理:

【定理 2.2.4】　若 $F(x)$ 在 $[a, b]$ 上连续, 且在 (a, b) 内可导, 则在 (a, b) 中一定存在一点 ξ, 使得

$$\frac{F(b) - F(a)}{b - a} = F'(\xi)$$

如果在上述定理中, 取 $F(x) = \displaystyle\int_a^x f(t) \mathrm{d}t$ (这个积分与上限 x 有关, 称为**积分上限的函数**), 那么上述定理中的等式就成为积分中值定理中的等式. 差别仅仅在于在积分中值定理中 ξ 也可能是 a 或 b. 但到这里, 我们可以得到, 积分中值定理的如下表述也是正确的.

对区间 $[a, b]$ 上的任一连续函数 $f(x)$, 在 (a, b) 中一定有一点 ξ, 使得

$$\int_a^b f(x) \mathrm{d}x = f(\xi)(b - a)$$

在微分与积分是微积分这门课程的主要矛盾的观点下, **原则上讲, 微分中的一条定理或公式, 在积分中也应有相应的定理或公式, 反之亦然**, 即它们之间是相互对应的, 即, 它们之间, 既是对立的(一个是微分的形式, 一个是积分的形式), 又是统一的(它们表述的往往是同一件事情, 是同一件事物的两种不同的表达形式), 这一节的中值定理是这样, 在下一节中的微积分基本定理也是这样. 说的是同一件事情, 而都有两种表达形式, 这将不断地出现在今后的一些定理及一些公式中.

拉格朗日中值定理, 可以推广到更为一般形式的中值定理, 即柯西中值定理.

【定理 2.2.5(柯西(Cauchy)中值定理)】　设函数 $f(x)$ 和 $g(x)$ 都是 $[a, b]$ 上的连续函数, 且在 (a, b) 内可导, 且对任一点 $x \in (a, b)$, $g'(x) \neq 0$, 则必有 $\xi \in (a, b)$, 使得

$$\frac{f(b)-f(a)}{g(b)-g(a)}=\frac{f'(\xi)}{g'(\xi)}$$

证　因为对所有 $x\in(a,b)$，$g'(x)\neq0$，故由罗尔定理知，不能有 $g(a)=g(b)$，把证明拉格朗日中值定理中的 $\varphi(x)$ 换成

$$F(x)=[f(b)-f(a)]g(x)-[g(b)-g(a)]f(x)$$

于是立即可得

$$F(b)-F(a)=0$$

由罗尔定理知，有 $\xi\in(a,b)$，使得

$$F'(\xi)=[f(b)-f(a)]g'(\xi)-[g(b)-g(a)]f'(\xi)=0$$

此即定理的结论.

显然当 $g(x)=x$ 时，柯西中值定理就是拉格朗日中值定理.

下面举几个例子说明中值定理的应用.

罗尔定理除了可以证明如拉格朗日中值定理、柯西中值定理等中值等式外，还可以证明方程根的存在性.

【**例 2.2.12**】　设函数 $f(x)=(x-1)(x-2)(x-3)(x-4)$，不用计算 $f'(x)$，指出导函数方程 $f'(x)=0$ 有几个实根，各属于什么区间.

解　$f(x)=(x-1)(x-2)(x-3)(x-4)$ 是四次多项式，故 $f'(x)=0$ 是一元三次方程，最多有三个实根. 由 $f(x)$ 在闭区间 $[1,2]$ 上连续，在开区间 $(1,2)$ 内可导，端点函数值相等 $f(1)=f(2)=0$，由罗尔定理知，存在 $\xi_1\in(1,2)$，使得 $f'(\xi_1)=0$，即 ξ_1 是导函数方程 $f'(x)=0$ 的一个实根；同理可知，方程还有两个根 ξ_2，ξ_3 分别属于区间 $(2,3)$ 及 $(3,4)$.

故方程有且仅有三个根，分别属于 $(1,2)$、$(2,3)$ 及 $(3,4)$.

拉格朗日中值定理的作用之———证明不等式.

情形 1　设 $f'(x)$ 有界，即 $|f'(x)|\leqslant M$，则有不等式

$$|f(x)-f(y)|\leqslant M|x-y|$$

经典例子：

$|\sin x-\sin y|\leqslant|x-y|$（这是因为 $|(\sin x)'|=|\cos x|\leqslant1$）；

$|\cos x-\cos y|\leqslant|x-y|$（这是因为 $|(\cos x)'|=|-\sin x|\leqslant1$）.

情形 2　设 $f'(x)$ 有界，即 $A\leqslant f'(x)\leqslant B$，则有不等式

$$A(y-x)\leqslant f(y)-f(x)\leqslant B(y-x)(x<y)$$

经典例子：

$\dfrac{b-a}{b}<\ln\dfrac{b}{a}<\dfrac{b-a}{a}(0<a<b)$；

$na^{n-1}(b-a)<b^n-a^n<nb^{n-1}(b-a)(0<a<b,n>1)$.

【**例 2.2.13**】　证明：当 $x>0$ 时，

$$\frac{x}{1+x}<\ln(1+x)<x$$

证　设 $f(x)=\ln(1+x)$，显然 $f(x)$ 在区间 $[0,x]$ 上满足拉格朗日中值定理的条件，所以有

$$f(x)-f(0)=f'(\xi)(x-0), 0<\xi<x$$

由于 $f(0)=0$，$f'(\xi)=\dfrac{1}{1+\xi}$，因此上式即为

$$\ln(1+x)=\frac{x}{1+\xi}$$

又由 $0<\xi<x$，有

$$\frac{x}{1+x}<\frac{x}{1+\xi}<x$$

即 $\dfrac{x}{1+x}<\ln(1+x)<x$.

拉格朗日中值定理的作用之二——证明等式.

我们知道，如果函数 $f(x)$ 在某一区间上是一个常数，那么 $f(x)$ 在该区间上的导数恒为零. 它的逆命题也是成立的，这就是以下可以作为拉格朗日中值定理推论的命题.

【推论 2.2.1】 若 $f'(x)=0$，$x\in I$，则 $f(x)$ 在 I 上恒等于常数.

证 $\forall a,b\in I$，不妨设 $a<b$，则 $f(x)$ 在闭区间 $[a,b]$ 上连续，在开区间 (a,b) 内可导，由拉格朗日中值定理知，存在 $\xi\in(a,b)$，使得

$$f(b)-f(a)=f'(\xi)(b-a)$$

由于 $f'(x)=0$，则 $f'(\xi)=0$，即 $f(b)-f(a)=0$，或 $f(b)=f(a)$，由 $a,b\in I$ 的任意性知，$f(x)$ 在 I 上恒等于常数.

由上述推论可得：

【推论 2.2.2】 若函数 $f(x)$ 与 $g(x)$ 在区间 (a,b) 内满足条件 $f'(x)=g'(x)$，则这两个函数至多相差一个常数，即 $f(x)=g(x)+C$.

习题 2.2

1. 求 $y=x^3$ 在 $(1,1)$ 处的切线方程.

2. 求曲线 $y=x-\dfrac{1}{x}$ 在与横轴交点处的切线方程.

3. 在抛物线 $y=x^2$ 上取横坐标为 $x_1=1$，$x_2=3$ 的两点，问抛物线上哪一点的切线平行于过这两点的割线？

4. 当 φ 由 $\dfrac{\pi}{6}$ 变到 $\dfrac{61}{360}\pi$ 时，求 $y=\sin 2\varphi$ 的微分.

5. 设 $f(x)=(x-2)(x-3)(x-4)(x-5)$，不求出 $f(x)$ 的导数，试确定方程 $f'(x)=0$ 有几个实根，并指出它们所在的区间.

6. 设 $b>a>0$，函数 $f(x)$ 在 $[a,b]$ 上连续，在 (a,b) 内可导，证明：存在 $\xi\in(a,b)$ 使得 $2\xi[f(b)-f(a)]=(b^2-a^2)f'(\xi)$.

2.3 微积分基本定理、不定积分

在前两节中已经介绍了构成微积分主要矛盾的两个对立面——定积分和微分，可是为

什么它们构成一对矛盾? 在本节中就要回答这个问题.

先看一个例子. 回忆在引进定积分概念时, 曾经讨论过做变速直线运动的质点的位移, 若 $v(t)$ 表示质点运动的速度, 则质点从时刻 t_1 到时刻 t_2 所做的位移就是定积分 $\int_{t_1}^{t_2} v(t)\mathrm{d}t$. 若质点运动的规律为 $s = s(t)$, 则有

$$\int_{t_1}^{t_2} v(t)\mathrm{d}t = s(t_2) - s(t_1)$$

而在 2.2 节中我们已经知道若 $s = s(t)$, 则

$$\mathrm{d}s(t) = v(t)\mathrm{d}t$$

因此, 所谓的积分 $\int_{t_1}^{t_2} v(t)\mathrm{d}t$ 就是由微分 $v(t)\mathrm{d}t$ 在连续量时间 t 作用下的累积, $\int_{t_1}^{t_2}$ 表示从时刻 t_1 到时刻 t_2 进行累积. 也就是作为反映整体性质的定积分是由作为反映局部性质的微分所组成的. 在这里, 作为整体的整个位移 $\int_{t_1}^{t_2} v(t)\mathrm{d}t$ 可以看成是由每一点的速度 $v(\tau)$ 及无穷小间隔 $\mathrm{d}\tau$ 的乘积 $v(\tau)\mathrm{d}\tau$ 的"累积". 反过来, 在运动过程中质点的速度 $v(t)$, 瞬时间所做的位移 $v(t)\mathrm{d}t$, 是由运动规律 $s = s(t)$ 所规定的. 由此可以看出, 微分和定积分是局部和整体这一对矛盾在量的方面的一个反映. 下面用微积分基本定理给出微分和积分的对立统一的辩证关系.

【定理 2.3.1 微积分基本定理(微分形式)】　设函数 $f(t)$ 在区间 $[a, b]$ 上连续, x 是 $[a, b]$ 中某一固定点, 令

$$\Phi(x) = \int_a^x f(t)\mathrm{d}t \ (a \leqslant x \leqslant b)$$

则 $\Phi(x)$ 在 $[a, b]$ 上可微, 并且

$$\Phi'(x) = f(x) \ (a \leqslant x \leqslant b)$$

即

$$\mathrm{d}\Phi(x) = f(x)\mathrm{d}x$$

换句话说, 若 $f(x)$ 的积分是 $\Phi(x)$, 则 $\Phi(x)$ 的微分就是 $f(x)\mathrm{d}x$, 即 $f(x)$ 的积分的微分就是 $f(x)$ 自己乘上 $\mathrm{d}x$. 也就是, 作为反映整体性质的积分 $\Phi(x) = \int_a^x f(t)\mathrm{d}t$ 是由作为反映局部性质的微分 $\mathrm{d}\Phi = f(x)\mathrm{d}x$ 所决定.

证　要证明 $\Phi'(x) = f(x)$, 亦即

$$\lim_{\Delta x \to 0} \frac{\Phi(x + \Delta x) - \Phi(x)}{\Delta x} = f(x)$$

由 $\Phi(x)$ 的定义有

$$\Phi(x + \Delta x) - \Phi(x) = \int_a^{x+\Delta x} f(t)\mathrm{d}t - \int_a^x f(t)\mathrm{d}t = \int_x^{x+\Delta x} f(t)\mathrm{d}t$$

因为 $f(t)$ 在 $[a, b]$ 上连续, 所以由 2.1 节推论 2.1.4, 即积分中值定理知道: 在 $[x, x + \Delta x]$ 之间一定存在一点 ξ, 使

$$\int_x^{x+\Delta x} f(t)\mathrm{d}t = f(\xi)(x + \Delta x - x) = f(\xi)\Delta x$$

因此

$$\frac{\Phi(x+\Delta x)-\Phi(x)}{\Delta x}=f(\xi)$$

由于 $\xi\in[x,x+\Delta x]$，故当 $\Delta x\to 0$ 时，便有 $\xi\to x$；又因为 $f(t)$ 在 x 点连续，所以 $\lim\limits_{\xi\to x}f(\xi)=f(x)$. 因此

$$\lim\limits_{\Delta x\to 0}\frac{\Phi(x+\Delta x)-\Phi(x)}{\Delta x}=\lim\limits_{\xi\to x}f(\xi)=f(x)$$

从这条定理还可以得到微积分基本定理的另一形式.

【定理 2.3.2 微积分基本定理(积分形式)】　设 $\Phi(x)$ 在区间 $[a,b]$ 上可微，且 $\dfrac{\mathrm{d}\Phi(x)}{\mathrm{d}x}$ 等于连续函数 $f(x)$，那么

$$\int_a^x f(t)\mathrm{d}t=\Phi(x)-\Phi(a)\ (a\leqslant x\leqslant b)$$

换句话说，若 $\Phi(x)$ 的微分是 $f(x)\mathrm{d}x$，则 $f(x)$ 的积分就是 $\Phi(x)$，即 $\Phi(x)$ 的导数的积分就是 $\Phi(x)$ 自己(或相差一个常数).

证　记 $G(x)=\int_a^x f(t)\mathrm{d}t$，则有 $\dfrac{\mathrm{d}G(x)}{\mathrm{d}x}=f(x)$，而由 $f(x)$ 的定义知道 $\dfrac{\mathrm{d}\Phi(x)}{\mathrm{d}x}=f(x)$，因此 $\dfrac{\mathrm{d}G(x)}{\mathrm{d}x}-\dfrac{\mathrm{d}\Phi(x)}{\mathrm{d}x}=0$，即

$$\frac{\mathrm{d}[\Phi(x)-G(x)]}{\mathrm{d}x}=0$$

记 $F(x)=\Phi(x)-G(x)$，于是有 $\dfrac{\mathrm{d}F(x)}{\mathrm{d}x}=0$. 也就是

$$F(x)=\Phi(x)-G(x)=C(常数)$$

即 $\Phi(x)=G(x)+C$. 特别取 $x=a$，有

$$\Phi(a)=G(a)+C$$

而由 $G(x)$ 的定义知道 $G(a)=0$，所以 $C=\Phi(a)$，于是 $\Phi(x)-G(x)=\Phi(a)$，即 $G(x)=\Phi(x)-\Phi(a)$.

微积分基本定理也称为**牛顿-莱布尼茨**(Newton-Leibniz)**公式**.

定理 2.3.1、2.3.2 十分清楚地揭露了定积分与微分构成一对矛盾，它们之间是如何对立、如何统一的? 由此可以得到以下推论.

【推论 2.3.1】　若函数 $f(x)$ 在区间 $[a,b]$ 上连续，又若可以找到 $H(x)$，使 $H(x)$ 在 $[a,b]$ 上满足 $\dfrac{\mathrm{d}H(x)}{\mathrm{d}x}=f(x)$，那么

$$\int_a^b f(x)\mathrm{d}x=H(b)-H(a)$$

这样的 $H(x)$ 叫作 $f(x)$ 的**原函数**，且 $f(x)$ 的任意两个原函数之间只可能相差一个常数. 原函数的全体叫作 $f(x)$ 的**不定积分**，记作 $\int f(x)\mathrm{d}x$. 显然，$\int f(x)\mathrm{d}x=H(x)+C$.

若函数 $f(t)$ 在区间 $[a, b]$ 上连续，则由可积性的第一个充分条件(定理 2.1.1) 可知积分 $\Phi(x) = \int_a^x f(t)\mathrm{d}t (a \leqslant x \leqslant b)$ 必然存在，且由定理 2.3.1 知 $\Phi'(x) = f(x) \ (a \leqslant x \leqslant b)$，即 $\Phi(x)$ 是 $f(x)$ 的一个原函数，由此可得如下的原函数存在定理.

【定理 2.3.3 原函数存在定理】　如果函数 $f(x)$ 在区间 $[a, b]$ 上连续，则在区间 $[a, b]$ 上必存在原函数.

显然，不定积分与导数互为逆运算. 像算术中的加法与减法、乘法与除法、乘方与开方一样，构成一对矛盾.

有了这个结果之后，求定积分的问题不再要用以前分割—近似—求和—取极限的办法，而成为求导数的逆运算，即求原函数或不定积分的问题了. 在第 3 章中我们就要用这个方法来计算定积分和不定积分.

习题 2.3

1. 求下列定积分.

(1) $\int_0^{\frac{\pi}{2}} \sin x \, \mathrm{d}x$;

(2) $\int_0^{\pi} \cos \mathrm{d}x$;

(3) $\int_e^{e^2} \frac{1}{x} \mathrm{d}x$;

(4) $\int_2^4 \frac{-1}{x^2} \mathrm{d}x$.

2. 求下列不定积分.

(1) $\int \sin x \, \mathrm{d}x$;

(2) $\int \cos x \, \mathrm{d}x$;

(3) $\int n x^{n-1} \mathrm{d}x$;

(4) $\int \frac{1}{x \ln a} \mathrm{d}x$.

第 3 章　微积分的运算

知识目标

1. 掌握导数的四则运算、复合函数求导法则(链式法则)、反函数求导法则，能求初等函数(含幂指函数、分段函数)的一阶及高阶导数.

2. 理解微分的定义及一阶微分形式不变性，能计算函数的微分.

3. 掌握微分中值定理(罗尔定理、拉格朗日中值定理、柯西中值定理)的条件和结论，能应用定理证明方程根的存在性、不等式及函数的单调性.

4. 熟练运用不定积分的基本公式、换元积分法(第一类、第二类)和分部积分法，能求有理函数、三角有理函数及简单无理函数的不定积分.

5. 掌握定积分的换元积分法和分部积分法，利用牛顿-莱布尼茨公式计算定积分，理解奇偶函数在对称区间上的积分性质.

6. 了解定积分的递推公式及积分中值定理的应用.

能力目标

1. 运算能力：能准确求各类函数的导数和微分，熟练计算不定积分与定积分，处理含参数、分段函数的积分问题.

2. 逻辑推理：运用微分中值定理证明数学命题(如不等式、根的存在性)，理解导数与积分的逆运算关系.

3. 问题建模：将实际问题(如变化率、面积、体积)转化为微积分模型，利用微分进行近似计算和利用定积分进行求解.

课程思政目标

1. 辩证思维：通过微分与积分的对立统一(局部与整体、微分近似与积分精确)，体会数学中的矛盾转化思想.

2. 科学精神：从牛顿-莱布尼茨公式等理论中感受数学的严谨性与统一性，通过习题训练培养细致运算和逻辑推导的科学态度.

3. 应用意识：通过物理实例(如变速运动、变力做功)和几何应用(如曲边梯形面积)，认识微积分在解决实际问题中的工具性价值.

3.1　微　分　法

3.1.1　导数与微分的计算

在 2.2 节中，我们根据导数的定义，已经算出了如下一些函数的导数：

(1) $\dfrac{\mathrm{d}C}{\mathrm{d}x}=0$，这里 C 是常数；

(2) $\dfrac{\mathrm{d}x^n}{\mathrm{d}x}=nx^{n-1}$，这里 n 是正整数；

(3) $\dfrac{\mathrm{d}(\sin x)}{\mathrm{d}x}=\cos x$，$\dfrac{\mathrm{d}(\cos x)}{\mathrm{d}x}=-\sin x$；

(4) $\dfrac{\mathrm{d}(\log_a x)}{\mathrm{d}x}=\dfrac{1}{x\ln a}$.

有了这几个简单的、最基本的导数公式，再和下面的导数法则结合起来，就可以求出许多其他函数的导数.

1. 导数的四则运算

【定理 3.1.1（导数四则运算）】　若 $u(x)$，$v(x)$ 都是可微函数，则它们的和、差、积、商（假设分母不为零）都是可微的，且有

(1) $[u(x)+v(x)]'=u'(x)+v'(x)$；

(2) $[u(x)-v(x)]'=u'(x)-v'(x)$；

(3) $[u(x)v(x)]'=u'(x)v(x)+u(x)v'(x)$；

特别取 $u(x)=C$（常数），则得 $[Cv(x)]'=Cv'(x)$；

(4) $\left[\dfrac{u(x)}{v(x)}\right]'=\dfrac{u'(x)v(x)-v'(x)u(x)}{[v(x)]^2}$.

定理 3.1.1 中的 (1) 与 (2) 可立刻从导数的定义得到，现在证明 (3). 由导数的定义知道

$$[u(x)v(x)]'=\lim_{\Delta x\to 0}\frac{u(x+\Delta x)v(x+\Delta x)-u(x)v(x)}{\Delta x}$$

$$=\lim_{\Delta x\to 0}\left[\frac{u(x+\Delta x)v(x+\Delta x)-u(x)v(x+\Delta x)}{\Delta x}+\frac{u(x)v(x+\Delta x)-u(x)v(x)}{\Delta x}\right]$$

$$=\lim_{\Delta x\to 0}\frac{u(x+\Delta x)-u(x)}{\Delta x}v(x+\Delta x)+\lim_{\Delta x\to 0}u(x)\frac{v(x+\Delta x)-v(x)}{\Delta x}$$

$$=u'(x)v(x)+u(x)v'(x)$$

这里用到了函数 $v(x)$ 的连续性.

(4) 也可以由导数的定义证明，留作练习.

定理 3.1.1 的结论 (1)、(2) 常简记为 $(u\pm v)'=u'\pm v'$. 该法则可推广到任意有限项的情形，例如 $(u+v-w)'=u'+v'-w'$. 容易得到：$[\alpha u(x)+\beta v(x)]'=\alpha u'(x)+\beta v'(x)$，$\alpha$，$\beta$ 为常数. 结论 (3) 可推广到有限个可导函数的乘积上去，例如 $(uvw)'=u'vw+uv'w+uvw'$，$(uvws)'=u'vws+uv'ws+uvw's+uvws'$ 等. 结论 (4) 常简化为 $\left(\dfrac{u}{v}\right)'=\dfrac{u'v-uv'}{v^2}$；当 $u=1$ 时，有一个常用推论：

$$\left(\frac{1}{v}\right)'=-\frac{v'}{v^2}$$

【例 3.1.1】 求 $y = \tan x$ 的导数.

解 由定理 3.1.1(4)知:

$$y' = (\tan x)' = \left(\frac{\sin x}{\cos x}\right)' = \frac{(\sin x)' \cos x - \sin x (\cos x)'}{\cos^2 x}$$

$$= \frac{\cos^2 x + \sin^2 x}{\cos^2 x} = \frac{1}{\cos^2 x} = \sec^2 x$$

同理可得 $(\cot x)' = -\csc^2 x$.

【例 3.1.2】 求 $y = \sec x$ 的导数.

解 由定理 3.1.1(4)知:

$$y' = (\sec x)' = \left(\frac{1}{\cos x}\right)' = -\frac{(\cos x)'}{\cos^2 x} = \frac{\sin x}{\cos^2 x} = \sec x \tan x$$

同理可得 $(\csc x)' = -\csc x \cot x$.

【例 3.1.3】 设 $f(x) = x + 2\sqrt{x} - \dfrac{2}{\sqrt{x}}$，求 $f'(x)$.

解
$$f'(x) = \left(x + 2\sqrt{x} - \frac{2}{\sqrt{x}}\right)' = (x)' + (2\sqrt{x})' - \left(\frac{2}{\sqrt{x}}\right)'$$

$$= 1 + 2 \cdot \frac{1}{2\sqrt{x}} - 2\left(-\frac{1}{2}\right) \cdot \frac{1}{\sqrt{x^3}} = 1 + \frac{1}{\sqrt{x}} + \frac{1}{\sqrt{x^3}}$$

【例 3.1.4】 设 $f(x) = \sqrt{x}\sin x + \tan\dfrac{\pi}{8}$，求 $f'(1)$.

解
$$f'(x) = (\sqrt{x}\sin x)' + \left(\tan\frac{\pi}{8}\right)' = (\sqrt{x})'\sin x + \sqrt{x}(\sin x)'$$

$$= \frac{1}{2\sqrt{x}}\sin x + \sqrt{x}\cos x$$

故 $f'(1) = \dfrac{1}{2}\sin 1 + \cos 1$.

2. 复合函数求导法则

【定理 3.1.2（复合函数求导法则）】 如果 $u = \varphi(x)$ 可微，且 $y = f(u)$ 可微，则复合函数 $y = f[\varphi(x)]$ 可微，且其导数为

$$\frac{\mathrm{d}y}{\mathrm{d}x} = \frac{\mathrm{d}y}{\mathrm{d}u} \cdot \frac{\mathrm{d}u}{\mathrm{d}x} = f'[\varphi(x)] \cdot \varphi'(x)$$

或

$$y'_x = y'_u \cdot u'_x$$

或

$$\{f[\varphi(x)]\}' = f'(u) \cdot \varphi'(x) = f'[\varphi(x)] \cdot \varphi'(x)$$

证明定理 3.1.2 的途径自然是利用复合函数的导数定义式，我们先从差商开始. 由于

$$\frac{f[\varphi(x)] - f[\varphi(x_0)]}{x - x_0} = \frac{f[\varphi(x)] - f[\varphi(x_0)]}{\varphi(x) - \varphi(x_0)} \cdot \frac{\varphi(x) - \varphi(x_0)}{x - x_0}$$

从而

$$\lim_{x \to x_0} \frac{f[\varphi(x)] - f[\varphi(x_0)]}{x - x_0} = \lim_{x \to x_0} \left\{ \frac{f[\varphi(x)] - f[\varphi(x_0)]}{\varphi(x) - \varphi(x_0)} \cdot \frac{\varphi(x) - \varphi(x_0)}{x - x_0} \right\}$$

$$= f'[\varphi(x_0)]\varphi'(x_0)$$

这样分析的基本思路是对的，但有一个漏洞，那就是：在 $x \to x_0$ 的过程中，虽然 $x \neq x_0$，但仍可能对某些 x 有 $\varphi(x) = \varphi(x_0)$. 请看下面的例子.

考察函数

$$\varphi(x) = \begin{cases} x^2 \sin \dfrac{1}{x}, & x \neq 0 \\ 0, & x = 0 \end{cases}$$

我们看到，由于

$$\varphi'(0) = \lim_{x \to 0} \frac{\varphi(x) - \varphi(0)}{x - 0} = \lim_{x \to 0} \frac{x^2 \sin \dfrac{1}{x} - 0}{x - 0} = \lim_{x \to 0} \left(x \sin \frac{1}{x} \right) = 0$$

可知 $\varphi(x)$ 在 $x = 0$ 处可导，但在 $x = 0$ 点的任意邻域内，仍有 $x = \dfrac{1}{k\pi}$（k 是绝对值充分大的整数）使得 $\varphi(x) = \varphi(0)$. 所以在学习的过程中我们一定要养成严谨的科学研究态度.

虽说如此，但上面的分析仍对我们有所启发. 其实只要把上面的证明方式稍作改变，就能得到正确的证明.

证　考察辅助函数

$$g(y) = \begin{cases} \dfrac{f(y) - f[\varphi(x_0)]}{y - \varphi(x_0)}, & y \neq \varphi(x_0) \\ f'[\varphi(x_0)], & y = \varphi(x_0) \end{cases}$$

显然 $g(y)$ 在 $\varphi(x_0)$ 处连续. 另外，有

$$\frac{f[\varphi(x)] - f[\varphi(x_0)]}{x - x_0} = g[\varphi(x)] \cdot \frac{\varphi(x) - \varphi(x_0)}{x - x_0}$$

$$= \begin{cases} \dfrac{f[\varphi(x)] - f[\varphi(x_0)]}{\varphi(x) - \varphi(x_0)} \cdot \dfrac{\varphi(x) - \varphi(x_0)}{x - x_0}, & \varphi(x) \neq \varphi(x_0) \\ f'[\varphi(x_0)] \cdot \dfrac{\varphi(x) - \varphi(x_0)}{x - x_0}, & \varphi(x) = \varphi(x_0) \end{cases}$$

在上述两种情况下，令 $x \to x_0$，均有

$$\lim_{x \to x_0} \frac{f[\varphi(x)] - f[\varphi(x_0)]}{x - x_0} = f'[\varphi(x_0)]\varphi'(x_0)$$

复合函数求导法则可推广到有限个函数复合的复合函数上去，例如：设 $y = f(u)$，$u = u(v)$，$v = v(x)$，且它们各自满足定理 3.1.2 的相应条件，则有 $y'_x = y'_u \cdot u'_v \cdot v'_x$ 或 $\dfrac{\mathrm{d}y}{\mathrm{d}x} = \dfrac{\mathrm{d}y}{\mathrm{d}u} \cdot \dfrac{\mathrm{d}u}{\mathrm{d}v} \cdot \dfrac{\mathrm{d}v}{\mathrm{d}x}$.

　　注意记号 $f'[\varphi(x)]$ 与 $\{f[\varphi(x)]\}'$ 的区别. $f'[\varphi(x)]$ 表示 $f(u)$ 对 u 求导，再用 $u = \varphi(x)$ 代入，而 $\{f[\varphi(x)]\}'$ 表示先将 $u = \varphi(x)$ 代入再求导，两者是不相同的. 例如：已知 $f(x) = x^3$，则 $f'(2x) = 3(2x)^2 = 12x^2$，$[f(2x)]' = (8x^3)' = 24x^2$.

复合函数求导法则也称为链式法则，是一个非常重要的求导法则. 应用链式法则的关键在于引入中间变量，将复合函数分解成基本初等函数. 还应注意：求导完成后，应将引入的中间变量代换成原自变量.

【例 3.1.5】 求 $y = \sin x^3$ 的导数.

解 把 $y = \sin x^3$ 看成是由函数

$$y = \sin u, \ u = x^3$$

复合而成的，故

$$y' = \cos u \cdot 3x^2 = 3x^2 \cos x^3$$

【例 3.1.6】 求 $y = \left(x + \dfrac{1}{x}\right)^{100}$ 的导数.

解 把 $y = \left(x + \dfrac{1}{x}\right)^{100}$ 看成是由函数

$$y = u^{100}, \ u = x + \frac{1}{x}$$

复合而成的，故

$$y' = 100u^{99}\left(1 - \frac{1}{x^2}\right) = 100\left(x + \frac{1}{x}\right)^{99}\left(1 - \frac{1}{x^2}\right)$$

【例 3.1.7】 若 $s(t) = \left(\dfrac{1+t}{1-t}\right)^3$，求 $s'(0)$ 的值.

解 把 $s(t) = \left(\dfrac{1+t}{1-t}\right)^3$ 看成是由函数

$$s = u^3, \ u = \frac{1+t}{1-t}$$

复合而成的，故

$$s'(t) = 3u^2 \frac{2}{(1-t)^2} = \frac{6(1+t)^2}{(1-t)^4}$$

所以

$$s'(0) = 6$$

【例 3.1.8】 求 $y = \sin^3(x + x^2)$ 的导数.

解 把 $y = \sin^3(x + x^2)$ 看成是由函数

$$y = u^3, \ u = \sin v, \ v = x + x^2$$

复合而成的，故

$$y' = 3u^2 \cos v(1 + 2x) = 3(1 + 2x)\sin^2(x + x^2)\cos(x + x^2)$$

【例 3.1.9】 softplus 函数定义为 $f(x) = \ln(1 + \mathrm{e}^x)$，该函数可以看作 ReLU 函数 $\max\{0, x\} = \begin{cases} x, & x \geqslant 0 \\ 0, & x < 0 \end{cases}$ 的光滑近似，其图像如图 3.1.1 所示. 求 softplus 函数的导数.

解 $f'(x) = \dfrac{1}{1 + \mathrm{e}^x} \cdot \mathrm{e}^x = \dfrac{1}{1 + \mathrm{e}^{-x}}$

【例 3.1.10】 在机器学习中广泛使用的 logistic 函

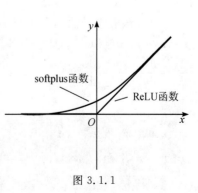

图 3.1.1

数(也称为 sigmoid 函数)定义为 $g(x) = \dfrac{1}{1+e^{-x}}$，求其导数.

解　$g'(x) = -\dfrac{1}{(1+e^{-x})^2}(1+e^{-x})' = -\dfrac{1}{(1+e^{-x})^2}(-e^{-x}) = \dfrac{e^{-x}}{(1+e^{-x})^2}$

注意到

$$\frac{e^{-x}}{(1+e^{-x})^2} = \frac{1}{1+e^{-x}} \cdot \frac{e^{-x}}{1+e^{-x}} = \frac{1}{1+e^{-x}} \cdot \left(1 - \frac{1}{1+e^{-x}}\right)$$

因此可以得到 logistic 函数的一个性质，即 $g'(x) = g(x)[1-g(x)]$.

【例 3.1.11】　已知 $f(x)$ 可导，求 $y = f(\tan x) + \tan[f(x)]$ 的导数.

解　　　　　　　$y' = \sec^2 x f'(\tan x) + \sec^2[f(x)] \cdot f'(x)$

【例 3.1.12】　已知 $f(x)$ 可导，求 $y = f[\sin(\ln x) + \cos(\ln x)]$ 的导数.

解
$$\begin{aligned}
y' &= f'[\sin(\ln x) + \cos(\ln x)] \cdot [\sin(\ln x) + \cos(\ln x)]' \\
&= f'[\sin(\ln x) + \cos(\ln x)] \cdot [\cos(\ln x)(\ln x)' - \sin(\ln x)(\ln x)'] \\
&= f'[\sin(\ln x) + \cos(\ln x)] \cdot \frac{\cos(\ln x) - \sin(\ln x)}{x}
\end{aligned}$$

【例 3.1.13】　求函数 $y = f^n[\phi^n(\sin x^n)]$ (n 为常数)的导数.

解
$$\begin{aligned}
y' &= nf^{n-1}[\phi^n(\sin x^n)] \cdot f'[\phi^n(\sin x^n)] \cdot \\
&\quad n\phi^{n-1}(\sin x^n) \cdot \phi'(\sin x^n) \cdot \cos x^n \cdot nx^{n-1} \\
&= n^3 \cdot x^{n-1} \cos x^n \cdot f^{n-1}[\phi^n(\sin x^n)] \cdot \\
&\quad \phi^{n-1}(\sin x^n) \cdot f'[\phi^n(\sin x^n)] \cdot \phi'(\sin x^n)
\end{aligned}$$

由微积分基本定理(微分形式)以及复合函数求导的链式法则，容易证明下面关于积分上限函数的导数的相关结果.

若 $f(x)$ 连续，$u(x)$，$v(x)$ 可导，则有

$$\left[\int_{v(x)}^{u(x)} f(t)dt\right]' = f[u(x)]u'(x) - f[v(x)]v'(x)$$

特别地，有

$$\left[\int_x^b f(t)dt\right]' = -f(x), \quad \left[\int_a^{u(x)} f(t)dt\right]' = f[u(x)]u'(x)$$

推广公式：

$$\left[\int_a^{g(x)} xf(t)dt\right]' = \left[x\int_a^{g(x)} f(t)dt\right]' = xf[g(x)]g'(x) + \int_a^{g(x)} f(t)dt$$

【例 3.1.14】　求下列各函数的导数.

(1) $f(x) = \displaystyle\int_0^{x^3} \frac{dt}{\sqrt{1+t^4}}$；　　(2) $f(x) = \displaystyle\int_{x^2}^x \sin e^t dt$；　　(3) $f(x) = \displaystyle\int_{\cos x}^{\sin x} e^{-t^2} dt$.

解　(1) $f'(x) = \dfrac{1}{\sqrt{1+(x^3)^4}} \cdot (x^3)' = \dfrac{3x^2}{\sqrt{1+x^{12}}}$.

(2) $f'(x) = \sin e^x \cdot x' - \sin e^{x^2} \cdot (x^2)' = \sin e^x - 2x\sin e^{x^2}$.

(3) $f'(x) = e^{-\sin^2 x} \cdot (\sin x)' - e^{-\cos^2 x} \cdot (\cos x)' = \cos x\, e^{-\sin^2 x} + \sin x\, e^{-\cos^2 x}$.

3. 反函数的导数

根据复合函数的导数公式，考虑单调且可微函数 $y = f(x)$ 的反函数 $x = g(y)$ 的导数.

由于 $y = f[g(y)]$，有

$$1 = f'(x)g'(y)$$

若 $f'(x) \neq 0$，则

$$g'(y) = \frac{1}{f'(x)}$$

因此，我们有如下结论.

【定理 3.1.3(反函数的导数)】 若 $x = g(y)$ 是 $y = f(x)$ 的反函数，且 $f'(x) \neq 0$，则

$$g'(y) = \frac{1}{f'(x)}$$

定理 3.1.3 有一个简单的几何解释. 在图 3.1.2 中，$y = f(x)$ 和 $x = g(y)$ 表示同一曲线 C，而

$$\tan\alpha = f'(x), \quad \tan\beta = g'(y)$$

由于 $\alpha + \beta = \frac{\pi}{2}$，因此 $\tan\beta = \frac{1}{\tan\alpha}$，即 $g'(y) = \frac{1}{f'(x)}$.

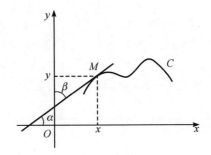

图 3.1.2

【例 3.1.15】 证明：$(e^x)' = e^x$.

证 由于 $y = e^x$ 是 $x = \ln y$ 的反函数，因此

$$(e^x)' = \frac{1}{(\ln y)'} = \frac{1}{\frac{1}{y}} = y = e^x$$

同理可以证明

$$(a^x)' = a^x \ln a$$

【例 3.1.16】 证明：$(\arcsin x)' = \frac{1}{\sqrt{1-x^2}}$，$(\arctan x)' = \frac{1}{1+x^2}$.

证 由于 $y = \arcsin x$ 是 $x = \sin y$ 的反函数，因此由定理 3.1.3 得

$$(\arcsin x)' = \frac{1}{(\sin y)'} = \frac{1}{\cos y} = \frac{1}{\sqrt{1-\sin^2 y}} = \frac{1}{\sqrt{1-x^2}}$$

这时我们考虑的 y 限于 $-\frac{\pi}{2} < y < \frac{\pi}{2}$. 故 $\cos y > 0$，因此在根号前取正号.

又因为 $y=\arctan x$ 是 $x=\tan y$ 的反函数，所以

$$(\arctan x)'=\frac{1}{(\tan y)'}=\frac{1}{\sec^2 y}=\frac{1}{1+\tan^2 y}=\frac{1}{1+x^2}$$

同理可以证明

$$(\arccos x)'=\frac{-1}{\sqrt{1-x^2}},\ (\operatorname{arccot} x)'=\frac{-1}{1+x^2}$$

【例 3.1.17】　证明：$\arctan x+\operatorname{arccot} x=\dfrac{\pi}{2}$，$x\in(-\infty,+\infty)$.

证　设 $f(x)=\arctan x+\operatorname{arccot} x$，$x\in(-\infty,+\infty)$，因为

$$f'(x)=\frac{1}{1+x^2}+\left(-\frac{1}{1+x^2}\right)\equiv 0,\ x\in(-\infty,+\infty)$$

由 2.2 节推论 2.2.1 可知，$f(x)\equiv C$，$x\in(-\infty,+\infty)$；取 $x=1$，则 $C=f(1)=\dfrac{\pi}{4}+\dfrac{\pi}{4}=\dfrac{\pi}{2}$，

从而证得 $\arctan x+\operatorname{arccot} x=\dfrac{\pi}{2}$，$x\in(-\infty,+\infty)$.

在第 2 章中已经证明了，当 n 为正整数时，$(x^n)'=nx^{n-1}$ 成立，下面证明该结论对于 n 为实数亦成立.

【例 3.1.18】　证明：$(x^\mu)'=\mu x^{\mu-1}$，μ 为任意实数.

证　因 $x^\mu=e^{\mu\ln x}$，故由复合函数的导数公式可得

$$(x^\mu)'=(e^{\mu\ln x})'=e^{\mu\ln x}(\mu\ln x)'=x^\mu\frac{\mu}{x}=\mu x^{\mu-1}$$

以下是一些基本的求导公式：

(1) $(C)'=0(C$ 为常数$)$；　　　　　　(2) $(x^\mu)'=\mu x^{\mu-1}(\mu$ 为任意实数$)$；

(3) $(\sin x)'=\cos x$；　　　　　　　　(4) $(\cos x)'=-\sin x$；

(5) $(\tan x)'=\sec^2 x$；　　　　　　　(6) $(\cot x)'=-\csc^2 x$；

(7) $(\sec x)'=\sec x\tan x$；　　　　　(8) $(\csc x)'=-\csc x\cot x$；

(9) $(\ln x)'=\dfrac{1}{x}$；　　　　　　　　(10) $(\log_a x)'=\dfrac{1}{x\ln a}$；

(11) $(e^x)'=e^x$；　　　　　　　　　　(12) $(a^x)'=a^x\ln a$；

(13) $(\arcsin x)'=\dfrac{1}{\sqrt{1-x^2}}$；　　(14) $(\arccos x)'=\dfrac{-1}{\sqrt{1-x^2}}$；

(15) $(\arctan x)'=\dfrac{1}{1+x^2}$；　　　(16) $(\operatorname{arccot} x)'=\dfrac{-1}{1+x^2}$.

有了上面这些基本的求导公式及运算法则，我们就能计算出所有初等函数的导数了.

【例 3.1.19】　求幂指函数 $y=x^x$ 的导数.

解　因为 $x^x=e^{x\ln x}$，所以

$$y' = (\mathrm{e}^{x\ln x})' = \mathrm{e}^{x\ln x} \cdot (x\ln x)' = x^x(\ln x + 1)$$

同理可以求出一般幂指函数 $y = u(x)^{v(x)}$ 的导数为

$$y' = [u(x)^{v(x)}]' = u(x)^{v(x)}\left[v'(x)\ln u(x) + v(x)\frac{u'(x)}{u(x)}\right]$$

【例 3.1.20】 求 $y = x^{a^x}$ $(a > 0)$ 的导数.

解
$$y' = (\mathrm{e}^{a^x\ln x})' = \mathrm{e}^{a^x\ln x}\left(a^x\ln a\ln x + \frac{a^x}{x}\right) = x^{a^x}a^x\left(\ln a\ln x + \frac{1}{x}\right)$$

【例 3.1.21】 求 $y = \ln\left(x + \sqrt{x^2 + a^2}\right)$ 的导数.

解
$$y' = \frac{1}{x + \sqrt{x^2 + a^2}}\left[1 + \frac{1}{2}(x^2 + a^2)^{-\frac{1}{2}} \cdot 2x\right]$$

$$= \frac{1}{x + \sqrt{x^2 + a^2}} \cdot \frac{\sqrt{x^2 + a^2} + x}{\sqrt{x^2 + a^2}}$$

$$= \frac{1}{\sqrt{x^2 + a^2}}$$

【例 3.1.22】 证明：不论 $x > 0$ 或 $x < 0$，总有 $(\ln|x|)' = \frac{1}{x}$.

证 事实上，当 $x > 0$ 时 $\ln|x| = \ln x$，所以上式显然成立；当 $x < 0$ 时，$\ln|x| = \ln(-x)$，故有

$$(\ln|x|)' = [\ln(-x)]' = \frac{1}{-x}(-1) = \frac{1}{x}$$

【例 3.1.23】 设 $\rho(\varphi) = \frac{1}{2}\arctan\frac{2\varphi}{1 - \varphi^2}$，求 $\dfrac{\mathrm{d}\rho}{\mathrm{d}\varphi}$.

解
$$\frac{\mathrm{d}\rho}{\mathrm{d}\varphi} = \frac{1}{2}\frac{1}{1 + \left(\frac{2\varphi}{1 - \varphi^2}\right)^2}\frac{2(1 + \varphi^2)}{(1 - \varphi^2)^2} = \frac{1}{1 + \varphi^2}$$

【例 3.1.24】 设 $y = \sqrt{\sin x \cdot x^3 \cdot \sqrt{1 - x^2}}$，求 y'.

解 两边取对数得

$$\ln y = \frac{1}{2}\left[\ln(\sin x) + 3\ln x + \frac{1}{2}\ln(1 - x^2)\right]$$

两边求导得

$$\frac{1}{y}y' = \frac{1}{2}\left[\frac{\cos x}{\sin x} + \frac{3}{x} + \frac{1}{2}\left(\frac{-2x}{1 - x^2}\right)\right] = \frac{1}{2}\left(\cot x + \frac{3}{x} - \frac{x}{1 - x^2}\right)$$

即

$$y' = y \cdot \frac{1}{2}\left(\cot x + \frac{3}{x} - \frac{x}{1 - x^2}\right)$$

$$= \frac{1}{2}\sqrt{\sin x \cdot x^3 \cdot \sqrt{1 - x^2}} \cdot \left(\cot x + \frac{3}{x} - \frac{x}{1 - x^2}\right)$$

本例虽然取对数后改变了函数的定义域，但由例 3.1.22 可知，它们的导数是一样的.

4. 相关变化率

【例 3.1.25】 有一底半径 R cm、高 h cm 的正圆锥形容器. 今以 A cm^3/s 的速度自顶部往容器内倒水，试求当容器内水位等于锥高的一半时水面上升的速度(图 3.1.3).

解 令 x 表示 t 时刻容器内水面的高度，则 x 是 t 的函数，记为 $x = x(t)$. 现在要求当 $x = \dfrac{h}{2}$ 时 $\dfrac{\mathrm{d}x}{\mathrm{d}t}$ 之值.

先计算容器中水量增加的速度. 由于容器内的水形成一个高为 x、上下底半径分别为 $\dfrac{h-x}{h}R$ 和 R 的截锥，因此其体积为

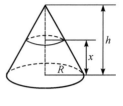

图 3.1.3

$$V = \frac{\pi R^2}{3h^2}\left[h^3 - (h-x)^3\right]$$

而水量增加的速度就是 V 对 t 的导数：

$$\frac{\mathrm{d}V}{\mathrm{d}t} = \frac{\pi R^2}{h^2}(h-x)^2\frac{\mathrm{d}x}{\mathrm{d}t}$$

另一方面，水量增加的速度显然和倒水的速度相等，为每秒 A cm^3/s，于是

$$\frac{\mathrm{d}x}{\mathrm{d}t} = \frac{Ah^2}{\pi R^2(h-x)^2}$$

故当 $x = \dfrac{h}{2}$ 时，有

$$\frac{\mathrm{d}x}{\mathrm{d}t} = \frac{4A}{\pi R^2}$$

从 $\dfrac{\mathrm{d}x}{\mathrm{d}t} = \dfrac{Ah^2}{\pi R^2(h-x)^2}$ 可以看出，x 越大，$\dfrac{\mathrm{d}x}{\mathrm{d}t}$ 也越大；x 越小，$\dfrac{\mathrm{d}x}{\mathrm{d}t}$ 也越小. 这说明在水面较低时升高缓慢，而在水面较高时升高很快，这和实际观察是完全一致的.

例 3.1.25 中，V 和 x 都是时间 t 的函数，V 和 x 满足方程 $V = \dfrac{\pi R^2}{3h^2}\left[h^3 - (h-x)^3\right]$. 方程两边对 t 求导得到关系式 $\dfrac{\mathrm{d}V}{\mathrm{d}t} = \dfrac{\pi R^2}{h^2}(h-x)^2\dfrac{\mathrm{d}x}{\mathrm{d}t}$，那么当 $\dfrac{\mathrm{d}V}{\mathrm{d}t}$ 已知时，可以求出 $\dfrac{\mathrm{d}x}{\mathrm{d}t}$，这就是相关变化率的问题.

一般地，设变量 x 和 y 满足方程 $F(x, y) = 0$，而 x 和 y 都是时间 t 的函数，即 $x = x(t)$，$y = y(t)$. 将 $x = x(t)$，$y = y(t)$ 代入方程，得 $F[x(t), y(t)] = 0$. 等式两端对 t 求导，便得到变化率 $\dfrac{\mathrm{d}x}{\mathrm{d}t}$ 和 $\dfrac{\mathrm{d}y}{\mathrm{d}t}$ 之间的一个关系式. 这两个相互依赖的变化率称为**相关变化率**. 如果已知其中的一个变化率，则可以从这个关系式中求出另一个变化率. 这就是相关变化率问题. 相关变化率在实际问题中有大量的应用. 下面再看一个例子.

【例 3.1.26】 一飞机在离地面 2 km 的高度，以 200 km/h 的速度飞临某目标之上空，以便进行航空摄影. 试求飞机飞至该目标正上方时摄影机转动的角速度(图 3.1.4).

解 我们把该目标取为坐标原点，设飞机和目标的水平距离为 x，显然，它是时间 t 的函数 $x = x(t)$，现在要求出飞机在目标正上方时 $\dfrac{\mathrm{d}\theta}{\mathrm{d}t}$ 之值. 为此先找出 θ 和 x 的关系. 从

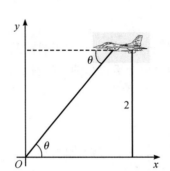

图 3.1.4

图 3.1.4 中可以看出 $\tan\theta = \dfrac{2}{x}$，所以 $\theta = \arctan\dfrac{2}{x}$. 于是

$$\frac{\mathrm{d}\theta}{\mathrm{d}t} = \frac{-2}{x^2+4}\frac{\mathrm{d}x}{\mathrm{d}t}$$

但根据题意知道 $\dfrac{\mathrm{d}x}{\mathrm{d}t} = -200$，这里负号表示 x 在减小，故得

$$\frac{\mathrm{d}\theta}{\mathrm{d}t} = \frac{400}{x^2+4}$$

当飞机在目标正上方，即 $x=0$ 时，$\dfrac{\mathrm{d}\theta}{\mathrm{d}t} = 100 \ \mathrm{rad/h}$，化为角度为 $\dfrac{\mathrm{d}\theta}{\mathrm{d}t} = \dfrac{5}{\pi}$ °/s.

5. 微分的运算法则

在第 2 章中我们已经知道，函数 $y = f(x)$ 在 x 点的微分为
$$\mathrm{d}y = f'(x)\mathrm{d}x$$

因此算出了函数的导数，即可求得它的微分. 例如，$y = \arctan x$，因为 $(\arctan x)' = \dfrac{1}{1+x^2}$，所以

$$\mathrm{d}y = \frac{1}{1+x^2}\mathrm{d}x$$

又如 $y = \ln(x+\sqrt{x^2+1})$，因为 $y' = \left[\ln(x+\sqrt{x^2+1})\right]' = \dfrac{1}{\sqrt{x^2+1}}$，所以

$$\mathrm{d}y = \frac{1}{\sqrt{x^2+1}}\mathrm{d}x$$

我们不难从导数基本公式推出相应的微分基本公式.

对应于导数的运算法则，我们有以下一些微分运算法则：
$$\mathrm{d}(u \pm v) = \mathrm{d}u \pm \mathrm{d}v$$
$$\mathrm{d}(uv) = u\mathrm{d}v + v\mathrm{d}u$$
$$\mathrm{d}\left(\frac{u}{v}\right) = \frac{v\mathrm{d}u - u\mathrm{d}v}{v^2}$$

其中 u, v 都是 x 的函数，在商的情况下当然假定 $v \neq 0$.

这些公式可以直接从微分定义推得. 例如

$$d(uv) = (uv)'dx = uv'dx + vu'dx = u\,dv + v\,du$$

下面我们再来讨论一下复合函数的微分. 设 $y = f(x)$, $x = \varphi(t)$ 都是可微函数, 而已知复合函数 $y = f[\varphi(t)]$ 的导数为

$$y' = f'(x)\varphi'(t)$$

因此

$$dy = f'(x)\varphi'(t)dt$$

但

$$dx = \varphi'(t)dt$$

故得

$$dy = f'(x)dx$$

这就是说, 不论 x 是自变量或中间变量, 函数 $y = f(x)$ 的微分形式 $dy = f'(x)dx$ 总是不变的. 这一特性称为**一阶微分形式的不变性**.

3.1.2　高阶导数与高阶微分

前面已讲过, 函数 $f(x)$ 的导数 $f'(x)$ 仍然是 x 的函数, 对它也可以讨论导数的问题. 如果函数 $f'(x)$ 的导数存在, 我们就把它称为函数 $f(x)$ 的**二阶导数**, 记作 $f''(x)$ 或 $\dfrac{d^2 f(x)}{dx^2}$.

根据上面的定义, 函数 $f(x)$ 在 x 点的二阶导数就是下面的极限

$$f''(x) = \lim_{\Delta x \to 0} \frac{f'(x + \Delta x) - f'(x)}{\Delta x}$$

假如质点运动的规律为 $s = f(t)$, 我们已经知道, 它的一阶导数表示质点运动的速度, 而二阶导数按照上面的定义应该是速度的变化率, 也就是质点运动的加速度. 至于二阶导数的几何意义将在后面介绍.

容易知道, 函数 $f(x)$ 的二阶导数 $f''(x)$ 仍是 x 的函数, 如果函数 $f''(x)$ 的导数存在, 我们就称它为函数 $f(x)$ 的**三阶导数**, 记为 $f'''(x)$ 或 $\dfrac{d^3 f(x)}{dx^3}$. 以此类推, 一般地, 如果函数 $f^{(n-1)}(x)$ 的导数存在, 就称它为函数 $f(x)$ 的 n **阶导数**, 记为 $f^{(n)}(x)$ 或 $\dfrac{d^n f(x)}{dx^n}$.

显然, 求函数的高阶导数, 不需要任何新的方法, 只要对函数 $f(x)$ 连续进行几次导数运算就行了.

同样, 一阶微分的微分称为**二阶微分**, 即

$$d^2 y = d(dy)$$

令 $y = f(x)$, 则 $dy = f'(x)dx$. 若 $f'(x)$ 的导数存在, 则有

$$d^2 y = d(dy) = d[f'(x)dx] = f''(x)dx^2$$

若 $f''(x)$ 的导数存在, 还可对二阶微分求微分

$$d^3 y = d(d^2 y) = f'''(x)dx^3$$

得到**三阶微分**. 以此类推. 一般地, 如果 $f^{(n-1)}(x)$ 的导数存在, 则可有 n 阶微分

$$d^n y = d(d^{n-1} y) = f^{(n)}(x)dx^n$$

由于从高阶导数可得高阶微分,因此在这一节中对高阶微分不再作单独的讨论.

【例 3.1.27】 已知 n 次多项式为 $y=a_n x^n+a_{n-1}x^{n-1}+\cdots+a_1 x+a_0$,那么

$$y'=a_n nx^{n-1}+a_{n-1}(n-1)x^{n-2}+\cdots+a_1$$

由此可见,n 次多项式的导数仍是一个多项式,不过它的次数比原来的降低一次.这样就可以推出,经过 n 阶导数后就变成一个常数了,即

$$y^{(n)}=n!\,a_n$$

因此

$$y^{(n+1)}=y^{(n+2)}=\cdots=0$$

也就是说,n 次多项式的一切阶数高于 n 的导数都等于零.

【例 3.1.28】 考察指数函数 $y=\mathrm{e}^{ax}$ 的 n 阶导数. 由于

$$y'=a\mathrm{e}^{ax},\ y''=a^2\mathrm{e}^{ax},\ y'''=a^3\mathrm{e}^{ax},\ \cdots$$

因此

$$y^{(n)}=a^n\mathrm{e}^{ax}$$

【例 3.1.29】 考察对数函数 $y=\ln(1+x)$ 的 n 阶导数. 由于

$$y'=\frac{1}{1+x},\ y''=\frac{-1}{(1+x)^2},\ y'''=\frac{1\cdot 2}{(1+x)^3},\ \cdots$$

因此

$$y^{(n)}=(-1)^{n-1}\frac{(n-1)!}{(1+x)^n}$$

【例 3.1.30】 对于三角函数 $y=\sin x,\ y=\cos x$,有公式

$$(\sin x)^{(n)}=\sin\left(x+\frac{n\pi}{2}\right),\ (\cos x)^{(n)}=\cos\left(x+\frac{n\pi}{2}\right)$$

我们用归纳法来证明这两个等式. 事实上,有

$$(\sin x)'=\cos x=\sin\left(x+\frac{\pi}{2}\right)$$

因此当 $n=1$ 时公式是正确的. 设 $n=k$ 时公式也正确,那么当 $n=k+1$ 时,有

$$(\sin x)^{(k+1)}=\left[(\sin x)^{(k)}\right]'=\left[\sin\left(x+\frac{k\pi}{2}\right)\right]'$$

$$=\cos\left(x+\frac{k\pi}{2}\right)=\sin\left(x+\frac{k+1}{2}\pi\right)$$

这样就证明了第一式,用同样的方法可以证明第二式.

如果函数 u 和 v 都有 n 阶导数,那么显然有

$$(Cu)^{(n)}=Cu^{(n)}(C\text{ 为常数}),\ (u\pm v)^{(n)}=u^{(n)}\pm v^{(n)}$$

但两个函数乘积的高阶导数就没有这样简单了. 例如:

$$(uv)'=u'v+uv'$$

$$(uv)''=u''v+2u'v'+uv''$$

$$(uv)'''=u'''v+3u''v'+3u'v''+uv'''$$

可见,导数的阶数越高,表达式也就越复杂.但仔细观察上面三个式子不难找出它们的规律,即上述等式中右端系数恰好与二项展开式中的系数相同,因此可以用归纳法来证明下面的一般公式:

$$(uv)^{(n)} = u^{(n)}v + C_n^1 u^{(n-1)}v' + C_n^2 u^{(n-2)}v'' + \cdots + C_n^r u^{(n-r)}v^{(r)} + \cdots + C_n^{n-1}u'v^{(n-1)} + uv^{(n)}$$

其中

$$C_n^r = \frac{n(n-1)\cdots(n-r+1)}{r!}$$

这个公式给出了计算两个函数乘积的高阶导数的法则，把它简写为

$$(uv)^{(n)} = \sum_{r=0}^{n} C_n^r u^{(n-r)}v^{(r)} \tag{3-1-1}$$

这里 $u^{(0)} = u$，$v^{(0)} = v$，或是写成微分形式

$$d^n(uv) = \sum_{r=0}^{n} C_n^r d^{n-r}u\, d^r v$$

式 (3-1-1) 称为**莱布尼茨**(Leibnitz)**公式**. 式 (3-1-1) 和二项式展开式

$$(u+v)^n = \sum_{r=0}^{n} C_n^r u^{n-r}v^r$$

完全相似，所不同的在于二项式展开式每个项 $C_n^r u^{n-r}v^r$ 中的 $n-r$ 和 r 代表指数，而式 (3-1-1) 中每个项 $C_n^r u^{(n-r)}v^{(r)}$ 中的 $(n-r)$ 和 (r) 则代表函数 u 和 v 的导数阶数，$u^{(0)}$，$v^{(0)}$ 就是函数本身.

常用函数的 n 阶导数公式如下：

> (1) $y = e^x$，$y^{(n)} = e^x$；
>
> (2) $y = a^x (a>0, a \neq 1)$，$y^{(n)} = a^x (\ln a)^n$；
>
> (3) $y = \sin x$，$y^{(n)} = \sin\left(x + \frac{n\pi}{2}\right)$　$\left(\text{推广：} [\sin(ax+b)]^{(n)} = a^n \sin\left(ax+b+\frac{n\pi}{2}\right)\right)$；
>
> (4) $y = \cos x$，$y^{(n)} = \cos\left(x + \frac{n\pi}{2}\right)$　$\left(\text{推广：} [\cos(ax+b)]^{(n)} = a^n \cos\left(ax+b+\frac{n\pi}{2}\right)\right)$；
>
> (5) $y = \ln x$，$y^{(n)} = (-1)^{n-1}(n-1)!\, x^{-n}$　$\left(\text{推广：} [\ln(ax+b)]^{(n)} = \frac{(-1)^{n-1}a^n(n-1)!}{(ax+b)^n}\right)$；
>
> (6) $y = x^a$，$y^{(n)} = a(a-1)\cdots(a-n+1)x^{a-n}$；
>
> (7) $y = \frac{1}{ax+b}$，$y^{(n)} = \frac{(-1)^n a^n n!}{(ax+b)^{n+1}}$.

【例 3.1.31】　求函数 $y = x^2 \cos ax$ 的 50 阶导数 $y^{(50)}$.

解　令 $u = \cos ax$，$v = x^2$，由于

$$u^{(n)} = a^n \cos\left(ax + \frac{n\pi}{2}\right)$$

$$v' = 2x，\quad v'' = 2，\quad v''' = v^{(4)} = \cdots = 0$$

因此

$$y^{(50)} = a^{50}x^2 \cos(ax + 25\pi) + 50a^{49}(2x)\cos\left(ax + \frac{49\pi}{2}\right) + \frac{50 \cdot 49}{2} \cdot 2a^{48}\cos(ax + 24\pi)$$

$$= -a^{50}x^2 \cos ax - 100a^{49}x\sin ax + 2450a^{48}\cos ax$$

$$= a^{48}\left[(2450 - a^2x^2)\cos ax - 100ax\sin ax\right]$$

结合前面的罗尔定理，我们再举一个例子.

【例 3.1.32】 若函数 $f(x)$ 在开区间 (a,b) 内具有二阶导数, 且 $f(x_1)=f(x_2)=f(x_3)$, 其中 $a<x_1<x_2<x_3<b$, 证明: 至少存在一点 $\xi\in(a,b)$, 使得 $f''(\xi)=0$.

证 $f(x)$ 在闭区间 $[x_1,x_2]$, $[x_2,x_3]$ 上连续, 在开区间 (x_1,x_2), (x_2,x_3) 内可导, 且端点的函数值相等, 即 $f(x_1)=f(x_2)=f(x_3)$. 由罗尔定理知, $\exists\xi_1\in(x_1,x_2)$, $\exists\xi_2\in(x_2,x_3)$, 使得 $f'(\xi_1)=0$ 且 $f'(\xi_2)=0$, 其中 $a<\xi_1<\xi_2<b$.

函数 $f'(x)$ 在闭区间 $[\xi_1,\xi_2]$ 上连续, 在开区间 (ξ_1,ξ_2) 内可导, 且端点的函数值相等, 即 $f'(\xi_1)=f'(\xi_2)=0$. 再次由罗尔定理知, $\exists\xi\in(\xi_1,\xi_2)\subset(a,b)$, 使得 $f''(\xi)=0$.

注

当 $f(a)=f(b)=0$ 时, 罗尔定理说明可微函数 $f(x)$ 在两个零点之间至少有 $f'(x)$ 的一个零点, 同理 $f'(x)$ 的两个零点之间至少有 $f''(x)$ 的一个零点.

一般地, 设 $f(x)$ 有 n 阶导数, 若 $f(x)$ 有 n 个零点, $x_1<x_2<\cdots<x_n$, 则 $f^{(k)}(x)$ 在 (x_1,x_n) 内至少有 $n-k$ 个零点 $(k=1,2,\cdots,n-1)$.

若 $f^{(k)}(x)$ 在 (a,b) 内无零点, 则 $f(x)$ 在 (a,b) 内至多有 k 个零点.

现在来考虑由参数方程所确定的函数的微分. 设有参数方程

$$x=\varphi(t),\ y=\psi(t)$$

如果 $x=\varphi(t)$ 的反函数是 $t=\omega(x)$, 那么参数方程就确定了 y 是 x 的函数 $y=\psi[\omega(x)]$. 根据复合函数的微分法则, 有

$$\frac{\mathrm{d}y}{\mathrm{d}x}=\frac{\mathrm{d}y}{\mathrm{d}t}\frac{\mathrm{d}t}{\mathrm{d}x}=\psi'(t)\frac{1}{\varphi'(t)}=\frac{\psi'(t)}{\varphi'(t)}$$

当然这里要假定 $\varphi'(t),\psi'(t)$ 都存在且 $\varphi'(t)\neq0$. 如果 $\varphi''(t),\psi''(t)$ 都存在, 那么由导数公式可得

$$\begin{aligned}\frac{\mathrm{d}^2y}{\mathrm{d}x^2}&=\frac{\mathrm{d}}{\mathrm{d}x}\left[\frac{\psi'(t)}{\varphi'(t)}\right]=\frac{\mathrm{d}}{\mathrm{d}t}\left[\frac{\psi'(t)}{\varphi'(t)}\right]\frac{\mathrm{d}t}{\mathrm{d}x}\\&=\frac{\psi''(t)\varphi'(t)-\varphi''(t)\psi'(t)}{[\varphi'(t)]^2}\frac{1}{\varphi'(t)}\\&=\frac{\psi''(t)\varphi'(t)-\varphi''(t)\psi'(t)}{[\varphi'(t)]^3}\end{aligned}$$

【例 3.1.33】 求椭圆 $x=a\cos t$, $y=b\sin t$ 在 $t=\dfrac{\pi}{4}$ 处的切线方程.

解 $t=\dfrac{\pi}{4}$ 对应于椭圆上的点 $\left(\dfrac{a}{\sqrt{2}},\dfrac{b}{\sqrt{2}}\right)$. 由于

$$x'(t)\big|_{t=\frac{\pi}{4}}=-a\sin t\big|_{t=\frac{\pi}{4}}=-\frac{a}{\sqrt{2}}$$

$$y'(t)\big|_{t=\frac{\pi}{4}}=b\cos t\big|_{t=\frac{\pi}{4}}=\frac{b}{\sqrt{2}}$$

所以切线方程为

$$y-\frac{b}{\sqrt{2}}=\frac{\dfrac{b}{\sqrt{2}}}{-\dfrac{a}{\sqrt{2}}}\left(x-\frac{a}{\sqrt{2}}\right)$$

即

$$bx + ay = \sqrt{2}\,ab$$

3.1.3　利用微分做近似计算

我们已经知道，函数 $y = f(x)$ 的改变量 Δy 可用微分 $\mathrm{d}y$ 来近似地表达，即

$$\Delta y \approx \mathrm{d}y \ \text{或} \ f(x_0 + \Delta x) - f(x_0) \approx f'(x_0)\Delta x$$

上式可改写为

$$f(x_0 + \Delta x) \approx f(x_0) + f'(x_0)\Delta x \tag{3-1-2}$$

可见，函数 $f(x)$ 在 $x_0 + \Delta x$ 点的数值，可以通过它在 x_0 点的数值 $f(x_0)$ 和它在该点的导数 $f'(x_0)$ 来近似地表达. 一般来说，$|\Delta x|$ 越小，Δy 与 $\mathrm{d}y$ 的相差也越小，所以这个公式在 $|\Delta x|$ 很小时常被用来做近似计算.

【例 3.1.34】 证明：当 $|x|$ 很小时，有近似等式

$$(1+x)^\alpha \approx 1 + \alpha x \ (\alpha \text{ 为任意实数}) \tag{3-1-3}$$

证　设 $f(x) = (1+x)^\alpha$，令 $x_0 = 0$，$\Delta x = x$，于是

$$f(x_0 + \Delta x) = (1+x)^\alpha, \ f(x_0) = 1, \ f'(x_0) = \alpha$$

将其代入（3-1-2）即得

$$(1+x)^\alpha \approx 1 + \alpha x$$

利用式（3-1-3），可以求一些近似值. 例如，求 $\sqrt[5]{245}$ 的近似值，由于

$$\sqrt[5]{245} = (243 + 2)^{\frac{1}{5}} = \left[243\left(1 + \frac{2}{243}\right)\right]^{\frac{1}{5}} = 3\left(1 + \frac{2}{243}\right)^{\frac{1}{5}}$$

所以，取 $x = \dfrac{2}{243}$，代入（3-1-3）即得

$$\sqrt[5]{245} \approx 3\left(1 + \frac{1}{5} \times \frac{2}{243}\right) \approx 3.0049$$

【例 3.1.35】 求 $\sin 30°13'$ 的近似值.

解　$\sin 30°13' = \sin\left(\dfrac{\pi}{6} + \dfrac{13\pi}{60 \times 180}\right) = \sin\left(\dfrac{\pi}{6} + \dfrac{13\pi}{10\,800}\right)$，取 $f(x) = \sin x$，$x_0 = \dfrac{\pi}{6}$，

$\Delta x = \dfrac{13\pi}{10\,800}$，代入公式（3-1-2）即得

$$\sin 30°13' = \sin\left(\frac{\pi}{6} + \frac{13\pi}{10\,800}\right) \approx \sin\frac{\pi}{6} + \cos\frac{\pi}{6} \cdot \frac{13\pi}{10\,800} \approx 0.5033$$

【例 3.1.36】 某挂钟的钟摆的周期为 1 s，在冬季钟摆的长度缩短了 0.01 cm，该挂钟在冬季每天大约快多少？

解　单摆的周期为

$$T = 2\pi\sqrt{\frac{l}{g}}$$

其中 l 为摆长，g 是重力加速度. 钟摆的原周期为 1 s，故由上式可知钟摆的原长为

$$l = \frac{g}{(2\pi)^2}$$

由于钟摆在冬季缩短了 0.01 cm，因而周期也要缩短，现在先计算周期究竟缩短了多少，为此，要计算 ΔT. 根据单摆周期公式，有

$$\mathrm{d}T = \frac{\pi}{\sqrt{g}} \frac{1}{\sqrt{l}} \mathrm{d}l \approx \frac{\pi}{\sqrt{g}} \frac{1}{\sqrt{l}} \Delta l$$

现在 $\Delta l = -0.01$，$l = \dfrac{g}{(2\pi)^2}$，故有

$$\Delta T \approx \mathrm{d}T = \frac{2\pi^2}{g} \times (-0.01) \approx -0.0002 \ (\mathrm{s})$$

这就是说，由于钟摆缩短了 0.01 cm，钟摆的周期约缩短 0.0002 s，即每秒约快 0.0002 s，因此每天约快

$$24 \times 60 \times 60 \times 0.0002 = 17.28 \ (\mathrm{s})$$

习题 3.1

1. 求下列函数的导数.

(1) $y = ax^3 + bx^2 + cx + d$；

(2) $y = \sqrt[5]{x} + \dfrac{a}{\sqrt[3]{x}} + \dfrac{b}{\sqrt[5]{x}}$；

(3) $y = x^3 \sqrt[5]{x}$；

(4) $y = \dfrac{x+1}{x-1}$；

(5) $y = \dfrac{3x^2 + 9x - 2}{5x + 8}$；

(6) $y = x + \sin x \cos^2 x$；

(7) $y = \sin x \tan x + \cot x$；

(8) $y = \sqrt[3]{\dfrac{x+1}{x-1}}$；

(9) $y = \dfrac{0.3x^5 + a\sin x}{(a+b)\cos x}$；

(10) $y = \dfrac{\ln x}{x^a}$；

(11) $y = a^x \ln x$；

(12) $y = \dfrac{1 - 10^x}{1 + 10^x}$；

(13) $y = \dfrac{t^3 \arctan t}{\mathrm{e}^t}$；

(14) $y = (a^2 + b^2) x^a \mathrm{e}^x \arctan x$；

(15) $y = \dfrac{1 - \ln x}{1 + \ln x}$；

(16) $y = x^2 \log_3 x$；

(17) $y = \sin^\alpha x \ln^\beta x$；

(18) $y = \sqrt[3]{1 + \ln^2 x}$；

(19) $y = \dfrac{\arcsin x}{\sqrt{x + x^2}} + \ln\sqrt{\dfrac{1-x}{1+x}}$；

(20) $y = \sqrt{x + \sqrt{x + \sqrt{x}}}$；

(21) $y = \sqrt[3]{1 + \sqrt[3]{1 + \sqrt[3]{x}}}$；

(22) $y = \sin(\cos^2 x)\cos(\sin^2 x)$；

(23) $y = \sin[\sin(\sin x)]$；

(24) $y = \mathrm{e}^{\sqrt{x^2 + 1}}$；

(25) $y = \sin[\cos^5(\arctan x^3)]$；

(26) $y = \sec^2 \dfrac{x}{a^2} + \tan^2 \dfrac{x}{b^2}$；

(27) $y = a^x \mathrm{e}^{\arctan x}$；

(28) $y = \cos\dfrac{1}{x^2}\mathrm{e}^{\cos\frac{1}{x^2}}$；

(29) $y=\arcsin\dfrac{1-x^2}{1+x^2}$;　　　　　　(30) $y=\ln\left[\ln^2\left(\ln^3 x\right)\right]$;

(31) $y=\ln\left[\tan\left(\dfrac{x}{2}+\dfrac{\pi}{4}\right)\right]$;　　　(32) $y=\arctan\dfrac{1+x}{1-x}$;

(33) $y=\sqrt[x]{x}$;　　　　　　　　　　(34) $y=x^x$;

(35) $y=\mathrm{e}^x+\mathrm{e}^{\mathrm{e}^x}+\mathrm{e}^{\mathrm{e}^{\mathrm{e}^x}}$;　　　　(36) $y=x^{x^x}$;

(37) $y=(\sin x)^{\cos x}$;　　　　　　　(38) $y=x^{a^x}$;

(39) $y=(\ln x)^x x^{\ln x}$;　　　　　　(40) $y=\arccos\left(\sin x^2-\cos x^2\right)$;

(41) $y=\dfrac{1}{\arccos^2\left(x^2\right)}$;　　　　　(42) $r=\arctan\left(\dfrac{\sin\theta+\cos\theta}{\sin\theta-\cos\theta}\right)$;

(43) $\rho=\dfrac{2}{\sqrt{a^2-b^2}}\arctan\left(\sqrt{\dfrac{a-b}{a+b}}\tan\dfrac{\varphi}{2}\right)$;

(44) $y=\dfrac{x}{2}\sqrt{a^2-x^2}+\dfrac{a^2}{2}\arcsin\dfrac{x}{a}$;

(45) $y=\arctan\left(x+\sqrt{1+x^2}\right)$;　　(46) $y=\ln\left(\mathrm{e}^x+\sqrt{1+\mathrm{e}^{2x}}\right)$;

(47) $y=\ln\left(\cos^2 x+\sqrt{1+\cos^4 x}\right)$;　(48) $s=\dfrac{t^6}{1+t^{12}}-\operatorname{arccot} t^6$;

(49) $y=\arctan \mathrm{e}^x-\ln\sqrt{\dfrac{\mathrm{e}^{2x}}{\mathrm{e}^{2x}+1}}$;　　(50) $y=\ln\left[\cos\left(\arctan\dfrac{\mathrm{e}^x-\mathrm{e}^{-x}}{2}\right)\right]$.

2. 设 $\varphi(x)$, $\psi(x)$ 为可微函数, 求 $\dfrac{\mathrm{d}y}{\mathrm{d}x}$.

(1) $y=\sqrt{\varphi^2(x)+\psi^2(x)}$;　　　(2) $y=\sqrt[\varphi(x)]{\psi(x)}$;

(3) $y=\left[\dfrac{\varphi(x)}{\psi(x)}\right]^{\ln\frac{\varphi(x)}{\psi(x)}}$;　　　　(4) $y=\arctan\left[1+\varphi(x)+\varphi(x)^{\psi(x)}\right]$.

3. 求下列各函数的 $\dfrac{\mathrm{d}x}{\mathrm{d}y}$.

(1) $y=x\mathrm{e}^x$;　　(2) $y=\arctan\dfrac{1}{x}$;　　(3) $y=2\mathrm{e}^{-x}-\mathrm{e}^{-2x}$.

4. 求下列函数的二阶导数.

(1) $y=\mathrm{e}^{-x^2}$;　　　　　　　　　(2) $y=\dfrac{\arcsin x}{\sqrt{1-x^2}}$;

(3) $y=x^2 a^x$;　　　　　　　　　(4) $y=\sin x\arctan\dfrac{x}{a}$;

(5) $y=(1+x^2)\arctan x$;　　　　　(6) $y=x\left[\sin(\ln x)+\cos(\ln x)\right]$.

5. 设 $u=\varphi(x)$, $v=\psi(x)$ 二阶可导, 求 $\dfrac{\mathrm{d}^2 y}{\mathrm{d}x^2}$.

(1) $y=\ln\dfrac{u}{v}$;　　　　　　　　　(2) $y=\sqrt{u^2+v^2}$.

6. 设 $f(x)$ 三阶可导, 求 $\dfrac{\mathrm{d}^2 y}{\mathrm{d}x^2}, \dfrac{\mathrm{d}^3 y}{\mathrm{d}x^3}$.

(1) $y = f(x^2)$;　　　　　　　　　　(2) $y = f(\mathrm{e}^x + x)$.

7. 求下列函数的高阶导数.

(1) $(x^2 \mathrm{e}^x)^{(50)}$;　　　　　　　　(2) $[\ln(1+x)^x]^{(30)}$;

(3) $[(x^2+1)\sin x]^{(20)}$;　　　　　　(4) $\left(\dfrac{1+x}{\sqrt{1-x}}\right)^{(100)}$;

(5) $\left(\dfrac{1}{x^2-3x+2}\right)^{(n)}$;　　　　(6) $\left(\dfrac{\mathrm{e}^x}{x}\right)^{(n)}$;

(7) $\left(\dfrac{1-x}{1+x}\right)^{(n)}$.

8. 设 $x = \ln(1+t^2)$, $y = t - \arctan t$, 求 $\dfrac{\mathrm{d}y}{\mathrm{d}x}, \dfrac{\mathrm{d}^2 y}{\mathrm{d}x^2}$.

9. 设 $x = a(t - \sin t)$, $y = a(1 - \cos t)$, 求 $\dfrac{\mathrm{d}y}{\mathrm{d}x}, \dfrac{\mathrm{d}^2 y}{\mathrm{d}x^2}$.

10. 一气球在与观察者相距 500 m 处离地铅直上升, 其速度为 140 m/min, 当气球高度为 500 m 时, 观察者视线的斜角增加率为多少(忽略观察者的身高)?

11. 水自高为 18 cm、底半径为 6 cm 的圆锥形漏斗流入直径为 10 cm 的圆柱形筒中, 已知水在漏斗中深度为 12 cm 时, 水平面下降之速率为 1 cm/min, 圆柱形筒中水平面上升的速度为多少?

12. 有一长为 5 m 的梯子贴靠在铅直的墙上, 若梯子下端沿地板以 3 m/s 的速度离开墙脚而滑动, 问当梯子下端离开墙脚 1.4 m 时梯子的上端下滑的速度为多少?

3.2 积分法——不定积分的计算

在 3.1 节中, 我们已经讨论了微积分主要矛盾的一个方面——微分的计算, 本节将讨论微积分的另一方面——不定积分的计算.

自 2.3 节的微积分基本定理我们已经知道, 若 $f(x)$ 连续, 则 $f(x)$ 必存在原函数, 且 $f(x)$ 的任意两个原函数之间至多相差一个常数. $f(x)$ 的原函数的全体称为 $f(x)$ 的不定积分, 记为 $\displaystyle\int f(x)\mathrm{d}x$. 显然, 若 $F(x)$ 为 $f(x)$ 的一个原函数, 则 $\displaystyle\int f(x)\mathrm{d}x = F(x) + C$. 也就是说, 求 $\displaystyle\int f(x)\mathrm{d}x$ 的过程归结为找到 $f(x)$ 的一个原函数 $F(x)$ 的过程. 那么, 如何寻找 $F(x)$ 呢? 根据微分与积分的关系, 有如下几种方法.

3.2.1 用微分和积分的关系求不定积分

微分公式或法则与积分公式或法则是相互对应的, 根据微分基本公式, 有下面的积分基本公式(式中 C 为常数):

(1) $\int a\,\mathrm{d}x = ax + C$，$a$ 是常数；

(2) $\int x^\alpha\,\mathrm{d}x = \dfrac{1}{\alpha+1}x^{\alpha+1} + C$，其中 α 为常数，$\alpha \neq -1$；

(3) $\int \dfrac{\mathrm{d}x}{x} = \ln|x| + C$；

(4) $\int a^x\,\mathrm{d}x = \dfrac{1}{\ln a}a^x + C$，其中 $a > 0$，$a \neq 1$，特别地，有 $\int \mathrm{e}^x\,\mathrm{d}x = \mathrm{e}^x + C$；

(5) $\int \sin x\,\mathrm{d}x = -\cos x + C$；

(6) $\int \cos x\,\mathrm{d}x = \sin x + C$；

(7) $\int \sec^2 x\,\mathrm{d}x = \tan x + C$；

(8) $\int \csc^2 x\,\mathrm{d}x = -\cot x + C$；

(9) $\int \sec x \tan x\,\mathrm{d}x = \sec x + C$；

(10) $\int \csc x \cot x\,\mathrm{d}x = -\csc x + C$；

(11) $\int \dfrac{\mathrm{d}x}{\sqrt{1-x^2}} = \arcsin x + C\,(-1 < x < 1)$；

(12) $\int \dfrac{\mathrm{d}x}{1+x^2} = \arctan x + C$.

例如，求导运算法则：
$$(u+v)' = u' + v',\ (Cv)' = Cv'\ (C\ \text{为常数})$$
相应地，积分运算法则：
$$\int [f(x) + g(x)]\mathrm{d}x = \int f(x)\mathrm{d}x + \int g(x)\mathrm{d}x$$
$$\int Cf(x)\mathrm{d}x = C\int f(x)\mathrm{d}x\,(C\ \text{为常数})$$
微分与求导运算法则中的 $(uv)' = u'v + uv'$ 及复合函数求导运算法则：

若 $y = f(u)$，$u = g(x)$，则
$$\frac{\mathrm{d}y}{\mathrm{d}x} = f'(u)g'(x)$$

在积分法中的对应法则将在后续的分部积分公式和积分换元公式中介绍，其为积分法中最基本的公式.

积分运算的基本思想是：利用积分运算的性质和方法把被积函数化为基本积分公式中的某个函数，然后利用基本积分公式求出被积函数的不定积分.

【例 3.2.1】　求不定积分 $\int \left(3x^2 + 5x + 6 + \dfrac{1}{x} + \dfrac{2}{x^2}\right)\mathrm{d}x$.

解 $\int \left(3x^2 + 5x + 6 + \dfrac{1}{x} + \dfrac{2}{x^2}\right)dx = 3\int x^2 dx + 5\int x\,dx + 6\int dx + \int \dfrac{1}{x}dx + 2\int \dfrac{1}{x^2}dx$

$$= x^3 + \frac{5}{2}x^2 + 6x + \ln|x| - \frac{2}{x} + C$$

【例 3.2.2】 求不定积分 $\displaystyle\int \dfrac{x^2+1}{\sqrt{x}}dx$.

解 $\displaystyle\int \dfrac{x^2+1}{\sqrt{x}}dx = \int x^{\frac{3}{2}}dx + \int x^{-\frac{1}{2}}dx = \dfrac{2}{5}x^{\frac{5}{2}} + 2x^{\frac{1}{2}} + C$

【例 3.2.3】 求下列不定积分.

(1) $\displaystyle\int \left(3 - 2x + \dfrac{1}{x^2} - 5\sin x + 10^x + \cot^2 x\right)dx$；　　(2) $\displaystyle\int \dfrac{x^4}{1+x^2}dx$；

(3) $\displaystyle\int \dfrac{x^2+x-1}{x^3-2x^2+x-2}dx$；　　(4) $\displaystyle\int \left(1 - \dfrac{1}{x^2}\right)\sqrt{x\sqrt{x}}\,dx$；

(5) $\displaystyle\int \dfrac{dx}{\sin^2 x \cos^2 x}$；　　(6) $\displaystyle\int \sin^2 \dfrac{x}{2}dx$；

(7) $\displaystyle\int \tan^2 x\,dx$.

解 (1) $\displaystyle\int \left(3 - 2x + \dfrac{1}{x^2} - 5\sin x + 10^x + \cot^2 x\right)dx$

$$= 3\int dx - 2\int x\,dx + \int \dfrac{dx}{x^2} - 5\int \sin x\,dx + \int 10^x dx + \int \cot^2 x\,dx$$

$$= 3x - 2 \cdot \dfrac{x^2}{2} + \dfrac{x^{-2+1}}{-2+1} - 5(-\cos x) + \dfrac{10^x}{\ln 10} + \int (\csc^2 x - 1)dx$$

$$= 2x - x^2 - \dfrac{1}{x} + 5\cos x + \dfrac{10^x}{\ln 10} - \cot x + C.$$

(2) $\displaystyle\int \dfrac{x^4}{1+x^2}dx = \int \dfrac{x^4-1+1}{1+x^2}dx = \int \left(x^2 - 1 + \dfrac{1}{1+x^2}\right)dx$

$$= \int x^2 dx - \int dx + \int \dfrac{1}{1+x^2}dx$$

$$= \dfrac{x^3}{3} - x + \arctan x + C.$$

(3) $\displaystyle\int \dfrac{x^2+x-1}{x^3-2x^2+x-2}dx = \int \dfrac{(x^2+1)+(x-2)}{(x^2+1)(x-2)}dx$

$$= \int \dfrac{1}{x-2}dx + \int \dfrac{1}{x^2+1}dx$$

$$= \ln|x-2| + \arctan x + C.$$

(4) $\displaystyle\int \left(1 - \dfrac{1}{x^2}\right)\sqrt{x\sqrt{x}}\,dx = \int \left(1 - \dfrac{1}{x^2}\right)x^{\frac{3}{4}}dx = \int (x^{\frac{3}{4}} - x^{-\frac{5}{4}})dx$

$$= \int x^{\frac{3}{4}}dx - \int x^{-\frac{5}{4}}dx$$

$$= \dfrac{4}{7}x^{\frac{7}{4}} + 4x^{-\frac{1}{4}} + C.$$

(5) $\displaystyle\int \frac{\mathrm{d}x}{\sin^2 x \cos^2 x} = \int \frac{\sin^2 x + \cos^2 x}{\sin^2 x \cos^2 x}\mathrm{d}x = \int \frac{\mathrm{d}x}{\cos^2 x} + \int \frac{\mathrm{d}x}{\sin^2 x} = \tan x - \cot x + C.$

(6) $\displaystyle\int \sin^2 \frac{x}{2}\mathrm{d}x = \int \frac{1}{2}(1 - \cos x)\,\mathrm{d}x = \frac{1}{2}\int(1 - \cos x)\,\mathrm{d}x$

$$= \frac{1}{2}\left[\int \mathrm{d}x - \int \cos x\,\mathrm{d}x\right] = \frac{1}{2}(x - \sin x) + C.$$

(7) $\displaystyle\int \tan^2 x\,\mathrm{d}x = \int(\sec^2 x - 1)\,\mathrm{d}x = \int \sec^2 x\,\mathrm{d}x - \int \mathrm{d}x = \tan x - x + C.$

要检验某不定积分的计算正确与否，只需对不定积分的结果求导，检验导数是否等于被积函数即可。

3.2.2　用换元积分法求不定积分

1. 第一换元积分法（凑微分法）

第一换元积分法是复合函数微分公式在不定积分中的直接运用。

🔵 **【定理 3.2.1（第一换元积分法）】**　设 $f(u)$ 存在原函数 $F(u)$，函数 $u = \varphi(x)$ 可导，则有

$$\int f[\varphi(x)]\varphi'(x)\mathrm{d}x = \int f[\varphi(x)]\mathrm{d}\varphi(x) = \left[\int f(u)\mathrm{d}u\right]_{u = \varphi(x)} = F[\varphi(x)] + C$$

证　$\mathrm{d}F(u) = f(u)\mathrm{d}u$，$u = \varphi(x)$ 可导，由复合函数求导公式，有

$$\mathrm{d}F[\varphi(x)] = f[\varphi(x)]\varphi'(x)\mathrm{d}x$$

故有

$$\int f[\varphi(x)]\varphi'(x)\mathrm{d}x = F[\varphi(x)] + C = \left[\int f(u)\mathrm{d}u\right]_{u = \varphi(x)}$$

当我们求某个不定积分 $\displaystyle\int g(x)\mathrm{d}x$ 时，关键是将被积函数 $g(x)$ 凑成 $f[\varphi(x)]\varphi'(x)$ 的形式，也就是把被积函数 $g(x)$ 分解成两个因子的乘积，其中一个因子与 $\mathrm{d}x$ 凑成某一函数 $\varphi(x)$ 的微分，而另一因子是 $\varphi(x)$ 的函数 $f[\varphi(x)]$。经过这样的微分变形后被积函数 $f(u)$ 的原函数存在且易求出，因此人们常称第一换元积分法为**凑微分法**。在具体运用此定理时，一般不引入中间变量 u，而直接写出结果，即

$$\int f[\varphi(x)]\varphi'(x)\mathrm{d}x = \int f[\varphi(x)]\mathrm{d}\varphi(x) = F[\varphi(x)] + C$$

【例 3.2.4】　求下列不定积分。

(1) $\displaystyle\int \cos(x + 1)\mathrm{d}x$；　　　　　(2) $\displaystyle\int \sin\left(2x - \frac{\pi}{3}\right)\mathrm{d}x.$

解　(1) $\displaystyle\int \cos(x + 1)\mathrm{d}x = \int \cos(x + 1)\mathrm{d}(x + 1) = \sin(x + 1) + C.$

(2) $\displaystyle\int \sin\left(2x - \frac{\pi}{3}\right)\mathrm{d}x = \frac{1}{2}\int \sin\left(2x - \frac{\pi}{3}\right)\mathrm{d}\left(2x - \frac{\pi}{3}\right) = -\frac{1}{2}\cos\left(2x - \frac{\pi}{3}\right) + C.$

【例 3.2.5】　求不定积分 $\displaystyle\int \frac{1}{1 + 2x^2}\mathrm{d}x.$

解
$$\int \frac{1}{1+2x^2}dx = \int \frac{1}{1+(\sqrt{2}x)^2}dx = \frac{1}{\sqrt{2}}\int \frac{1}{1+(\sqrt{2}x)^2}d(\sqrt{2}x)$$
$$= \frac{1}{\sqrt{2}}\arctan(\sqrt{2}x) + C$$

推广：$\int \frac{1}{a^2x^2+b^2}dx = \frac{1}{ab}\arctan\frac{ax}{b} + C(a>0, b>0).$

【例 3.2.6】 求不定积分 $\int \frac{1}{\sqrt{2-x^2}}dx.$

解
$$\int \frac{1}{\sqrt{2-x^2}}dx = \frac{1}{\sqrt{2}}\int \frac{1}{\sqrt{1-\left(\frac{x}{\sqrt{2}}\right)^2}}dx = \int \frac{1}{\sqrt{1-\left(\frac{x}{\sqrt{2}}\right)^2}}d\left(\frac{x}{\sqrt{2}}\right) = \arcsin\left(\frac{x}{\sqrt{2}}\right) + C$$

推广：$\int \frac{1}{\sqrt{b^2-a^2x^2}}dx = \frac{1}{a}\arcsin\frac{ax}{b} + C(a>0, b>0).$

【例 3.2.7】 求下列不定积分.

(1) $\int 2x\sin x^2 dx$；

(2) $\int x(1+x^2)^{50}dx$；

(3) $\int \frac{x}{1+x^2}dx$；

(4) $\int \sqrt{\frac{1+\arcsin x}{1-x^2}}dx$；

(5) $\int \frac{\arctan x}{1+x^2}dx$；

(6) $\int \frac{1}{x\ln^2 x}dx$；

(7) $\int \frac{1}{x^2}e^{\frac{1}{x}}dx$；

(8) $\int e^{e^x+x}dx$；

(9) $\int \frac{\sin x - \cos x}{\sin x + \cos x}dx$；

(10) $\int \frac{\cos 2x}{2+\sin x\cos x}dx.$

解 (1) $\int 2x\sin x^2 dx = \int \sin x^2 dx^2 = -\cos x^2 + C.$

(2) $\int x(1+x^2)^{50}dx = \frac{1}{2}\int (1+x^2)^{50}d(1+x^2) = \frac{1}{102}(1+x^2)^{51} + C.$

(3) $\int \frac{x}{1+x^2}dx = \frac{1}{2}\int \frac{1}{1+x^2}d(1+x^2) = \frac{1}{2}\ln(1+x^2) + C.$

(4) $\int \sqrt{\frac{1+\arcsin x}{1-x^2}}dx = \int \sqrt{1+\arcsin x}\, d(1+\arcsin x) = \frac{2}{3}(1+\arcsin x)^{\frac{3}{2}} + C.$

(5) $\int \frac{\arctan x}{1+x^2}dx = \int \arctan x\, d(\arctan x) = \frac{1}{2}(\arctan x)^2 + C.$

(6) $\int \frac{1}{x\ln^2 x}dx = \int \frac{1}{\ln^2 x}d(\ln x) = -\frac{1}{\ln x} + C.$

(7) $\int \frac{1}{x^2}e^{\frac{1}{x}}dx = -\int e^{\frac{1}{x}}d\frac{1}{x} = -e^{\frac{1}{x}} + C.$

(8) $\int e^{e^x+x}dx = \int e^{e^x}\cdot e^x dx = \int e^{e^x}de^x = e^{e^x} + C.$

(9) $\int \dfrac{\sin x - \cos x}{\sin x + \cos x} \mathrm{d}x = -\int \dfrac{1}{\sin x + \cos x} \mathrm{d}(\sin x + \cos x) = -\ln|\sin x + \cos x| + C.$

(10) $\int \dfrac{\cos 2x}{2 + \sin x \cos x} \mathrm{d}x = \int \dfrac{1}{2 + \sin x \cos x} \mathrm{d}(2 + \sin x \cos x) = \ln(2 + \sin x \cos x) + C.$

【例 3.2.8】 求下列不定积分.

(1) $\int \sin^2 x \cos x \, \mathrm{d}x$； (2) $\int \tan x \, \mathrm{d}x$；

(3) $\int \sin^3 x \, \mathrm{d}x$； (4) $\int \csc x \, \mathrm{d}x$；

(5) $\int \cos^2 x \, \mathrm{d}x$； (6) $\int \sin^2 x \cos^2 x \, \mathrm{d}x$；

(7) $\int \sin 2x \cos^2 x \, \mathrm{d}x$.

解 (1) $\int \sin^2 x \cos x \, \mathrm{d}x = \int \sin^2 x \, \mathrm{d}(\sin x) = \dfrac{1}{3} \sin^3 x + C.$

(2) $\int \tan x \, \mathrm{d}x = \int \dfrac{\sin x}{\cos x} \mathrm{d}x = -\int \dfrac{\mathrm{d}(\cos x)}{\cos x} = -\ln|\cos x| + C.$

(3) $\int \sin^3 x \, \mathrm{d}x = -\int (1 - \cos^2 x) \, \mathrm{d}(\cos x) = -\cos x + \dfrac{1}{3} \cos^3 x + C.$

(4) 方法 1：$\int \csc x \, \mathrm{d}x = \int \dfrac{\mathrm{d}x}{\sin x} = \int \dfrac{\mathrm{d}x}{2 \sin \dfrac{x}{2} \cos \dfrac{x}{2}} = \int \dfrac{\mathrm{d}\left(\dfrac{x}{2}\right)}{\tan \dfrac{x}{2} \cos^2 \dfrac{x}{2}}$

$$= \int \dfrac{\sec^2 \dfrac{x}{2} \mathrm{d}\left(\dfrac{x}{2}\right)}{\tan \dfrac{x}{2}} = \int \dfrac{\mathrm{d}\left(\tan \dfrac{x}{2}\right)}{\tan \dfrac{x}{2}} = \ln\left|\tan \dfrac{x}{2}\right| + C.$$

方法 2：$\int \csc x \, \mathrm{d}x = \int \dfrac{\mathrm{d}x}{\sin x} = \int \dfrac{\sin x \, \mathrm{d}x}{\sin^2 x} = -\int \dfrac{\mathrm{d}(\cos x)}{1 - \cos^2 x}$

$$= -\dfrac{1}{2}\left[\int \dfrac{\mathrm{d}(\cos x)}{1 + \cos x} + \int \dfrac{\mathrm{d}(\cos x)}{1 - \cos x}\right]$$

$$= -\dfrac{1}{2}\ln\left|\dfrac{1 + \cos x}{1 - \cos x}\right| + C.$$

方法 3：$\int \csc x \, \mathrm{d}x = \int \dfrac{\csc x (\csc x + \cot x) \mathrm{d}x}{\csc x + \cot x} = -\int \dfrac{\mathrm{d}(\csc x + \cot x)}{\csc x + \cot x}$

$$= -\ln|\csc x + \cot x| + C.$$

方法 4：$\int \csc x \, \mathrm{d}x = \int \dfrac{\csc x (\csc x - \cot x) \mathrm{d}x}{\csc x - \cot x} = \int \dfrac{\mathrm{d}(\csc x - \cot x)}{\csc x - \cot x}$

$$= \ln|\csc x - \cot x| + C.$$

同理可得，$\int \sec x \, \mathrm{d}x = \ln|\sec x + \tan x| + C.$

(5) $\int \cos^2 x \, \mathrm{d}x = \int \dfrac{1 + \cos 2x}{2} \mathrm{d}x = \dfrac{1}{2}x + \dfrac{1}{4}\sin 2x + C.$

(6) $\displaystyle\int \sin^2 x \cos^2 x \, dx = \int \frac{1-\cos 2x}{2} \cdot \frac{1+\cos 2x}{2} dx = \frac{1}{4}\int (1-\cos^2 2x)\, dx$

$\displaystyle\qquad = \frac{1}{4}\int \sin^2 2x\, dx = \frac{1}{4}\int \frac{1-\cos 4x}{2}dx = \frac{1}{8}x - \frac{1}{32}\sin 4x + C.$

(7) $\displaystyle\int \sin 2x \cos^2 x\, dx = 2\int \sin x \cos^3 x\, dx = -2\int \cos^3 x\, d\cos x = -\frac{1}{2}\cos^4 x + C.$

注

对于形如 $\displaystyle\int \sin^n x \cos^m x\, dx$ 的积分,其中 m,n 为非负整数:

(1) 若 m 与 n 中至少有一个奇数,则将奇次幂因子拆出一个一次幂因子并与 dx 凑微分 $(\sin x = -d(\cos x)$, $\cos x = d(\sin x))$,所剩偶次幂因子利用 $\sin^2 x + \cos^2 x = 1$ 转化为同一种三角函数.

(2) 若 m 与 n 皆为偶数,则用倍角公式化简被积函数后再积分,其中倍角公式为

$$\sin^2 x = \frac{1-\cos 2x}{2}, \quad \cos^2 x = \frac{1+\cos 2x}{2}, \quad \sin x \cos x = \frac{1}{2}\sin 2x$$

2. 第二换元积分法(代换法)

用第一换元法求不定积分 $\displaystyle\int g(x)dx$ 时,是将被积函数 $g(x)$ 凑成 $f[\varphi(x)]\varphi'(x)$ 的形式,按公式

$$\int f[\varphi(x)]\varphi'(x)dx = \int f(u)du \qquad (3-2-1)$$

把求式(3-2-1)等号左端的原函数转化为求等号右端的原函数,当 $F'(u) = f(u)$ 且 $F(u)$ 易求出时,便完成不定积分 $\displaystyle\int g(x)dx$ 的计算. 第二换元积分法则相反,式(3-2-1)等号左端的被积函数 $f[\varphi(x)]\varphi'(x)$ 的原函数 $F(x)$ 易求出,且 $x = \varphi^{-1}(t)$ 存在,等号右端的被积函数 $f(u)$ 的原函数不易求出. 我们可将式(3-2-1)反过来用,即有换元公式

$$\int f(x)dx \xrightarrow{x=\varphi(t)} \int f[\varphi(t)]\varphi'(t)dt = F(t) + C = F[\varphi^{-1}(x)] + C$$

因此,人们常称第二换元积分法为**代换法**.

【定理 3.2.2 (第二换元积分法)】 设函数 $x = \varphi(t)$ 有连续的导数且 $\varphi'(t) \neq 0$,若函数 $f[\varphi(t)]\varphi'(t)$ 有原函数 $G(t)$,则有

$$\int f(x)dx = \left[\int f[\varphi(t)]\varphi'(t)dt\right]_{t=\varphi^{-1}(x)} = [G(t)+C]_{t=\varphi^{-1}(x)} = G[\varphi^{-1}(x)] + C$$

证 因 $[G(t)]' = f[\varphi(t)]\varphi'(t)$,将 $t = \varphi^{-1}(x)$ 代入,由复合函数求导法则,得

$$\{G[\varphi^{-1}(x)]\}' = f[\varphi(t)]\varphi'(t) \cdot \frac{1}{\varphi'(t)} = f(x), \quad 故$$

$$\int f(x)dx = G[\varphi^{-1}(x)] + C = [G(t)+C]_{t=\varphi^{-1}(x)} = \left[\int f[\varphi(t)]\varphi'(t)dt\right]_{t=\varphi^{-1}(x)}$$

从证明过程可知,当我们要求某个不定积分 $\displaystyle\int f(x)dx$ 时,关键是恰当地选取满足条件

的代换函数 $x=\varphi(t)$，且经过代换使新的被积函数 $f[\varphi(t)]\varphi'(t)$ 的原函数易于求出. 那么如何选择变换 $x=\varphi(t)$ 呢？这往往与被积函数的形式有关. 例如，若被积函数中有根式，一般选择适当的变换 $x=\varphi(t)$ 来去掉根式，从而使被积函数得到简化，这时不定积分容易求出. 常见的变换有：三角代换、无理代换、倒代换.

1）三角代换

当不定积分的被积函数带有例如 $\sqrt{a^2-x^2}$、$\sqrt{a^2+x^2}$、$\sqrt{x^2-a^2}$ 的根式时，可采用三角代换，目的是去掉根号. 一般地，有

（1）对形如 $\int f(x,\sqrt{a^2-x^2})\mathrm{d}x$ 的积分可作代换 $x=a\cos t$ 或 $x=a\sin t$；

（2）对形如 $\int f(x,\sqrt{a^2+x^2})\mathrm{d}x$ 的积分可作代换 $x=a\tan t$ 或 $x=a\cot t$；

（3）对形如 $\int f(x,\sqrt{x^2-a^2})\mathrm{d}x$ 的积分可作代换 $x=a\sec t$ 或 $x=a\csc t$，

其中 $f(x,u)$ 表示 x 及 u 经过四则运算得到的函数.

【例 3.2.9】 求下列不定积分（$a>0$）.

（1）$\int \sqrt{a^2-x^2}\,\mathrm{d}x$；　　　（2）$\int \dfrac{\mathrm{d}x}{\sqrt{x^2-a^2}}$；　　　（3）$\int \dfrac{\mathrm{d}x}{\sqrt{a^2+x^2}}$.

解　（1）为了把被积函数的根号去掉，由 $\sin^2 t+\cos^2 t=1$，而 $a^2-x^2\geqslant 0$，故有 $|x|\leqslant a$，于是令 $x=a\sin t$，$-\dfrac{\pi}{2}\leqslant t\leqslant\dfrac{\pi}{2}$（在其他单调区间上同样讨论），且 $x=a\sin t$ 单调可导，并有反函数 $t=\arcsin\dfrac{x}{a}$，$\mathrm{d}x=a\cos t\,\mathrm{d}t$，则有

$$\int \sqrt{a^2-x^2}\,\mathrm{d}x \xlongequal{x=a\sin t} \int \sqrt{a^2-a^2\sin^2 t}\cdot(a\sin t)'\,\mathrm{d}t$$

$$=a^2\int \cos^2 t\,\mathrm{d}t=a^2\int \frac{1+\cos 2t}{2}\,\mathrm{d}t=\frac{a^2}{2}t+\frac{a^2}{4}\sin 2t+C$$

$$=\frac{1}{2}a^2 t+\frac{a^2}{2}\sin t\cos t+C$$

作如图 3.2.1 所示的三角形，可知 $\cos t=\dfrac{\sqrt{a^2-x^2}}{a}$.

或由 $\sin^2 t+\cos^2 t=1$ 知 $\cos t=\dfrac{\sqrt{a^2-x^2}}{a}$，所以有

$$\int \sqrt{a^2-x^2}\,\mathrm{d}x=\frac{a^2}{2}\arcsin\frac{x}{a}+\frac{1}{2}x\sqrt{a^2-x^2}+C$$

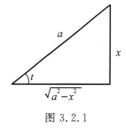

图 3.2.1

（2）由 $1+\tan^2 t=\sec^2 t$，而 $x^2-a^2>0$，故有 $x\in(-\infty,-a)\bigcup(a,+\infty)$，于是令 $x=a\sec t$，$0<t<\dfrac{\pi}{2}$ 或 $\dfrac{\pi}{2}<t<\pi$（在其他单调区间上同样讨论），且 $x=a\sec t$ 单调可导，并有反函数 $t=\arccos\dfrac{x}{a}$，$\mathrm{d}x=a\sec t\tan t\,\mathrm{d}t$，则有

$$\int \frac{\mathrm{d}x}{\sqrt{x^2-a^2}} \xlongequal{x=a\sec t} \int \frac{a\sec t\tan t\,\mathrm{d}t}{a\tan t}=\int \sec t\,\mathrm{d}t=\ln|\sec t+\tan t|+C_1$$

作如图 3.2.2 所示的三角形, 可知 $\tan t = \dfrac{\sqrt{x^2 - a^2}}{a}$.

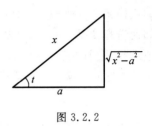

图 3.2.2

或由 $1 + \tan^2 t = \sec^2 t$ 知 $\tan t = \dfrac{\sqrt{x^2 - a^2}}{a}$, 所以有

$$\int \frac{\mathrm{d}x}{\sqrt{x^2 - a^2}} = \ln \left| \frac{x}{a} + \frac{\sqrt{x^2 - a^2}}{a} \right| + C_1$$

$$= \ln \left| x + \sqrt{x^2 - a^2} \right| + C.$$

其中 $C = C_1 - \ln|a|$.

(3) 由 $1 + \tan^2 t = \sec^2 t$, 而 $x^2 + a^2 > 0$, 故有 $x \in (-\infty, +\infty)$, 于是令 $x = a\tan t$, $|t| < \dfrac{\pi}{2}$ (在其他单调区间上同样讨论), 且 $x = a\tan t$ 单调可导, 并有反函数 $t = \arctan \dfrac{x}{a}$, $\mathrm{d}x = a\sec^2 t\,\mathrm{d}t$, 则有

$$\int \frac{\mathrm{d}x}{\sqrt{x^2 + a^2}} \xlongequal{x = a\tan t} \frac{1}{a} \int \frac{a\sec^2 t}{\sqrt{1 + \tan^2 t}}\mathrm{d}t = \int \sec t\,\mathrm{d}t = \ln|\sec t + \tan t| + C_1$$

作如图 3.2.3 所示的三角形, 可知 $\sec t = \dfrac{\sqrt{x^2 + a^2}}{a}$.

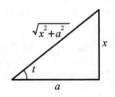

图 3.2.3

或由 $1 + \tan^2 t = \sec^2 t$ 知 $\sec t = \dfrac{\sqrt{x^2 + a^2}}{a}$, 所以有

$$\int \frac{\mathrm{d}x}{\sqrt{x^2 + a^2}} = \ln \left| \frac{\sqrt{x^2 + a^2}}{a} + \frac{x}{a} \right| + C_1 = \ln \left| x + \sqrt{a^2 + x^2} \right| + C$$

其中 $C = C_1 - \ln|a|$.

今后用代换法时, 不再指明代换函数 $x = \varphi(t)$ 的取值范围, 我们总认为代换函数是在满足定理条件的区间内构造完成的.

【例 3.2.10】 求下列不定积分.

(1) $\displaystyle\int \frac{\mathrm{d}x}{\sqrt{x(1-x)}}$;　　　　(2) $\displaystyle\int \sqrt{2 + 2x - x^2}\,\mathrm{d}x$.

解 (1) $\displaystyle\int \frac{\mathrm{d}x}{\sqrt{x(1-x)}} \xlongequal{x = \sin^2 t} 2\int \frac{\sin t\cos t}{\sin t\cos t}\mathrm{d}t = 2t + C = 2\arcsin\sqrt{x} + C.$

(2) $\displaystyle\int \sqrt{2 + 2x - x^2}\,\mathrm{d}x = \int \sqrt{3 - (x-1)^2}\,\mathrm{d}x \xlongequal{t = x-1} \int \sqrt{3 - t^2}\,\mathrm{d}t$

$$\xlongequal{t = \sqrt{3}\sin u} 3\int \cos^2 u\,\mathrm{d}u = \frac{3}{2}u + \frac{3}{4}\sin 2u + C$$

$$= \frac{3}{2}\arcsin \frac{x-1}{\sqrt{3}} + \frac{x-1}{2}\sqrt{2 + 2x - x^2} + C.$$

2) 无理代换

一般地, (1) 若不定积分的被积函数包含 $\sqrt[n_1]{x}, \sqrt[n_2]{x}, \cdots, \sqrt[n_k]{x}$ 等无理式, 而 n 为 n_i ($1 \leqslant i \leqslant k$) 的最小公倍数, 则作代换 $t = \sqrt[n]{x}$, 有 $x = t^n$, $\mathrm{d}x = nt^{n-1}\mathrm{d}t$;

（2）若被积函数中只有一种根式 $\sqrt[n]{ax+b}$，可试作代换 $t=\sqrt[n]{ax+b}$（实际上是令 $x=\dfrac{1}{a}(t^n-b)$），$t\geqslant 0$，则 $\mathrm{d}x=\dfrac{nt^{n-1}}{a}\mathrm{d}t$.

由（1）、（2）可将不定积分的被积函数化为 t 的有理函数，从而较易求得不定积分.

【例 3.2.11】　求下列不定积分.

（1）$\displaystyle\int \frac{1}{1+\sqrt{x}}\mathrm{d}x$；　　　　　　（2）$\displaystyle\int \frac{\mathrm{d}x}{\sqrt{x}-\sqrt[3]{x^2}}$；

（3）$\displaystyle\int \frac{\mathrm{d}x}{1+\sqrt[3]{x+2}}$；　　　　　（4）$\displaystyle\int \frac{x}{\sqrt{1+\sqrt[3]{x^2}}}\mathrm{d}x$.

解　（1）令 $t=\sqrt{x}$，则 $x=t^2(t\geqslant 0)$，$\mathrm{d}x=2t\,\mathrm{d}t$，有

$$\int \frac{1}{1+\sqrt{x}}\mathrm{d}x=2\int \frac{t}{1+t}\mathrm{d}t=2\int \frac{(1+t)-1}{1+t}\mathrm{d}t$$

$$=2\int\left(1-\frac{1}{1+t}\right)\mathrm{d}t=2(t-\ln|1+t|)+C$$

$$=2\left[\sqrt{x}-\ln(1+\sqrt{x})\right]+C$$

（2）$\displaystyle\int \frac{\mathrm{d}x}{\sqrt{x}-\sqrt[3]{x^2}}\xlongequal{t=\sqrt[6]{x}}6\int \frac{t^2}{1-t}\mathrm{d}t=6\int \frac{(t^2-1)+1}{1-t}\mathrm{d}t$

$$=-6\int(1+t)\mathrm{d}t+6\int \frac{\mathrm{d}t}{1-t}=-6\left(t+\frac{1}{2}t^2+\ln|1-t|\right)+C$$

$$=-6\sqrt[6]{x}-3\sqrt[3]{x}-6\ln|1-\sqrt[6]{x}|+C.$$

（3）$\displaystyle\int \frac{\mathrm{d}x}{1+\sqrt[3]{x+2}}\xlongequal{t=\sqrt[3]{x+2}}3\int\left(t-1+\frac{1}{1+t}\right)\mathrm{d}t$

$$=3\left(\frac{1}{2}t^2-t+\ln|1+t|\right)+C$$

$$=\frac{3}{2}\sqrt[3]{(x+2)^2}-3\sqrt[3]{x+2}+3\ln|1+\sqrt[3]{x+2}|+C.$$

（4）$\displaystyle\int \frac{x}{\sqrt{1+\sqrt[3]{x^2}}}\mathrm{d}x\xlongequal{t=\sqrt{1+\sqrt[3]{x^2}}}3\int(t^2-1)^2\mathrm{d}t=3\left(\frac{1}{5}t^5-\frac{2}{3}t^3+t\right)+C$

$$=\frac{3}{5}\left(\sqrt{1+\sqrt[3]{x^2}}\right)^5-2\left(\sqrt{1+\sqrt[3]{x^2}}\right)^3+3\sqrt{1+\sqrt[3]{x^2}}+C.$$

3）倒代换

一般地，当分母次数远高于分子次数，且分子分母均为"因式"时，可试用倒代换 $x=\dfrac{1}{t}$，$\mathrm{d}x=-\dfrac{1}{t^2}\mathrm{d}t$.

【例 3.2.12】　求下列不定积分.

（1）$\displaystyle\int \frac{\mathrm{d}x}{x\sqrt{x^4+x^2}}$；　　　　　　（2）$\displaystyle\int \frac{\sqrt{a^2-x^2}}{x^4}\mathrm{d}x$.

解 (1) $\displaystyle\int \frac{\mathrm{d}x}{x\sqrt{x^4+x^2}} = \frac{1}{2}\int \frac{\mathrm{d}(x^2)}{x^2\sqrt{x^4+x^2}} \xlongequal{u=x^2} \frac{1}{2}\int \frac{\mathrm{d}u}{u\sqrt{u^2+u}}$

$$\xlongequal{u=\frac{1}{t}>0} \frac{1}{2}\int \frac{-\dfrac{1}{t^2}\mathrm{d}t}{\dfrac{1}{t}\sqrt{\dfrac{1}{t^2}+\dfrac{1}{t}}}$$

$$=-\frac{1}{2}\int \frac{\mathrm{d}t}{\sqrt{1+t}} = -(1+t)^{\frac{1}{2}}+C$$

$$=-\left(1+\frac{1}{x^2}\right)^{\frac{1}{2}}+C = -\frac{\sqrt{x^2+1}}{|x|}+C.$$

(2) 当 $x>0$ 时，有

$$\int \frac{\sqrt{a^2-x^2}}{x^4}\mathrm{d}x \xlongequal{x=\frac{1}{t}} -\int (a^2t^2-1)^{\frac{1}{2}}|t|\mathrm{d}t = -\frac{1}{2a^2}\int (a^2t^2-1)^{\frac{1}{2}}\mathrm{d}(a^2t^2-1)$$

$$=-\frac{(a^2t^2-1)^{\frac{3}{2}}}{3a^2}+C = -\frac{(a^2-x^2)^{\frac{3}{2}}}{3a^2x^3}+C$$

当 $x<0$ 时，有相同的结果.

由上述讨论可知，换元积分法是一种非常有效的积分法，它能成功求得的关键因素是恰当地选取满足定理 3.2.1、定理 3.2.2 条件的代换函数 $x=\varphi(t)$，至于如何恰当地选取满足条件的代换函数 $x=\varphi(t)$ 而达到目标，并没有固定的模式，而要根据被积函数的具体形式灵活选取，正是由于代换函数的不确定性，使得不定积分的求解有着较强的技巧性和灵活性，因此需要多做练习获得经验，增强能力，熟能生巧.

3.2.3　用分部积分法求不定积分

由上面的讨论知，与复合函数微分法则相对应的积分法则为换元积分法，而与两个函数乘积的微分法则相对应的即是分部积分法. 一般地，设 $u=u(x)$，$v=v(x)$ 有连续导数，则

$$\mathrm{d}[u(x)v(x)] = v(x)\mathrm{d}u(x) + u(x)\mathrm{d}v(x)$$

两边对 x 求不定积分有

$$u(x)v(x) = \int v(x)\mathrm{d}u(x) + \int u(x)\mathrm{d}v(x)$$

或

$$\int u(x)\mathrm{d}v(x) = u(x)v(x) - \int v(x)\mathrm{d}u(x)$$

简记为

$$\int u\mathrm{d}v = uv - \int v\mathrm{d}u$$

上述公式称为**分部积分公式**，它把求左端的原函数转化为求右端的原函数. 上式右端的

$\int v \mathrm{d}u$ 比左端的 $\int u \mathrm{d}v$ 易求时,上述公式起到了化难为易、化繁为简的作用,利用该公式求不定积分的方法称为**分部积分法**.

对于给定的不定积分 $\int f(x) \mathrm{d}x$,作分部积分运算时,通常要把被积函数 $f(x)$ 分解为两个因子的乘积,这会有多种选择,对两个因子中哪一个凑成微分 $\mathrm{d}v$ 会有多种选择.选择不同,效果是不一样的.甚至有时由于选择不当,而达不到简化积分计算的目的.因此,对于初学者来讲,u 与 $\mathrm{d}v$ 的选择是极为重要的,选择时应注意以下两点:

(1) 由 v' 或 $\mathrm{d}v$ 求 v 要容易;

(2) 公式右端的 $\int v \mathrm{d}u$ 要比左端的 $\int u \mathrm{d}v$ 易求.

一般地说,当被积函数是下列五类函数中某两类不同函数的乘积时,常考虑用分部积分法:

L——对数函数, I——反三角函数, A——代数函数, T——三角函数, E——指数函数

为达到简化积分的目的,选取 u 和 v' 一般应符合 $LIATE$ 选择法:若被积函数是这五类函数中任何两类函数的乘积,则应选择出现在 $LIATE$ 中靠前的那一类函数为 u,其余的则是 v'.我们要在实践中认真总结规律,熟练掌握和灵活运用分部积分技巧.

分部积分法的作用有三,一是逐步化简积分从而求出不定积分,二是产生循环从而求出不定积分,三是建立递推公式,从而求出不定积分.下面通过一些例子来体会分部积分法的作用.

【例 3.2.13】 求下列不定积分.

(1) $\int x \sin x \, \mathrm{d}x$;　　　　　　(2) $\int x \arctan x \, \mathrm{d}x$;

(3) $\int (x^2 + 3x + 1) \ln x \, \mathrm{d}x$;　　(4) $\int x^2 \mathrm{e}^x \, \mathrm{d}x$.

解　(1) 设 $u = x$, $\mathrm{d}v = \sin x \, \mathrm{d}x$,则 $\mathrm{d}u = \mathrm{d}x$,$v = -\cos x$,所以有

$$\int x \sin x \, \mathrm{d}x = -\int x \, \mathrm{d}(\cos x) = -x \cos x + \int \cos x \, \mathrm{d}x$$

$$= -x \cos x + \sin x + C$$

(2) 设 $u = \arctan x$, $\mathrm{d}v = x \mathrm{d}x$,则 $\mathrm{d}u = \dfrac{1}{1+x^2} \mathrm{d}x$,$v = \dfrac{x^2}{2}$,所以有

$$\int x \arctan x \, \mathrm{d}x = \int \arctan x \, \mathrm{d}\left(\frac{x^2}{2}\right) = \frac{x^2}{2} \arctan x - \int \frac{x^2}{2} \mathrm{d}(\arctan x)$$

$$= \frac{x^2}{2} \arctan x - \int \frac{x^2}{2} \frac{1}{1+x^2} \mathrm{d}x$$

$$= \frac{1}{2} x^2 \arctan x - \frac{1}{2} \int \left(1 - \frac{1}{1+x^2}\right) \mathrm{d}x$$

$$= \frac{1}{2} (x^2 \arctan x + \arctan x - x) + C$$

(3) 设 $u = \ln x$, $\mathrm{d}v = (x^2 + 3x + 1) \mathrm{d}x$,则 $\mathrm{d}u = \dfrac{1}{x} \mathrm{d}x$,$v = \dfrac{1}{3} x^3 + \dfrac{3}{2} x^2 + x$,所以有

$$\int (x^2 + 3x + 1) \ln x \, dx = \int \ln x \, d\left(\frac{x^3}{3} + \frac{3}{2}x^2 + x\right)$$

$$= \left(\frac{1}{3}x^3 + \frac{3}{2}x^2 + x\right) \ln x - \int \left(\frac{x^3}{3} + \frac{3}{2}x^2 + x\right) d(\ln x)$$

$$= \left(\frac{1}{3}x^3 + \frac{3}{2}x^2 + x\right) \ln x - \int \left(\frac{x^3}{3} + \frac{3}{2}x^2 + x\right) \frac{1}{x} dx$$

$$= \left(\frac{1}{3}x^3 + \frac{3}{2}x^2 + x\right) \ln x - \int \left(\frac{x^2}{3} + \frac{3}{2}x + 1\right) dx$$

$$= \left(\frac{1}{3}x^3 + \frac{3}{2}x^2 + x\right) \ln x - \left(\frac{1}{9}x^3 + \frac{3}{4}x^2 + x\right) + C$$

(4) 设 $u = x^2$，$dv = e^x dx$，则 $du = 2x \, dx$，$v = e^x$，所以有

$$\int x^2 e^x \, dx = \int x^2 \, de^x = x^2 e^x - \int e^x \, dx^2 = x^2 e^x - 2\int x e^x \, dx$$

$$= x^2 e^x - 2\int x \, de^x = x^2 e^x - 2\left(x e^x - \int e^x \, dx\right)$$

$$= (x^2 - 2x + 2)e^x + C$$

【例 3.2.14】 求不定积分 $\int (2x + 4)\cos^2 x \, dx$.

解
$$\int (2x + 4)\cos^2 x \, dx = \int (2x + 4)\frac{1 + \cos 2x}{2} dx$$

$$= \int \left[(x + 2) + (x + 2)\cos 2x\right] dx$$

$$= \frac{x^2}{2} + 2x + \frac{1}{2}\int (x + 2) \, d(\sin 2x)$$

$$= \frac{x^2}{2} + 2x + \frac{x + 2}{2}\sin 2x - \frac{1}{2}\int \sin 2x \, dx$$

$$= \frac{x^2}{2} + 2x + \frac{x + 2}{2}\sin 2x + \frac{1}{4}\cos 2x + C$$

【例 3.2.15】 求下列不定积分.

(1) $\int \ln x \, dx$；   (2) $\int \arcsin x \, dx$；   (3) $\int \arctan x \, dx$.

解 (1) $\int \ln x \, dx = x \ln x - \int x \cdot \frac{1}{x} dx = x \ln x - x + C$.

(2) $\int \arcsin x \, dx = x \arcsin x - \int x \cdot \frac{1}{\sqrt{1 - x^2}} dx = x \arcsin x + \frac{1}{2}\int \frac{1}{\sqrt{1 - x^2}} d(1 - x^2)$

$$= x \arcsin x + \sqrt{1 - x^2} + C.$$

(3) $\int \arctan x \, dx = x \arctan x - \int x \cdot \frac{dx}{1 + x^2} = x \arctan x - \frac{1}{2}\ln(1 + x^2) + C.$

【例 3.2.16】 求下列不定积分.

(1) $\int e^x \sin x \, dx$；   (2) $\int \sec^3 x \, dx$；   (3) $\int \sqrt{x^2 + a^2} \, dx \, (a > 0)$.

解　(1) $\displaystyle\int e^x \sin x \, \mathrm{d}x = -\int e^x \, \mathrm{d}(\cos x) = -\left(e^x \cos x - \int \cos x \, e^x \, \mathrm{d}x\right)$

$$= -e^x \cos x + \int e^x \, \mathrm{d}(\sin x)$$

$$= -e^x \cos x + e^x \sin x - \int \sin x \, e^x \, \mathrm{d}x$$

移项得

$$\int e^x \sin x \, \mathrm{d}x = \frac{1}{2} e^x (\sin x - \cos x) + C$$

(2) $\displaystyle\int \sec^3 x \, \mathrm{d}x = \int \sec x \, \sec^2 x \, \mathrm{d}x$

$$= \int \sec x \, \mathrm{d}(\tan x) = \sec x \tan x - \int \tan^2 x \, \sec x \, \mathrm{d}x$$

$$= \sec x \tan x - \int (\sec^2 x - 1) \sec x \, \mathrm{d}x$$

$$= \sec x \tan x - \int \sec^3 x \, \mathrm{d}x + \int \sec x \, \mathrm{d}x$$

$$= \sec x \tan x - \int \sec^3 x \, \mathrm{d}x + \ln|\sec x + \tan x|$$

移项得

$$\int \sec^3 x \, \mathrm{d}x = \frac{1}{2} (\sec x \tan x + \ln|\sec x + \tan x|) + C$$

(3) $\displaystyle\int \sqrt{x^2 + a^2} \, \mathrm{d}x = x \sqrt{x^2 + a^2} - \int x \cdot \frac{x}{\sqrt{x^2 + a^2}} \mathrm{d}x$

$$= x \sqrt{x^2 + a^2} - \int \sqrt{x^2 + a^2} \, \mathrm{d}x + a^2 \int \frac{1}{\sqrt{x^2 + a^2}} \mathrm{d}x$$

$$= x \sqrt{x^2 + a^2} - \int \sqrt{x^2 + a^2} \, \mathrm{d}x + a^2 \ln|x + \sqrt{x^2 + a^2}|$$

移项得

$$\int \sqrt{x^2 + a^2} \, \mathrm{d}x = \frac{x}{2} \sqrt{x^2 + a^2} + \frac{a^2}{2} \ln\left|x + \sqrt{x^2 + a^2}\right| + C$$

【例 3.2.17】　求下列不定积分.

(1) $\displaystyle I = \int \frac{x \, e^x}{\sqrt{e^x - 1}} \mathrm{d}x$;　　(2) $\displaystyle\int \frac{\arctan e^x}{e^{2x}} \mathrm{d}x$.

解　(1) $\displaystyle I = 2 \int x \, \mathrm{d}\sqrt{e^x - 1} = 2x \sqrt{e^x - 1} - 2 \int \sqrt{e^x - 1} \, \mathrm{d}x$, 而

$$\int \sqrt{e^x - 1} \, \mathrm{d}x \xrightarrow{\sqrt{e^x - 1} = t} \int \frac{2t^2}{1 + t^2} \mathrm{d}t = 2t - 2\arctan t + C$$

因此

$$I = 2x \sqrt{e^x - 1} - 4 \sqrt{e^x - 1} + 4\arctan \sqrt{e^x - 1} + C$$

(2) 方法 1：　原式$=-\dfrac{1}{2}\displaystyle\int \arctan \mathrm{e}^x \, \mathrm{d}\mathrm{e}^{-2x}$

$$=-\frac{1}{2}\mathrm{e}^{-2x}\arctan \mathrm{e}^x+\frac{1}{2}\int \frac{\mathrm{e}^{-x}}{1+\mathrm{e}^{2x}}\mathrm{d}x$$

$$=-\frac{1}{2}\mathrm{e}^{-2x}\arctan \mathrm{e}^x+\frac{1}{2}\int \frac{\mathrm{d}\mathrm{e}^x}{\mathrm{e}^{2x}(1+\mathrm{e}^{2x})}$$

$$=-\frac{1}{2}\big[\mathrm{e}^{-2x}\arctan \mathrm{e}^x+\mathrm{e}^{-x}+\arctan \mathrm{e}^x\big]+C$$

方法 2：令 $\mathrm{e}^x=t$，则

$$原式=\int \frac{\arctan t}{t^3}\mathrm{d}t=-\frac{1}{2}\int \arctan t \, \mathrm{d}\frac{1}{t^2}=-\frac{\arctan t}{2t^2}+\frac{1}{2}\int \frac{1}{t^2(1+t^2)}\mathrm{d}t$$

$$=-\frac{\arctan t}{2t^2}-\frac{1}{2t}-\frac{1}{2}\arctan t+C$$

$$=-\frac{1}{2}\big(\mathrm{e}^{-2x}\arctan \mathrm{e}^x+\mathrm{e}^{-x}+\arctan \mathrm{e}^x\big)+C$$

【例 3.2.18】 建立下列不定积分的递推公式，其中 n 为自然数.

(1) $I_n=\displaystyle\int \cos^n x \, \mathrm{d}x$；　(2) $I_n=\displaystyle\int \dfrac{1}{(a^2+x^2)^n}\mathrm{d}x \,(a>0)$.

解　(1) $I_n=\displaystyle\int \cos^n x \, \mathrm{d}x=\int \cos^{n-1}x \, \mathrm{d}(\sin x)$

$$=\sin x\cos^{n-1}x+(n-1)\int \sin^2 x\cos^{n-2}x \, \mathrm{d}x$$

$$=\sin x\cos^{n-1}x+(n-1)\int \cos^{n-2}x \, \mathrm{d}x-(n-1)\int \cos^n x \, \mathrm{d}x$$

$$=\sin x\cos^{n-1}x+(n-1)I_{n-2}-(n-1)I_n$$

得到递推公式

$$I_n=\frac{1}{n}\sin x\cos^{n-1}x+\frac{n-1}{n}I_{n-2}(n\geqslant 2)$$

容易求得

$$I_0=\int \mathrm{d}x=x+C, \ I_1=\int \cos x \, \mathrm{d}x=\sin x+C$$

因此就可以由上面的递推公式计算 $I_n=\displaystyle\int \cos^n x \, \mathrm{d}x$.

(2) $I_{n-1}=\displaystyle\int \dfrac{1}{(a^2+x^2)^{n-1}}\mathrm{d}x=\dfrac{x}{(a^2+x^2)^{n-1}}-\int x\,\mathrm{d}\bigg[\dfrac{1}{(a^2+x^2)^{n-1}}\bigg]$

$$=\frac{x}{(a^2+x^2)^{n-1}}+2(n-1)\int \frac{x^2}{(a^2+x^2)^n}\mathrm{d}x$$

$$=\frac{x}{(a^2+x^2)^{n-1}}+2(n-1)\int \frac{(a^2+x^2)-a^2}{(a^2+x^2)^n}\mathrm{d}x$$

$$=\frac{x}{(a^2+x^2)^{n-1}}+2(n-1)I_{n-1}-2(n-1)a^2 I_n$$

解出 I_n，得 $I_n = \dfrac{x}{2(n-1)a^2(a^2+x^2)^{n-1}} + \dfrac{2n-3}{2(n-1)a^2}I_{n-1}(n>1)$.

由于 $I_1 = \displaystyle\int \dfrac{\mathrm{d}x}{a^2+x^2} = \dfrac{1}{a}\arctan\dfrac{x}{a} + C$，因此对任意的 $n>1$，由此公式都可以求得 I_n.

基于以上计算，以下增加几个基本积分公式：

(13) $\displaystyle\int \dfrac{\mathrm{d}x}{a^2+x^2} = \dfrac{1}{a}\arctan\dfrac{x}{a} + C(a\neq 0)$;

(14) $\displaystyle\int \dfrac{\mathrm{d}x}{x^2-a^2} = \dfrac{1}{2a}\ln\left|\dfrac{x-a}{x+a}\right| + C(a\neq 0)$;

(15) $\displaystyle\int \dfrac{\mathrm{d}x}{\sqrt{a^2-x^2}} = \arcsin\dfrac{x}{a} + C(a>0)$;

(16) $\displaystyle\int \dfrac{\mathrm{d}x}{\sqrt{x^2\pm a^2}} = \ln\left|x+\sqrt{x^2\pm a^2}\right| + C$;

(17) $\displaystyle\int \sec x\,\mathrm{d}x = \ln|\sec x + \tan x| + C$;

(18) $\displaystyle\int \csc x\,\mathrm{d}x = \ln|\csc x - \cot x| + C$.

3.2.4　有理函数的不定积分

前面介绍了计算不定积分的两种基本方法——换元积分法与分部积分法，解决了部分函数的不定积分问题. 但是我们应该清楚地看到，这些函数只是初等函数中相当有限的部分. 就像有理数的平方总是有理数，而许多有理数的平方根却不是有理数一样，虽然初等函数的导数仍是初等函数，但许多初等函数的原函数（或不定积分）却不一定是初等函数，即找不到初等函数 $F(x)$ 使 $F'(x) = f(x)$. 如

$$\int \frac{\sin x}{x}\mathrm{d}x,\ \int \cos x^2\,\mathrm{d}x,\ \int \frac{\mathrm{d}x}{\ln x},\ \int \mathrm{e}^{-x^2}\,\mathrm{d}x,\ \int \frac{\mathrm{d}x}{\sqrt{1-k^2\sin^2 x}}(k^2\neq 1)$$

等，就都不是初等函数，尽管被积函数都是初等函数. 但这并不意味着这些不定积分不存在，相反由原函数的存在定理知：这些初等函数在其定义区间内的原函数必存在，只是其原函数不能由初等函数来表示（需要用其他的方法给出）. 我们把总是能用初等函数表示的不定积分称为**原函数能表示成有限形式**（或**可积有限形式**）. 在前面，我们遇到的不定积分大部分是可积有限形式，其中也有一些有理函数和三角函数有理式的不定积分，由于其被积函数都比较简单、特殊，因此用换元积分法与分部积分法能求出它们的不定积分. 本节与下一节将讨论有理函数和三角函数有理式不定积分的一般方法，它们都为可积有限形式的不定积分. 当然若遇到某些简单或特殊的情形，不必用一般方法，而用前面两节中的方法即可. 有理函数包括有理整式函数和有理分式函数，**有理整式函数**就是指通常所说的多项式函数，多项式函数的不定积分已经讨论过. **有理分式函数**是两个多项式之商表示的函数，即

$$R(x) = \frac{P(x)}{Q(x)} = \frac{a_m x^m + a_{m-1}x^{m-1} + \cdots + a_1 x + a_0}{b_n x^n + b_{n-1}x^{n-1} + \cdots + b_1 x + b_0}\quad (a_m\neq 0,\ b_n\neq 0)$$

其中 $R(x)$ 为既约分式（即 $P(x)$，$Q(x)$ 之间没有公因式），当 $m<n$ 时，$R(x)$ 为真分式；当 $m \geqslant n$ 时，$R(x)$ 为假分式.

由于任何一个假分式总可以用多项式的带余除法化为一个多项式与一个真分式之和，即

$$R(x) = \frac{P(x)}{Q(x)} = P_0(x) + \frac{P_1(x)}{Q(x)}$$

其中 $P_0(x)$ 为实多项式，$\dfrac{P_1(x)}{Q(x)}$ 为实既约真分式. 因为多项式的不定积分可以通过逐项积分求得，所以求有理函数的不定积分归结为求有理真分式的不定积分.

例如有理函数 $\dfrac{x^5-x+2}{3x^2+6}$ 可化为

$$\frac{x^5-x+2}{3x^2+6} = \left(\frac{1}{3}x^3 - \frac{2}{3}x \right) + \frac{3x+2}{3x^2+6}$$

因此

$$\int \frac{x^5-x+2}{3x^2+6} \mathrm{d}x = \int \left(\frac{1}{3}x^3 - \frac{2}{3}x \right) \mathrm{d}x + \int \frac{3x+2}{3x^2+6} \mathrm{d}x$$

$$= \frac{1}{12}x^4 - \frac{1}{3}x^2 + \int \frac{3x+2}{3x^2+6} \mathrm{d}x$$

由代数学的理论知道，在实数范围内任一多项式的不可约因式只能是一次或二次因式，故在既约分式 $R(x) = \dfrac{P(x)}{Q(x)}$ 中不妨设 $b_n = 1$，且 $m<n$，即

$$Q(x) = (x-a)^\alpha \cdots (x-b)^\beta (x^2+px+q)^\lambda \cdots (x^2+rx+s)^\mu$$

其中 $\alpha, \cdots, \beta; \lambda, \cdots, \mu \in \mathbf{N}_+$，$a, \cdots, b; p, q, \cdots, r, s \in \mathbf{R}$ 且 $p^2-4q<0, \cdots, r^2-4s<0$，则此时有

$$\frac{P(x)}{Q(x)} = \frac{A_1}{x-a} + \frac{A_2}{(x-a)^2} + \cdots + \frac{A_\alpha}{(x-a)^\alpha} + \cdots + \frac{B_1}{x-b} + \frac{B_2}{(x-b)^2} + \cdots + \frac{B_\beta}{(x-b)^\beta}$$

$$+ \frac{M_1 x + N_1}{x^2+px+q} + \frac{M_2 x + N_2}{(x^2+px+q)^2} + \cdots + \frac{M_\lambda x + N_\lambda}{(x^2+px+q)^\lambda} + \cdots + \frac{k_1 x + l_1}{x^2+rx+s}$$

$$+ \frac{k_2 x + l_2}{(x^2+rx+s)^2} + \cdots + \frac{k_\mu x + l_\mu}{(x^2+rx+s)^\mu}$$

其中 A_i，B_i；M_i，N_i；k_i，l_i 均为常数. 故有

$$\int \frac{P(x)}{Q(x)} \mathrm{d}x = \int \frac{A_1}{x-a} \mathrm{d}x + \int \frac{A_2}{(x-a)^2} \mathrm{d}x + \cdots + \int \frac{A_\alpha}{(x-a)^\alpha} \mathrm{d}x + \cdots + \int \frac{B_1}{x-b} \mathrm{d}x$$

$$+ \int \frac{B_2}{(x-b)^2} \mathrm{d}x + \cdots + \int \frac{B_\beta}{(x-b)^\beta} \mathrm{d}x + \int \frac{M_1 x + N_1}{x^2+px+q} \mathrm{d}x$$

$$+ \int \frac{M_2 x + N_2}{(x^2+px+q)^2} \mathrm{d}x + \cdots + \int \frac{M_\lambda x + N_\lambda}{(x^2+px+q)^\lambda} \mathrm{d}x$$

$$+ \cdots + \int \frac{k_1 x + l_1}{x^2+rx+s} \mathrm{d}x + \int \frac{k_2 x + l_2}{(x^2+rx+s)^2} \mathrm{d}x + \cdots$$

$$+ \int \frac{k_\mu x + l_\mu}{(x^2+rx+s)^\mu} \mathrm{d}x$$

由此可见，对于有理真分式的不定积分又归结为以下两类分式的不定积分(称为**部分分式**或**最简分式**)：

(1) $\dfrac{A}{(x-a)^n}$；　(2) $\dfrac{Ax+B}{(x^2+px+q)^n}(p^2-4q<0)$，

其中 A，B，a，p，q 为常数，n 为正整数．这两类部分分式的不定积分总有有限形式，即

(1) $\displaystyle\int\frac{\mathrm{d}x}{(x-a)^n}=\begin{cases}\ln|x-a|+C, & n=1\\[2mm]\dfrac{1}{(1-n)(x-a)^{n-1}}+C, & n\neq1\end{cases}$；

(2) 当 $n=1$ 时，有

$$\int\frac{Ax+B}{x^2+px+q}\mathrm{d}x=\int\frac{Ax+B}{\left(x+\dfrac{p}{2}\right)^2+\dfrac{4q-p^2}{4}}\mathrm{d}x$$

令 $t=x+\dfrac{p}{2}$，并记 $r^2=\dfrac{4q-p^2}{4}$，$N=B-\dfrac{Ap}{2}$，则

$$\int\frac{Ax+B}{x^2+px+q}\mathrm{d}x=\int\frac{Ax+B}{\left(x+\dfrac{p}{2}\right)^2+\dfrac{4q-p^2}{4}}\mathrm{d}x=A\int\frac{t\,\mathrm{d}t}{t^2+r^2}+N\int\frac{\mathrm{d}t}{t^2+r^2}$$

$$=\frac{A}{2}\ln(t^2+r^2)+\frac{N}{r}\arctan\frac{t}{r}+C$$

$$=\frac{A}{2}\ln(x^2+px+q)+\frac{2B-Ap}{\sqrt{4q-p^2}}\arctan\frac{2x+p}{\sqrt{4q-p^2}}+C$$

当 $n\neq1$ 时，有

$$\int\frac{Ax+B}{(x^2+px+q)^n}\mathrm{d}x=A\int\frac{t}{(t^2+r^2)^n}\mathrm{d}t+N\int\frac{\mathrm{d}t}{(t^2+r^2)^n}$$

其中

$$A\int\frac{t}{(t^2+r^2)^n}\mathrm{d}t=\frac{A}{2}\int(t^2+r^2)^{-n}\mathrm{d}(t^2+r^2)$$

$$=\frac{A}{2(1-n)}\frac{1}{(t^2+r^2)^{n-1}}+C_1$$

记 $I_n=\displaystyle\int\dfrac{\mathrm{d}t}{(t^2+r^2)^n}$，则由例 3.2.18(2) 可知

$$I_n=\frac{1}{2(n-1)r^2}\left[\frac{t}{(t^2+r^2)^{n-1}}+(2n-3)I_{n-1}\right]\quad(n>1)$$

$$I_1=\int\frac{\mathrm{d}t}{t^2+r^2}=\frac{1}{r}\arctan\frac{t}{r}+C_2$$

$$I_2=\frac{1}{2r^2}\left(\frac{t}{t^2+r^2}+\frac{1}{r}\arctan\frac{t}{r}\right)+C_3$$

将这些结果代回，即可求得所求积分．

因此，有理分式函数总有有限形式的原函数，而且其原函数只可能包含三类函数：有理分式函数，对数函数，反正切函数．

【例 3.2.19】 求不定积分 $\displaystyle\int \frac{x-2}{x^2-8x+15}\mathrm{d}x$.

解 由于 $x^2-8x+15=(x-3)(x-5)$，因此 $\dfrac{x-2}{x^2-8x+15}$ 可以表示成

$\dfrac{x-2}{(x-3)(x-5)}=\dfrac{A}{x-3}+\dfrac{B}{x-5}$（其中 A，B 为待定常数）的形式，由待定系数法得：

$x-2=A(x-5)+B(x-3)$，即 $(A+B)x-(5A+3B)=x-2$，比较两端常数项和变量 x 同次幂的系数，可得线性方程组

$$\begin{cases} 5A+3B=2 \\ A+B=1 \end{cases}$$

解得 $A=-\dfrac{1}{2}$，$B=\dfrac{3}{2}$. 因此有

$$\frac{x-2}{(x-3)(x-5)}=\frac{-\dfrac{1}{2}}{x-3}+\frac{\dfrac{3}{2}}{x-5}$$

从而（分项积分）得

$$\int \frac{x-2}{(x-3)(x-5)}\mathrm{d}x=-\frac{1}{2}\int \frac{1}{x-3}\mathrm{d}(x-3)+\frac{3}{2}\int \frac{1}{x-5}\mathrm{d}(x-5)$$

$$=-\frac{1}{2}\ln|x-3|+\frac{3}{2}\ln|x-5|+C$$

注

根据 $x-2=A(x-5)+B(x-3)$ 求待定系数的另一个方法是：

第一步，取 $x=3$，得 $1=-2A$，所以 $A=-\dfrac{1}{2}$；

第二步，取 $x=5$，得 $3=2B$，所以 $B=\dfrac{3}{2}$.

【例 3.2.20】 求不定积分 $\displaystyle\int \frac{x^5+x^4-8}{x^3-x}\mathrm{d}x$.

解 由多项式的带余除法得

$$\frac{x^5+x^4-8}{x^3-x}=x^2+x+1+\frac{x^2+x-8}{x(x^2-1)}$$

设 $\dfrac{x^2+x-8}{x(x^2-1)}=\dfrac{A}{x}+\dfrac{B}{x-1}+\dfrac{C}{x+1}$，由待定系数法得

$$(A+B+C)x^2+(B-C)x-A=x^2+x-8$$

比较两端常数项和变量 x 同次幂的系数，可得线性方程组

$$\begin{cases} A+B+C=1 \\ B-C=1 \\ -A=-8 \end{cases}$$

解得

$$A=8,\ B=-3,\ C=-4$$

故有

$$\int \frac{x^5 + x^4 - 8}{x^3 - x} dx = \int \left[(x^2 + x + 1) + \frac{8}{x} - \frac{3}{x-1} - \frac{4}{x+1} \right] dx$$

$$= \frac{1}{3} x^3 + \frac{1}{2} x^2 + x + 8\ln|x| - 3\ln|x-1| - 4\ln|x+1| + C$$

【例 3.2.21】　求不定积分 $\displaystyle\int \frac{2x+2}{(x-1)(x^2+1)^2} dx$.

解　设 $\displaystyle\frac{2x+2}{(x-1)(x^2+1)^2} = \frac{A}{x-1} + \frac{Bx+C}{x^2+1} + \frac{Dx+E}{(x^2+1)^2}$，由待定系数法得

$$A(x^2+1)^2 + (Bx+C)(x^2+1)(x-1) + (Dx+E)(x-1) = 2x+2 \qquad (3-2-2)$$

令 $x=1$，得 $A=1$；令 $x=\mathrm{i}$ 得 $(E-D)\mathrm{i} - D - E = 2\mathrm{i} + 2$. 所以

$$\begin{cases} E-D=2 \\ -E-D=2 \end{cases}, \quad 即 \begin{cases} D=-2 \\ E=0 \end{cases}$$

将 $A=1$，$D=-2$，$E=0$ 代入式 $(3-2-2)$，并分别令 $x=0$ 和 $x=-1$，得 $C=-1$ 和 $B=-1$，于是

$$\frac{2x+2}{(x-1)(x^2+1)^2} = \frac{1}{x-1} - \frac{x+1}{x^2+1} - \frac{2x}{(x^2+1)^2}$$

故

$$\int \frac{2x+2}{(x-1)(x^2+1)^2} dx = \int \frac{1}{x-1} dx - \int \frac{x+1}{x^2+1} dx - \int \frac{2x}{(x^2+1)^2} dx$$

$$= \ln \frac{|x-1|}{\sqrt{x^2+1}} - \arctan x + \frac{1}{x^2+1} + C$$

有理函数不定积分的一般方法运用起来是比较麻烦的，故对特殊的有理函数，其不定积分我们仍然采用换元积分和分部积分法求解.

【例 3.2.22】　求不定积分 $\displaystyle\int \frac{x}{5+4x+x^2} dx$.

解　

$$\int \frac{x}{5+4x+x^2} dx = \int \left(\frac{x+2}{5+4x+x^2} - \frac{2}{5+4x+x^2} \right) dx$$

$$= \frac{1}{2} \int \frac{d(5+4x+x^2)}{5+4x+x^2} - 2 \int \frac{d(x+2)}{1+(x+2)^2}$$

$$= \frac{1}{2} \ln(x^2+4x+5) - 2\arctan(x+2) + C$$

【例 3.2.23】　求不定积分 $\displaystyle\int \frac{x^2+1}{(x^2-2x+2)^2} dx$.

解　由于被积函数的分母不能再分解，故

$$\frac{x^2+1}{(x^2-2x+2)^2} = \frac{(x^2-2x+2)+(2x-1)}{(x^2-2x+2)^2} = \frac{1}{x^2-2x+2} + \frac{2x-1}{(x^2-2x+2)^2}$$

而

$$\int \frac{dx}{x^2-2x+2} = \int \frac{d(x-1)}{(x-1)^2+1} = \arctan(x-1) + C_1$$

$$\int \frac{2x-1}{(x^2-2x+2)^2}dx = \int \frac{(2x-2)+1}{(x^2-2x+2)^2}dx = \int \frac{d(x^2-2x+2)}{(x^2-2x+2)^2} + \int \frac{d(x-1)}{[(x-1)^2+1]^2}$$

$$\xlongequal{t=x-1} -\frac{1}{x^2-2x+2} + \int \frac{dt}{(t^2+1)^2}$$

其中

$$\int \frac{dt}{(t^2+1)^2} = \frac{t}{2(t^2+1)} + \frac{1}{2}\int \frac{dt}{t^2+1} = \frac{t}{2(t^2+1)} + \frac{1}{2}\arctan t + C_2$$

$$= \frac{x-1}{2(x^2-2x+2)} + \frac{1}{2}\arctan(x-1) + C_2$$

故

$$\int \frac{x^2+1}{(x^2-2x+2)^2}dx = \arctan(x-1) - \frac{1}{x^2-2x+2} + \frac{x-1}{2(x^2-2x+2)} + \frac{1}{2}\arctan(x-1) + C$$

$$= \frac{x-3}{2(x^2-2x+2)} + \frac{3}{2}\arctan(x-1) + C$$

3.2.5 三角函数有理式的不定积分

所谓**三角函数有理式**是指由常数及 $\sin x$ 和 $\cos x$ 经有限次的四则运算所构成的函数，记为：$R(\sin x, \cos x)$.

对于一般三角函数有理式的不定积分 $\int R(\sin x, \cos x)dx$，通过所谓**万能变换** $t=\tan\dfrac{x}{2}$，有

$\sin x = \dfrac{2t}{1+t^2}$，$\cos x = \dfrac{1-t^2}{1+t^2}$ 且 $x=2\arctan t$，$dx=\dfrac{2}{1+t^2}dt$，从而总能把三角函数有理式的

不定积分 $\int R(\sin x, \cos x)dx$ 化为变量 t 的有理函数的积分，即

$$\int R(\sin x, \cos x)dx = \int R\left(\frac{2t}{1+t^2}, \frac{1-t^2}{1+t^2}\right)\frac{2}{1+t^2}dt$$

求出这个积分 $F(t)+C$ 之后，用 $t=\tan\dfrac{x}{2}$ 代入即可求出结果.

【例 3.2.24】 求不定积分 $\displaystyle\int \frac{dx}{2\sin x - \cos x + 5}$.

解 令 $t=\tan\dfrac{x}{2}$，有

$$\int \frac{dx}{2\sin x - \cos x + 5} = \int \frac{1}{2\cdot\dfrac{2t}{1+t^2} - \dfrac{1-t^2}{1+t^2} + 5} \cdot \frac{2}{1+t^2}dt$$

$$= \int \frac{1}{3t^2+2t+2}dt = \frac{1}{3}\int \frac{1}{\left(t+\dfrac{1}{3}\right)^2 + \left(\dfrac{\sqrt{5}}{3}\right)^2}d\left(t+\frac{1}{3}\right)$$

$$= \frac{3}{3\sqrt{5}}\arctan \frac{t+\dfrac{1}{3}}{\dfrac{\sqrt{5}}{3}} + C = \frac{1}{\sqrt{5}}\arctan \frac{3\tan\dfrac{x}{2}+1}{\sqrt{5}} + C$$

注

万能变换 $t = \tan \dfrac{x}{2}$ 对三角函数有理式的不定积分总是有效的，但并不一定是最好的变换，在实际计算中应注意根据三角函数有理式的不同形式选择不同的变换. 有些也可根据三角函数有理式的具体特征而采用其他简便方法. 不过，对 $\displaystyle\int \dfrac{1}{a + b\sin x}\mathrm{d}x$，$\displaystyle\int \dfrac{1}{a + b\cos x}\mathrm{d}x$，$\displaystyle\int \dfrac{1}{a + b\sin x + c\cos x}\mathrm{d}x$ 等一般需用万能变换公式.

【例 3. 2. 25】　求不定积分 $\displaystyle\int \dfrac{\sin^3 x}{1 + \cos x}\mathrm{d}x$.

解　　$\displaystyle\int \dfrac{\sin^3 x}{1 + \cos x}\mathrm{d}x = \int \dfrac{1 - \cos^2 x}{1 + \cos x}\sin x\,\mathrm{d}x = -\int (1 - \cos x)\mathrm{d}(\cos x)$

$$\xlongequal{t = \cos x} -\int (1 - t)\mathrm{d}t = -t + \frac{1}{2}t^2 + C$$

$$= -\cos x + \frac{1}{2}\cos^2 x + C$$

注

一些解题技巧：

(1) 若 $R(-\sin x, \cos x) = -R(\sin x, \cos x)$（关于 $\sin x$ 的奇函数），则可令 $t = \cos x$，如求 $\displaystyle\int \dfrac{\sin^5 x}{\cos^4 x}\mathrm{d}x$.

(2) 若 $R(\sin x, -\cos x) = -R(\sin x, \cos x)$（关于 $\cos x$ 的奇函数），则可令 $t = \sin x$，如求 $\displaystyle\int \sin^2 x \cos^3 x\,\mathrm{d}x$.

(3) 若 $R(-\sin x, -\cos x) = R(\sin x, \cos x)$，则可令 $t = \tan x$.

【例 3. 2. 26】　求 $\displaystyle\int \dfrac{\mathrm{d}x}{a^2 \sin^2 x + b^2 \cos^2 x}\ (ab \neq 0)$.

解　由于

$$\int \frac{\mathrm{d}x}{a^2 \sin^2 x + b^2 \cos^2 x} = \int \frac{\sec^2 x}{a^2 \tan^2 x + b^2}\mathrm{d}x = \int \frac{\mathrm{d}(\tan x)}{a^2 \tan^2 x + b^2}$$

故令 $t = \tan x$，则有

$$\int \frac{\mathrm{d}x}{a^2 \sin^2 x + b^2 \cos^2 x} = \int \frac{\mathrm{d}t}{a^2 t^2 + b^2} = \frac{1}{a}\int \frac{\mathrm{d}(at)}{(at)^2 + b^2}$$

$$= \frac{1}{ab}\arctan \frac{at}{b} + C = \frac{1}{ab}\arctan \left(\frac{a}{b}\tan x\right) + C$$

注

通常当被积函数是 $\sin^2 x$、$\cos^2 x$ 及 $\sin x \cos x$ 的有理式时，采用变换 $t = \tan x$ 往往较为简便. 其他特殊情形可因题而异，选择合适的变换.

【例 3. 2. 27】 求不定积分 $\int \dfrac{\sin^2 x}{1+\cos^2 x}\mathrm{d}x$.

解　方法 1　$\int \dfrac{\sin^2 x}{1+\cos^2 x}\mathrm{d}x \xlongequal{\tan x=t} \int \dfrac{\dfrac{t^2}{1+t^2}}{1+\dfrac{1}{1+t^2}} \cdot \dfrac{\mathrm{d}t}{1+t^2}=\int \dfrac{t^2}{(2+t^2)(1+t^2)}\mathrm{d}t$

$$=\int \left(\dfrac{2}{2+t^2}-\dfrac{1}{1+t^2}\right)\mathrm{d}t = \sqrt{2}\arctan \dfrac{t}{\sqrt{2}}-\arctan t + C$$

$$=-x+\sqrt{2}\arctan \dfrac{\tan x}{\sqrt{2}}+C$$

方法 2　$\int \dfrac{\sin^2 x}{1+\cos^2 x}\mathrm{d}x = \int \dfrac{\tan^2 x}{2+\tan^2 x}\mathrm{d}x = x - 2\int \dfrac{\mathrm{d}x}{2+\tan^2 x}$

$$\xlongequal{t=\tan x} x - 2\int \dfrac{\mathrm{d}t}{(1+t^2)(2+t^2)}$$

$$=x-2\int \left(\dfrac{1}{1+t^2}-\dfrac{1}{2+t^2}\right)\mathrm{d}t$$

$$=x-2\left(\arctan t - \dfrac{1}{\sqrt{2}}\arctan \dfrac{t}{\sqrt{2}}\right)+C$$

$$=-x+\sqrt{2}\arctan \dfrac{\tan x}{\sqrt{2}}+C$$

方法 3　$\int \dfrac{\sin^2 x}{1+\cos^2 x}\mathrm{d}x = -\int \dfrac{\cos^2 x-1}{1+\cos^2 x}\mathrm{d}x = -x+2\int \dfrac{\mathrm{d}x}{1+\cos^2 x}$

$$=-x+2\int \dfrac{\sec^2 x}{1+\sec^2 x}\mathrm{d}x = -x + 2\int \dfrac{\mathrm{d}(\tan x)}{2+\tan^2 x}$$

$$=-x+\sqrt{2}\arctan \dfrac{\tan x}{\sqrt{2}}+C$$

3.2.6　简单无理函数的不定积分

含有根式的无理函数的积分,可通过等量代换为有理函数或三角有理函数积分. 以下分两种情况讨论.

(1) $\int R\left(x, \sqrt[n]{\dfrac{ax+b}{cx+d}}\right)\mathrm{d}x$ 型不定积分($ad-bc \neq 0$). 对此只需令 $t=\sqrt[n]{\dfrac{ax+b}{cx+d}}$,就可化为有理函数的不定积分.

(2) $\int R(x, \sqrt{ax^2+bx+c})\mathrm{d}x$ 型不定积分($a>0$ 时 $b^2-4ac \neq 0$,$a<0$ 时 $b^2-4ac>0$).

由于 $ax^2+bx+c=a\left[\left(x+\dfrac{b}{2a}\right)^2+\dfrac{4ac-b^2}{4a^2}\right]$,若记 $u=x+\dfrac{b}{2a}$,$k^2=\left|\dfrac{4ac-b^2}{4a^2}\right|$,则此二次三项式必属于以下三种情形之一:

$$|a|(u^2+k^2),\ |a|(u^2-k^2),\ |a|(k^2-u^2)$$

因此上述无理根式的不定积分也就转化为以下三种类型之一:

$$\int R(u,\sqrt{u^2+k^2})\,\mathrm{d}u,\quad \int R(u,\sqrt{u^2-k^2})\,\mathrm{d}u,\quad \int R(u,\sqrt{k^2-u^2})\,\mathrm{d}u$$

当分别令 $u=k\tan t$，$u=k\sec t$，$u=k\sin t$ 后，它们都化为三角有理式的不定积分.

【例 3.2.28】　求 $\displaystyle\int \frac{1}{x}\sqrt{\frac{x+2}{x-2}}\,\mathrm{d}x$.

解　令 $t=\sqrt{\dfrac{x+2}{x-2}}$，则有 $x=\dfrac{2(t^2+1)}{t^2-1}$，$\mathrm{d}x=\dfrac{-8t}{(t^2-1)^2}\,\mathrm{d}t$，因此

$$
\begin{aligned}
\int \frac{1}{x}\sqrt{\frac{x+2}{x-2}}\,\mathrm{d}x &=\int \frac{4t^2}{(1-t^2)(1+t^2)}\,\mathrm{d}t=\int\left(\frac{2}{1-t^2}-\frac{2}{1+t^2}\right)\mathrm{d}t\\
&=\ln\left|\frac{1+t}{1-t}\right|-2\arctan t+C\\
&=\ln\left|\frac{1+\sqrt{(x+2)/(x-2)}}{1-\sqrt{(x+2)/(x-2)}}\right|-2\arctan\sqrt{\frac{x+2}{x-2}}+C
\end{aligned}
$$

【例 3.2.29】　求 $\displaystyle\int \frac{\mathrm{d}x}{(1+x)\sqrt{2+x-x^2}}$.

解　由于

$$\frac{1}{(1+x)\sqrt{2+x-x^2}}=\frac{1}{(1+x)^2}\sqrt{\frac{1+x}{2-x}}$$

故令 $t=\sqrt{\dfrac{1+x}{2-x}}$，则有 $x=\dfrac{2t^2-1}{1+t^2}$，$\mathrm{d}x=\dfrac{6t}{(1+t^2)^2}\,\mathrm{d}t$，因此

$$
\begin{aligned}
\int \frac{\mathrm{d}x}{(1+x)\sqrt{2+x-x^2}} &=\int \frac{1}{(1+x)^2}\sqrt{\frac{1+x}{2-x}}\,\mathrm{d}x\\
&=\int \frac{(1+t^2)^2}{9t^4}\cdot t\cdot\frac{6t}{(1+t^2)^2}\,\mathrm{d}t=\int \frac{2}{3t^2}\,\mathrm{d}t\\
&=-\frac{2}{3t}+C=-\frac{2}{3}\sqrt{\frac{2-x}{1+x}}+C
\end{aligned}
$$

注

用下面的方法计算上例较为简单.

$$
\begin{aligned}
\int \frac{\mathrm{d}x}{(1+x)\sqrt{2+x-x^2}} &=\int \frac{\mathrm{d}x}{(1+x)\sqrt{3(1+x)-(1+x)^2}}=\int \frac{\mathrm{d}x}{(1+x)^2\sqrt{\dfrac{3}{1+x}-1}}\\
&=-\frac{1}{3}\int \frac{1}{\sqrt{\dfrac{3}{1+x}-1}}\,\mathrm{d}\left(\frac{3}{1+x}-1\right)\\
&=-\frac{2}{3}\sqrt{\frac{3}{1+x}-1}+C
\end{aligned}
$$

【例 3.2.30】　求 $I = \displaystyle\int \dfrac{\mathrm{d}x}{x\sqrt{x^2-2x-3}}$.

解　**方法 1**　按求解 $\displaystyle\int R(x,\sqrt{ax^2+bx+c})\,\mathrm{d}x$ 型不定积分的一般步骤，求得

$$I = \int \frac{\mathrm{d}x}{x\sqrt{(x-1)^2-4}} \xlongequal{x=u+1} \int \frac{\mathrm{d}u}{(u+1)\sqrt{u^2-4}}$$

$$\xlongequal{u=2\sec\theta} \int \frac{2\sec\theta\tan\theta}{(2\sec\theta+1)\cdot 2\tan\theta}\mathrm{d}\theta = \int \frac{\mathrm{d}\theta}{2+\cos\theta}$$

$$\xlongequal{t=\tan\frac{\theta}{2}} \int \frac{\dfrac{2}{1+t^2}}{2+\dfrac{1-t^2}{1+t^2}}\mathrm{d}t = \int \frac{2}{t^2+3}\mathrm{d}t = \frac{2}{\sqrt{3}}\arctan\frac{t}{\sqrt{3}} + C$$

$$= \frac{2}{\sqrt{3}}\arctan\left(\frac{1}{\sqrt{3}}\tan\frac{\theta}{2}\right) + C$$

由于

$$\tan\frac{\theta}{2} = \frac{\sin\theta}{1+\cos\theta} = \frac{\tan\theta}{\sec\theta+1} = \frac{\sqrt{\left(\dfrac{u}{2}\right)^2-1}}{\dfrac{u}{2}+1} = \frac{\sqrt{x^2-2x-3}}{x+1}$$

因此

$$I = \frac{2}{\sqrt{3}}\arctan\frac{\sqrt{x^2-2x-3}}{\sqrt{3}(x+1)} + C$$

方法 2　若令 $\sqrt{x^2-2x-3} = x - t$，则可解出 $x = \dfrac{t^2+3}{2(t-1)}$，$\mathrm{d}x = \dfrac{t^2-2t-3}{2(t-1)^2}\mathrm{d}t$，

$$\sqrt{x^2-2x-3} = \frac{t^2+3}{2(t-1)} - t = \frac{-(t^2-2t-3)}{2(t-1)}$$

于是所求不定积分直接化为有理函数的不定积分：

$$I = \int \frac{2(t-1)}{t^2+3}\cdot\frac{2(t-1)}{-(t^2-2t-3)}\cdot\frac{t^2-2t-3}{2(t-1)^2}\mathrm{d}t$$

$$= -\int \frac{2}{t^2+3}\mathrm{d}t = -\frac{2}{\sqrt{3}}\arctan\frac{t}{\sqrt{3}} + C$$

$$= \frac{2}{\sqrt{3}}\arctan\frac{\sqrt{x^2-2x-3}-x}{\sqrt{3}} + C$$

注

例 3.2.30 中，可以证明

$$\arctan\frac{\sqrt{x^2-2x-3}-x}{\sqrt{3}} = \arctan\frac{\sqrt{x^2-2x-3}}{\sqrt{3}(x+1)} - \frac{\pi}{3}$$

所以两种解法所得结果是一致的. 此外，上述结果对 $x<0$ 同样成立.

相比之下，方法 2 优于方法 1. 这是因为它所选择的变换能直接化为有理形式(而方法 1

通过三次换元才化为有理形式).

一般地，若令

$$\sqrt{ax^2+bx+c}=\begin{cases}t\pm\sqrt{a}\,x \text{ 或 }\sqrt{a}\,x\pm t,\ a>0 \\ tx\pm\sqrt{c}, & c>0 \\ t(x-\alpha), & ax^2+bx+c=a(x-\alpha)(x-\beta)\end{cases}$$

则可将被积函数有理化，这种变换称为**欧拉变换**.

3.2.7 分段函数的不定积分

分段函数的不定积分的解题方法是：按段积分，并利用原函数在分段点的连续性，将各段上的任意常数统一成一个.

【例 3.2.31】 求 $I=\displaystyle\int\max\{x^3,x^2,1\}\mathrm{d}x$.

解 此类题的定式做法是：画图得出分段区间，化成分段函数后，再积分.

作出 $y=x^3$、$y=x^2$、$y=1$ 的图形，如图 3.2.4 所示，根据图可知

$$f(x)=\max\{x^3,x^2,1\}=\begin{cases}x^3, & x\geqslant 1\to I=\dfrac{1}{4}x^4+C_1 \\[2mm] x^2, & x\leqslant -1\to I=\dfrac{1}{3}x^3+C_2 \\[2mm] 1, & |x|<1\to I=x+C_3\end{cases}$$

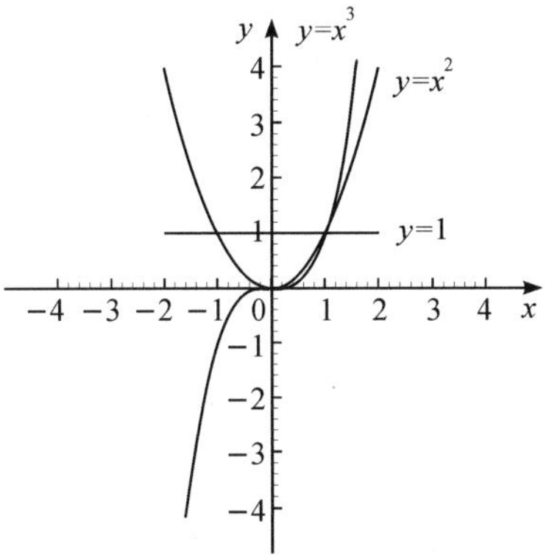

图 3.2.4

由分段函数的连续性知

$$\frac{1}{4}+C_1=1+C_3,\ -\frac{1}{3}+C_2=-1+C_3,\ 令\ C=C_3\Rightarrow C_1=\frac{3}{4}+C,\ C_2=-\frac{2}{3}+C$$

故 $I=\displaystyle\int\max\{x^3,x^2,1\}\mathrm{d}x=\begin{cases}\dfrac{1}{4}x^4+\dfrac{3}{4}+C;\ x\geqslant 1 \\[2mm] \dfrac{1}{3}x^3-\dfrac{2}{3}+C;\ x\leqslant -1 \\[2mm] x+C; & |x|<1\end{cases}$.

以上只是介绍了求不定积分的几个基本方法，其目的在于说明如何扩大前述基本积分公式的使用范围，一些较难的不定积分可以稍作变形之后利用现成积分公式求出.

习题 3.2

1. 计算下列不定积分.

(1) $\int \dfrac{x+1}{\sqrt{x}} \mathrm{d}x$;

(2) $\int \sqrt[m]{x^n} \mathrm{d}x$;

(3) $\int (\sqrt{x}+1)(x-\sqrt{x}+1) \mathrm{d}x$;

(4) $\int \dfrac{\sqrt{x}-x^3 \mathrm{e}^x+x^2}{x^3} \mathrm{d}x$;

(5) $\int \left(1-\dfrac{1}{x^2}\right)\sqrt{x\sqrt{x}}\ \mathrm{d}x$;

(6) $\int \left(\dfrac{1-x}{x}\right)^2 \mathrm{d}x$;

(7) $\int \dfrac{\sqrt{x^3}+1}{\sqrt{x}+1} \mathrm{d}x$;

(8) $\int \dfrac{\mathrm{e}^{3x}+1}{\mathrm{e}^x+1} \mathrm{d}x$;

(9) $\int \dfrac{\sqrt{1+x^2}+\sqrt{1-x^2}}{\sqrt{1-x^4}} \mathrm{d}x$;

(10) $\int (2^x+3^x)^2 \mathrm{d}x$.

2. 计算下列不定积分.

(1) $\int \dfrac{x}{1+x^2} \mathrm{d}x$;

(2) $\int \dfrac{2x-3}{x^2-3x+8} \mathrm{d}x$;

(3) $\int \tan x\, \mathrm{d}x$;

(4) $\int \dfrac{\sin x}{1+\cos x} \mathrm{d}x$;

(5) $\int \dfrac{\mathrm{e}^{2x}}{1+\mathrm{e}^{2x}} \mathrm{d}x$.

3. 计算下列不定积分.

(1) $\int (2x-3)^{100} \mathrm{d}x$;

(2) $\int \dfrac{\arctan x}{1+x^2} \mathrm{d}x$;

(3) $\int \dfrac{\mathrm{d}x}{\sin^2\left(2x+\dfrac{\pi}{4}\right)}$;

(4) $\int \mathrm{e}^{\sin x}\cos x\, \mathrm{d}x$;

(5) $\int \dfrac{x}{\sqrt{1-x^2}} \mathrm{d}x$;

(6) $\int x^2 \sqrt[3]{1+x^3}\, \mathrm{d}x$;

(7) $\int \dfrac{6x-5}{\sqrt{3x^2-5x+6}} \mathrm{d}x$;

(8) $\int \dfrac{\sin 2x}{\sqrt{2-\sin^4 x}} \mathrm{d}x$;

(9) $\int \dfrac{\sqrt{\tan x}}{\cos^2 x} \mathrm{d}x$;

(10) $\int \dfrac{\arcsin \dfrac{x}{2}}{\sqrt{4-x^2}} \mathrm{d}x$;

(11) $\int \dfrac{\arctan \sqrt{x}}{\sqrt{x}(1+x)} \mathrm{d}x$;

(12) $\int \cot \dfrac{x}{b-a} \mathrm{d}x$;

(13) $\int \dfrac{\mathrm{d}x}{x\ln x\ln(\ln x)}$;

(14) $\int (\mathrm{e}^x+1)^3 \mathrm{e}^x \mathrm{d}x$;

(15) $\int \sqrt{\dfrac{\ln(x+\sqrt{x^2+1})}{1+x^2}}\, \mathrm{d}x$.

4. 计算下列不定积分.

(1) $\int x\sin2x\,\mathrm{d}x$；

(2) $\int x\,\mathrm{e}^{-x}\,\mathrm{d}x$；

(3) $\int x^2 a^x\,\mathrm{d}x$；

(4) $\int \arcsin x\,\mathrm{d}x$；

(5) $\int x\arctan x\,\mathrm{d}x$；

(6) $\int x^2\ln(1+x)\,\mathrm{d}x$；

(7) $\int x^n\ln x\,\mathrm{d}x\,(n\neq-1)$；

(8) $\int \dfrac{x}{\cos^2 x}\,\mathrm{d}x$；

(9) $\int \dfrac{x}{\sqrt{1+2x}}\,\mathrm{d}x$；

(10) $\int x^2\sin x\cos x\,\mathrm{d}x$；

(11) $\int x\ln\dfrac{1+x}{1-x}\,\mathrm{d}x$；

(12) $\int \ln\left(x+\sqrt{1+x^2}\right)\,\mathrm{d}x$；

(13) $\int \dfrac{x^2}{(1+x^2)^2}\,\mathrm{d}x$；

(14) $\int \dfrac{x^2\mathrm{e}^x}{(x+2)^2}\,\mathrm{d}x$；

(15) $\int \dfrac{x\cos x}{\sin^3 x}\,\mathrm{d}x$.

5. 计算下列不定积分.

(1) $\int \dfrac{\mathrm{d}x}{x^2+x-2}$；

(2) $\int \dfrac{\mathrm{d}x}{(x^2+1)(x^2+2)}$；

(3) $\int \dfrac{x^5}{x+1}\,\mathrm{d}x$；

(4) $\int \dfrac{x^2}{x^4+3x^2+2}\,\mathrm{d}x$；

(5) $\int \dfrac{2x^2-5}{x^4-5x^2+6}\,\mathrm{d}x$；

(6) $\int \dfrac{4x-3}{(x-2)^2}\,\mathrm{d}x$；

(7) $\int \dfrac{x^3+1}{x^3-x^2}\,\mathrm{d}x$；

(8) $\int \dfrac{1}{(x+1)^2(x^2+1)}\,\mathrm{d}x$；

(9) $\int \dfrac{1}{(x+1)(x+2)(x+3)}\,\mathrm{d}x$；

(10) $\int \dfrac{1}{(x^2+4x+6)^2}\,\mathrm{d}x$.

6. 计算下列不定积分.

(1) $\int \dfrac{1}{\sin x+\cos x}\,\mathrm{d}x$；

(2) $\int \dfrac{1}{1+\sin x}\,\mathrm{d}x$；

(3) $\int \dfrac{1}{a\sin x+b\cos x}\,\mathrm{d}x$；

(4) $\int \dfrac{1}{\sin^4 x+\cos^4 x}\,\mathrm{d}x$；

(5) $\int \dfrac{\sin x\cos x}{1+\sin^4 x}\,\mathrm{d}x$；

(6) $\int \dfrac{1}{(2+\cos x)\sin x}\,\mathrm{d}x$；

(7) $\int \dfrac{\mathrm{d}x}{1+\sqrt{1+x}}$；

(8) $\int \dfrac{x}{\sqrt{2+4x}}\,\mathrm{d}x$；

(9) $\int \dfrac{\sqrt{x}}{\sqrt{x}-\sqrt[3]{x}}\,\mathrm{d}x$；

(10) $\int \sqrt{\dfrac{1-x}{1+x}}\,\mathrm{d}x$；

(11) $\int \dfrac{\mathrm{d}x}{x\sqrt{x^2-1}}$；

(12) $\int \dfrac{x^2}{\sqrt{a^2-x^2}}\,\mathrm{d}x$；

(13) $\int \sqrt{3 + 4x - 4x^2}\,dx$；

(14) $\int e^{\sqrt{x}}\,dx$；

(15) $\int \dfrac{1}{\cos^4 x}\,dx$；

(16) $\int \dfrac{1 - \tan x}{1 + \tan x}\,dx$；

(17) $\int \dfrac{e^x - e^{-x}}{e^x + e^{-x}}\,dx$；

(18) $\int \sqrt{1 + \sin x}\,dx$；

(19) $\int \dfrac{dx}{\sqrt{1 - 2x - x^2}}$；

(20) $\int \sqrt{x^3 + x^4}\,dx$；

(21) $\int \dfrac{dx}{\sqrt{x - 1} - \sqrt{x - 2}}$；

(22) $\int \dfrac{x\,dx}{x - \sqrt{x^2 - 1}}$；

(23) $\int \sqrt{x}\,\ln^2 x\,dx$；

(24) $\int \dfrac{dx}{x(1 + \ln^2 x)}$；

(25) $\int \cos x \cos 2x \cos 3x\,dx$；

(26) $\int x^5 e^{x^3}\,dx$；

(27) $\int (\tan^2 x + \tan^4 x)\,dx$；

(28) $\int \dfrac{dx}{(\tan x + 1)\sin^2 x}$；

(29) $\int \dfrac{1}{\sin^2 x \cos^2 x}\,dx$；

(30) $\int \dfrac{\arcsin x}{\sqrt{(1 - x^2)^3}}\,dx$；

(31) $\int \dfrac{2^x}{1 - 4^x}\,dx$；

(32) $\int \dfrac{\ln(1 + x)}{\sqrt{1 + x}}\,dx$；

(33) $\int \ln(1 + x^2)\,dx$；

(34) $\int \dfrac{x^2}{\sqrt{1 - x^2}}\,dx$；

(35) $\int \dfrac{dx}{x^2 \sqrt{4 - x^2}}$；

(36) $\int \dfrac{dx}{(\sin x + \cos x)^2}$；

(37) $\int \dfrac{\arcsin \sqrt{x}}{\sqrt{1 - x}}\,dx$；

(38) $\int \dfrac{\sin 2x}{\sqrt{1 + \cos^4 x}}\,dx$；

(39) $\int \dfrac{x^2 \arctan x}{1 + x^2}\,dx$；

(40) $\int \dfrac{1 - x^2}{1 + x^4}\,dx$.

3.3　积分法——定积分的计算

　　有了不定积分的计算方法，就容易计算定积分了．我们只要先算出不定积分，再把定积分的上、下限代到不定积分中去，将结果相减就可以了．

　　与不定积分中的计算方法相对应，定积分也完全有相应的计算方法，例如，与不定积分中的公式

$$\int [f(x) + g(x)]dx = \int f(x)dx + \int g(x)dx$$

$$\int Cg(x)dx = C\int g(x)dx\,(C\ \text{为常数})$$

相对应，在定积分中有

$$\int_a^b [f(x)+g(x)\mathrm{d}x]=\int_a^b f(x)\mathrm{d}x+\int_a^b g(x)\mathrm{d}x$$

$$\int_a^b Cg(x)\mathrm{d}x=C\int_a^b g(x)\mathrm{d}x$$

等. 可是这两个定积分的公式，早在 2.1 节中引入定积分概念时就已经证明了，因此我们甚至可以这样说：上面两个不定积分的公式可以通过定积分的变上限而从相应的定积分公式中推导出来.

这里着重讲一下，求定积分常用到的换元积分法和分部积分法所建立的公式实际上就是不定积分中介绍的公式，只是把不定积分改成了定积分罢了，并无原则上的不同.

3.3.1　定积分的换元积分法

根据定积分计算的基本公式可知，定积分的计算问题，可以归结为两步：

(1) 利用不定积分法，将被积函数的原函数求出来；

(2) 算出原函数在积分上、下限对应的函数值的差.

而求原函数时，不定积分有换元积分法，似乎问题已经解决，为什么我们还要讨论定积分的换元积分法呢？这是因为在一些定积分的计算中定积分的换元法起到了不定积分的换元法不可替代的作用，另一方面，定积分的换元法比不定积分的换元法有时也更简洁.

【定理 3.3.1】　设 $f(x)$ 在 $[a,b]$ 上连续，函数 $x=\varphi(t)$ 在 $[\alpha,\beta]$ 或 $[\beta,\alpha]$ 上有连续导数 $\varphi'(t)$，且 $\varphi(\alpha)=a$，$\varphi(\beta)=b$，$\varphi([\alpha,\beta])=[a,b]$ 或 $\varphi([\beta,\alpha])=[a,b]$，则

$$\int_a^b f(x)\mathrm{d}x=\int_\alpha^\beta f[\varphi(t)]\varphi'(t)\mathrm{d}t$$

证　若 $\int f(x)\mathrm{d}x=F(x)+C$，按不定积分的换元法，有

$$\int f[\varphi(t)]\varphi'(t)\mathrm{d}x=F[\varphi(t)]+C$$

所以

$$\int_a^b f(x)\mathrm{d}x=F(b)-F(a)=F[\varphi(\beta)]-F[\varphi(\alpha)]=\int_\alpha^\beta f[\varphi(t)]\varphi'(t)\mathrm{d}t$$

由定理 3.3.1，应用换元积分法计算定积分时，变换过程和不定积分的换元积分法是一样的，只是在定积分的换元积分法时，相应地改变了积分的上、下限，因此只需对换元后的积分用牛顿-莱布尼茨公式求得其值，而不必再换回到原来的积分变量，可以简化定积分的计算.

【例 3.3.1】　求 $\int_0^a \sqrt{a^2-x^2}\mathrm{d}x$.

解　**方法 1**　由定积分的几何意义知，$\int_0^a \sqrt{a^2-x^2}\mathrm{d}x$ 表示圆心在原点，半径为 a 的圆面积的 $\dfrac{1}{4}$，故知

$$\int_0^a \sqrt{a^2-x^2}\mathrm{d}x=\frac{\pi}{4}a^2$$

方法 2　令 $x = a\sin t$，则 $\mathrm{d}x = a\cos t\,\mathrm{d}t$，当 $x = 0$ 时 $t = 0$，当 $x = a$ 时 $t = \dfrac{\pi}{2}$，从而有

$$\int_0^a \sqrt{a^2 - x^2}\,\mathrm{d}x = \int_0^{\frac{\pi}{2}} a^2\cos^2 t\,\mathrm{d}t = \frac{a^2}{2}\left(t + \frac{1}{2}\sin 2t\right)\bigg|_0^{\frac{\pi}{2}} = \frac{\pi}{4}a^2$$

方法 3　因 $\displaystyle\int \sqrt{a^2 - x^2}\,\mathrm{d}x = \frac{x}{2}\sqrt{a^2 - x^2} + \frac{a^2}{2}\arcsin\frac{x}{a} + C$，由牛顿-莱布尼茨公式得

$$\int_0^a \sqrt{a^2 - x^2}\,\mathrm{d}x = \left(\frac{x}{2}\sqrt{a^2 - x^2} + \frac{a^2}{2}\arcsin\frac{x}{a}\right)\bigg|_0^a = \frac{\pi}{4}a^2$$

【例 3.3.2】　求 $\displaystyle\int_0^3 \frac{x^2}{\sqrt{1+x}}\,\mathrm{d}x$．

解　因被积函数中含有根式 $\sqrt{1+x}$，故令 $\sqrt{1+x} = t$，则 $x = t^2 - 1$，$\mathrm{d}x = 2t\,\mathrm{d}t$，当 $x = 0$ 时 $t = 1$，当 $x = 3$ 时 $t = 2$，故

$$\int_0^3 \frac{x^2}{\sqrt{1+x}}\,\mathrm{d}x = \int_1^2 \frac{(t^2 - 1)^2}{t}\cdot 2t\,\mathrm{d}t = 2\int_1^2 (t^2 - 1)^2\,\mathrm{d}t$$

$$= 2\int_1^2 (t^4 - 2t^2 + 1)\,\mathrm{d}t = 2\left(\frac{t^5}{5} - \frac{2}{3}t^3 + t\right)\bigg|_1^2 = \frac{76}{15}$$

【例 3.3.3】　求 $\displaystyle\int_1^{\mathrm{e}^3} \frac{\mathrm{d}x}{x\sqrt{1+\ln x}}$．

解　令 $t = \ln x$，则 $x = \mathrm{e}^t$，$\mathrm{d}x = \mathrm{e}^t\,\mathrm{d}t$，于是

$$\int_1^{\mathrm{e}^3} \frac{\mathrm{d}x}{x\sqrt{1+\ln x}} = \int_0^3 \frac{\mathrm{e}^t\,\mathrm{d}t}{\mathrm{e}^t\sqrt{1+t}} = \int_0^3 \frac{\mathrm{d}t}{\sqrt{1+t}} = 2\sqrt{1+t}\,\bigg|_0^3 = 2$$

【例 3.3.4】　求 $\displaystyle\int_0^{\ln 2} \mathrm{e}^x(1 + \mathrm{e}^x)^2\,\mathrm{d}x$．

解　令 $u = \mathrm{e}^x$，当 $x = 0$ 时 $u = 1$，当 $x = \ln 2$ 时 $u = 2$，故

$$\int_0^{\ln 2} \mathrm{e}^x(1 + \mathrm{e}^x)^2\,\mathrm{d}x = \int_1^2 (1 + u)^2\,\mathrm{d}u = \frac{1}{3}(1 + u)^3\bigg|_1^2 = \frac{19}{3}$$

或

$$\int_0^{\ln 2} \mathrm{e}^x(1 + \mathrm{e}^x)^2\,\mathrm{d}x = \int_0^{\ln 2} (1 + \mathrm{e}^x)^2\,\mathrm{d}(\mathrm{e}^x + 1) = \frac{1}{3}(1 + \mathrm{e}^x)^3\bigg|_0^{\ln 2} = \frac{19}{3}$$

【例 3.3.5】　设 $f(x)$ 在 $[-a, a]$ 上连续，证明：

$$\int_{-a}^a f(x)\,\mathrm{d}x = \int_0^a [f(x) + f(-x)]\,\mathrm{d}x$$

并且：(1) 若 $f(x)$ 在 $[-a, a]$ 上连续且为奇函数，则 $\displaystyle\int_{-a}^a f(x)\,\mathrm{d}x = 0$；

(2) 若 $f(x)$ 在 $[-a, a]$ 上连续且为偶函数，则 $\displaystyle\int_{-a}^a f(x)\,\mathrm{d}x = 2\int_0^a f(x)\,\mathrm{d}x$．

证　由 $\displaystyle\int_{-a}^a f(x)\,\mathrm{d}x = \int_0^a f(x)\,\mathrm{d}x + \int_{-a}^0 f(x)\,\mathrm{d}x$，对于 $\displaystyle\int_{-a}^0 f(x)\,\mathrm{d}x$，令 $x = -t$，则有 $\mathrm{d}x = -\mathrm{d}t$，当 $x = -a$ 时 $t = a$，当 $x = 0$ 时 $t = 0$，从而

$$\int_{-a}^0 f(x)\,\mathrm{d}x = -\int_a^0 f(-t)\,\mathrm{d}t = \int_0^a f(-x)\,\mathrm{d}x$$

所以

$$\int_{-a}^{a} f(x)\mathrm{d}x = \int_{0}^{a} f(x)\mathrm{d}x + \int_{0}^{a} f(-x)\mathrm{d}x = \int_{0}^{a} [f(x) + f(-x)]\mathrm{d}x$$

(1) 若 $f(x)$ 为奇函数，则 $f(x) + f(-x) = 0$，因此 $\int_{-a}^{a} f(x)\mathrm{d}x = \int_{0}^{a} 0\mathrm{d}x = 0$.

(2) 若 $f(x)$ 为偶函数，则 $f(x) + f(-x) = 2f(x)$，因此 $\int_{-a}^{a} f(x)\mathrm{d}x = 2\int_{0}^{a} f(x)\mathrm{d}x$.

注

　　由例 3.3.5 结果可知，今后遇到对称区间上的定积分，要先看看能否使用本例结果进行简化计算.

【例 3.3.6】　求 $\int_{-\frac{\pi}{2}}^{\frac{\pi}{2}} (x^3 + \sin^2 x)\cos^2 x\,\mathrm{d}x$.

解　　　　$\displaystyle\int_{-\frac{\pi}{2}}^{\frac{\pi}{2}} (x^3 + \sin^2 x)\cos^2 x\,\mathrm{d}x = \int_{-\frac{\pi}{2}}^{\frac{\pi}{2}} x^3\cos^2 x\,\mathrm{d}x + \int_{-\frac{\pi}{2}}^{\frac{\pi}{2}} \sin^2 x\cos^2 x\,\mathrm{d}x$

$$= \int_{-\frac{\pi}{2}}^{\frac{\pi}{2}} \sin^2 x\cos^2 x\,\mathrm{d}x = \frac{1}{4}\int_{-\frac{\pi}{2}}^{\frac{\pi}{2}} \sin^2 2x\,\mathrm{d}x$$

$$= \frac{1}{2}\int_{0}^{\frac{\pi}{2}} \sin^2 2x\,\mathrm{d}x = \frac{1}{4}\int_{0}^{\frac{\pi}{2}} (1 - \cos 4x)\,\mathrm{d}x$$

$$= \frac{1}{4}\cdot\frac{\pi}{2} - \frac{1}{16}\sin 4x\,\Big|_{0}^{\frac{\pi}{2}} = \frac{\pi}{8}$$

【例 3.3.7】　试比较以下三个积分的大小：$M = \displaystyle\int_{-\frac{\pi}{2}}^{\frac{\pi}{2}} \frac{\sin x}{1 + x^2}\cos^4 x\,\mathrm{d}x$，$N = \displaystyle\int_{-\frac{\pi}{2}}^{\frac{\pi}{2}} (\sin^3 x + \cos^4 x)\,\mathrm{d}x$，$P = \displaystyle\int_{-\frac{\pi}{2}}^{\frac{\pi}{2}} (x^2\sin^3 x - \cos^4 x)\,\mathrm{d}x$.

解　　　　　　$M = \displaystyle\int_{-\frac{\pi}{2}}^{\frac{\pi}{2}} \frac{\sin x}{1 + x^2}\cos^4 x\,\mathrm{d}x = 0$

$$N = \int_{-\frac{\pi}{2}}^{\frac{\pi}{2}} (\sin^3 x + \cos^4 x)\,\mathrm{d}x = 2\int_{0}^{\frac{\pi}{2}} \cos^4 x\,\mathrm{d}x > 0$$

$$P = \int_{-\frac{\pi}{2}}^{\frac{\pi}{2}} (x^2\sin^3 x - \cos^4 x)\,\mathrm{d}x = -2\int_{0}^{\frac{\pi}{2}} \cos^4 x\,\mathrm{d}x < 0$$

因此有 $P < M < N$.

【例 3.3.8】　设 $f(x)$ 为 $[0,1]$ 上的连续函数，证明：

(1) $\displaystyle\int_{0}^{\frac{\pi}{2}} f(\sin x)\mathrm{d}x = \int_{0}^{\frac{\pi}{2}} f(\cos x)\mathrm{d}x$；

(2) $\displaystyle\int_{0}^{\pi} f(\sin x)\mathrm{d}x = 2\int_{0}^{\frac{\pi}{2}} f(\sin x)\mathrm{d}x$；

(3) $\displaystyle\int_{0}^{\pi} x f(\sin x)\mathrm{d}x = \frac{\pi}{2}\int_{0}^{\pi} f(\sin x)\mathrm{d}x = \pi\int_{0}^{\frac{\pi}{2}} f(\sin x)\mathrm{d}x$.

证　　(1) 由 $\sin\left(\dfrac{\pi}{2} - t\right) = \cos t$，令 $x = \dfrac{\pi}{2} - t$，则 $\mathrm{d}x = -\mathrm{d}t$，当 $x = 0$ 时 $t = \dfrac{\pi}{2}$，当

$x=\dfrac{\pi}{2}$ 时 $t=0$，可得

$$\int_0^{\frac{\pi}{2}}f(\sin x)\mathrm{d}x=-\int_{\frac{\pi}{2}}^0 f\left[\sin\left(\frac{\pi}{2}-t\right)\right]\mathrm{d}t=\int_0^{\frac{\pi}{2}}f(\cos t)\mathrm{d}t=\int_0^{\frac{\pi}{2}}f(\cos x)\mathrm{d}x$$

（2）由 $\sin(\pi-t)=\sin t$，令 $x=\pi-t$，则 $\mathrm{d}x=-\mathrm{d}t$，当 $x=\pi$ 时 $t=0$，当 $x=\dfrac{\pi}{2}$ 时

$t=\dfrac{\pi}{2}$，因 $\int_0^\pi f(\sin x)\mathrm{d}x=\int_0^{\frac{\pi}{2}}f(\sin x)\mathrm{d}x+\int_{\frac{\pi}{2}}^\pi f(\sin x)\mathrm{d}x$，而

$$\int_{\frac{\pi}{2}}^\pi f(\sin x)\mathrm{d}x=-\int_{\frac{\pi}{2}}^0 f\left[\sin(\pi-t)\right]\mathrm{d}t=\int_0^{\frac{\pi}{2}}f(\sin t)\mathrm{d}t=\int_0^{\frac{\pi}{2}}f(\sin x)\mathrm{d}x$$

故

$$\int_0^\pi f(\sin x)\mathrm{d}x=2\int_0^{\frac{\pi}{2}}f(\sin x)\mathrm{d}x$$

（3）由 $\sin(\pi-t)=\sin t$，令 $x=\pi-t$，则 $\mathrm{d}x=-\mathrm{d}t$，当 $x=0$ 时 $t=\pi$，当 $x=\pi$ 时 $t=0$，可得

$$\int_0^\pi x f(\sin x)\mathrm{d}x=-\int_\pi^0(\pi-t)f(\sin t)\mathrm{d}t=\pi\int_0^\pi f(\sin x)\mathrm{d}x-\int_0^\pi x f(\sin x)\mathrm{d}x$$

所以 $\int_0^\pi x f(\sin x)\mathrm{d}x=\dfrac{\pi}{2}\int_0^\pi f(\sin x)\mathrm{d}x$，且

$$\frac{\pi}{2}\int_0^\pi f(\sin x)\mathrm{d}x=\frac{\pi}{2}\cdot2\int_0^{\frac{\pi}{2}}f(\sin x)\mathrm{d}x=\pi\int_0^{\frac{\pi}{2}}f(\sin x)\mathrm{d}x$$

【例 3.3.9】 求 $\displaystyle\int_0^\pi\frac{x\sin x}{1+\cos^2 x}\mathrm{d}x$ 和 $\displaystyle\int_0^{\frac{\pi}{2}}\frac{f(\cos x)}{f(\cos x)+f(\sin x)}\mathrm{d}x$.

解 由例 3.3.8(3) 知

$$\int_0^\pi\frac{x\sin x}{1+\cos^2 x}\mathrm{d}x=\frac{\pi}{2}\int_0^\pi\frac{\sin x}{1+\cos^2 x}\mathrm{d}x=-\frac{\pi}{2}\int_0^\pi\frac{\mathrm{d}(\cos x)}{1+\cos^2 x}$$

$$=-\frac{\pi}{2}\arctan(\cos x)\Big|_0^\pi=-\frac{\pi}{2}\left(-\frac{\pi}{4}-\frac{\pi}{4}\right)=\frac{\pi^2}{4}$$

$$\int_0^{\frac{\pi}{2}}\frac{f(\cos x)}{f(\cos x)+f(\sin x)}\mathrm{d}x=\frac{1}{2}\int_0^{\frac{\pi}{2}}\left[\frac{f(\cos x)}{f(\cos x)+f(\sin x)}+\frac{f(\sin x)}{f(\sin x)+f(\cos x)}\right]\mathrm{d}x$$

$$=\frac{1}{2}\int_0^{\frac{\pi}{2}}\mathrm{d}x=\frac{\pi}{4}$$

【例 3.3.10】 设 $f(x)=\begin{cases}x\mathrm{e}^{-x^2}, & x\geqslant0\\ \dfrac{1}{1+\cos x}, & -1\leqslant x<0\end{cases}$，求 $\displaystyle\int_1^4 f(x-2)\mathrm{d}x$.

解 令 $x-2=t$，则 $\mathrm{d}x=\mathrm{d}t$，当 $x=1$ 时 $t=-1$，$x=4$ 时 $t=2$，故

$$\int_1^4 f(x-2)\mathrm{d}x=\int_{-1}^2 f(x)\mathrm{d}x=\int_{-1}^0\frac{1}{1+\cos x}\mathrm{d}x+\int_0^2 x\mathrm{e}^{-x^2}\mathrm{d}x$$

$$=\int_{-1}^0\frac{1}{2}\sec^2\frac{x}{2}\mathrm{d}x-\frac{1}{2}\int_0^2\mathrm{e}^{-x^2}\mathrm{d}(-x^2)$$

$$=\tan\frac{x}{2}\Big|_{-1}^0-\frac{1}{2}\mathrm{e}^{-x^2}\Big|_0^2=\tan\frac{1}{2}-\frac{1}{2}\mathrm{e}^{-4}+\frac{1}{2}$$

3.3.2　定积分的分部积分法

相应于不定积分的分部积分法，有如下结论：

【定理 3.3.2】　若函数 $u(x)$，$v(x)$ 在 $[a，b]$ 上有连续导数，则

$$\int_a^b u(x)v'(x)\mathrm{d}x = \big[u(x)v(x)\big]_a^b - \int_a^b v(x)u'(x)\mathrm{d}x$$

证　由于 $[u(x)v(x)]' = u(x)v'(x) + v(x)u'(x)$，$a \leqslant x \leqslant b$，可见 $u(x)v(x)$ 为 $u(x)v'(x) + v(x)u'(x)$ 的一个原函数，由牛顿-莱布尼茨公式得

$$\big[u(x)v(x)\big]_a^b = \int_a^b u(x)v'(x)\mathrm{d}x + \int_a^b v(x)u'(x)\mathrm{d}x$$

即 $\int_a^b u(x)v'(x)\mathrm{d}x = \big[u(x)v(x)\big]_a^b - \int_a^b v(x)u'(x)\mathrm{d}x$.

【例 3.3.11】　求下列定积分.

(1) $\displaystyle\int_0^\pi x\sin2x\,\mathrm{d}x$；　　　　　　(2) $\displaystyle\int_1^4 \frac{\ln x}{\sqrt{x}}\mathrm{d}x$.

解　(1) $\displaystyle\int_0^\pi x\sin2x\,\mathrm{d}x = \frac{-1}{2}\int_0^\pi x\,\mathrm{d}(\cos2x) = \frac{-1}{2}\left(x\cos2x\,\Big|_0^\pi - \int_0^\pi \cos2x\,\mathrm{d}x\right)$

$$= \frac{-1}{2}\left(\pi\cos2\pi - \frac{1}{2}\sin2x\,\Big|_0^\pi\right) = -\frac{\pi}{2}$$

(2) 令 $\sqrt{x} = t$，当 $x=1$ 时 $t=1$，当 $x=4$ 时 $t=2$，则

$$\int_1^4 \frac{\ln x}{\sqrt{x}}\mathrm{d}x = \int_1^2 \frac{2\ln t}{t}2t\,\mathrm{d}t = \int_1^2 4\ln t\,\mathrm{d}t = 4\big[t\ln t - t\big]_1^2 = 4(2\ln2 - 1)$$

【例 3.3.12】　求 $\displaystyle\int_0^\pi \mathrm{e}^{ax}\sin x\,\mathrm{d}x$.

解　$\displaystyle\int_0^\pi \mathrm{e}^{ax}\sin x\,\mathrm{d}x = \frac{1}{a}\mathrm{e}^{ax}\sin x\,\Big|_0^\pi - \frac{1}{a}\int_0^\pi \mathrm{e}^{ax}\cos x\,\mathrm{d}x = -\frac{1}{a^2}\int_0^\pi \cos x\,\mathrm{d}(\mathrm{e}^{ax})$

$$= -\frac{1}{a^2}\mathrm{e}^{ax}\cos x\,\Big|_0^\pi - \frac{1}{a^2}\int_0^\pi \mathrm{e}^{ax}\sin x\,\mathrm{d}x$$

$$= -\frac{1}{a^2}(-\mathrm{e}^{a\pi} - 1) - \frac{1}{a^2}\int_0^\pi \mathrm{e}^{ax}\sin x\,\mathrm{d}x$$

故 $\displaystyle\int_0^\pi \mathrm{e}^{ax}\sin x\,\mathrm{d}x = \frac{1+\mathrm{e}^{a\pi}}{a^2+1}$.

【例 3.3.13】　求 $\displaystyle\int_0^1 \sqrt{x^2 + a^2}\,\mathrm{d}x\,(a > 0)$.

解　$\displaystyle\int_0^1 \sqrt{x^2 + a^2}\,\mathrm{d}x = x\sqrt{x^2 + a^2}\,\Big|_0^1 - \int_0^1 \frac{x^2}{\sqrt{x^2 + a^2}}\mathrm{d}x = \sqrt{1+a^2} - \int_0^1 \frac{x^2 + a^2 - a^2}{\sqrt{x^2 + a^2}}\mathrm{d}x$

$$= \sqrt{1+a^2} - \int_0^1 \left(\sqrt{x^2 + a^2} - \frac{a^2}{\sqrt{x^2 + a^2}}\right)\mathrm{d}x$$

$$= \sqrt{1+a^2} - \int_0^1 \sqrt{x^2 + a^2}\,\mathrm{d}x + \int_0^1 \frac{a^2}{\sqrt{x^2 + a^2}}\mathrm{d}x$$

故 $2\int_0^1 \sqrt{x^2 + a^2}\, \mathrm{d}x = \sqrt{1 + a^2} + a^2 \int_0^1 \left(\dfrac{1}{\sqrt{x^2 + a^2}}\right)\mathrm{d}x$，从而有

$$\int_0^1 \sqrt{x^2 + a^2}\, \mathrm{d}x = \frac{1}{2}\sqrt{1 + a^2} + \frac{a^2}{2}\ln\left(\frac{1}{a} + \sqrt{1 + \frac{1}{a^2}}\right)$$

【例 3.3.14】 求 $I_n = \displaystyle\int_0^{\frac{\pi}{2}} \cos^n x\, \mathrm{d}x$（$n$ 为正整数）.

解

$$I_n = \int_0^{\frac{\pi}{2}} \cos^n x\, \mathrm{d}x = \int_0^{\frac{\pi}{2}} \cos^{n-1} x \cos x\, \mathrm{d}x = \int_0^{\frac{\pi}{2}} \cos^{n-1} x\, \mathrm{d}(\sin x)$$

$$= \sin x \cos^{n-1} x \,\Big|_0^{\frac{\pi}{2}} + (n-1)\int_0^{\frac{\pi}{2}} \sin^2 x \cos^{n-2} x\, \mathrm{d}x$$

$$= (n-1)\int_0^{\frac{\pi}{2}} (1 - \cos^2 x)\cos^{n-2} x\, \mathrm{d}x$$

$$= (n-1)\int_0^{\frac{\pi}{2}} \cos^{n-2} x\, \mathrm{d}x - (n-1)\int_0^{\frac{\pi}{2}} \cos^n x\, \mathrm{d}x$$

即 $I_n = (n-1)I_{n-2} - (n-1)I_n$，所以 $I_n = \dfrac{n-1}{n} I_{n-2}$.

这种公式称为递推公式，重复应用这个公式，有

$$I_{n-2} = \frac{n-3}{n-2} I_{n-4}, \quad I_{n-4} = \frac{n-5}{n-4} I_{n-6}, \quad \cdots$$

这样每用一次递推公式，使 n 减 2，如此继续下去，当 n 为偶数时，$I_0 = \displaystyle\int_0^{\frac{\pi}{2}} \mathrm{d}x = \dfrac{\pi}{2}$；当 n 为

奇数时，$I_1 = \displaystyle\int_0^{\frac{\pi}{2}} \cos x\, \mathrm{d}x = 1$，因此

$$I_{2m} = \int_0^{\frac{\pi}{2}} \cos^{2m} x\, \mathrm{d}x = \frac{2m-1}{2m} \cdot \frac{2m-3}{2m-2} \cdot \cdots \cdot \frac{5}{6} \cdot \frac{3}{4} \cdot \frac{1}{2} \cdot \frac{\pi}{2}$$

$$= \frac{(2m-1)!!}{(2m)!!} \cdot \frac{\pi}{2} \quad (m = 1, 2, \cdots)$$

$$I_{2m+1} = \int_0^{\frac{\pi}{2}} \cos^{2m+1} x\, \mathrm{d}x = \frac{2m}{2m+1} \cdot \frac{2m-2}{2m-1} \cdot \cdots \cdot \frac{6}{7} \cdot \frac{4}{5} \cdot \frac{2}{3}$$

$$= \frac{(2m)!!}{(2m+1)!!} \quad (m = 1, 2, \cdots)$$

上述结果可作为公式用. 如：$\displaystyle\int_0^{\frac{\pi}{2}} \cos^4 x\, \mathrm{d}x = \dfrac{3}{4} \cdot \dfrac{1}{2} \cdot \dfrac{\pi}{2} = \dfrac{3}{16}\pi$.

这个公式对 $\displaystyle\int_0^{\frac{\pi}{2}} \sin^n x\, \mathrm{d}x$ 也适用，因为由例 3.3.8，有

$$\int_0^{\frac{\pi}{2}} \sin^n x\, \mathrm{d}x = \int_0^{\frac{\pi}{2}} \cos^n x\, \mathrm{d}x$$

【例 3.3.15】 求 $I = \displaystyle\int_{-\frac{\pi}{2}}^{\frac{\pi}{2}} \dfrac{\mathrm{e}^x}{1 + \mathrm{e}^x} \sin^4 x\, \mathrm{d}x$.

解 根据例 3.3.5 的结论，知

$$I = \int_{-\frac{\pi}{2}}^{\frac{\pi}{2}} \frac{e^x}{1+e^x} \sin^4 x \, dx = \int_0^{\frac{\pi}{2}} \left[\frac{e^x}{1+e^x} \sin^4 x + \frac{e^{-x}}{1+e^{-x}} \sin^4(-x) \right] dx$$

$$= \int_0^{\frac{\pi}{2}} \left(\frac{e^x}{1+e^x} \sin^4 x + \frac{1}{1+e^x} \sin^4 x \right) dx = \int_0^{\frac{\pi}{2}} \sin^4 x \, dx$$

$$= \frac{3}{4} \times \frac{1}{2} \times \frac{\pi}{2} = \frac{3\pi}{16}$$

习题 3.3

1. 求下列定积分.

(1) $\displaystyle\int_1^e \frac{\ln x}{x} dx$;

(2) $\displaystyle\int_{\frac{1}{\pi}}^{\frac{2}{\pi}} \frac{\sin \dfrac{1}{x}}{x^2} dx$;

(3) $\displaystyle\int_0^{\ln 2} x \, e^{-x} dx$;

(4) $\displaystyle\int_0^{\pi} x^2 \sin^2 x \, dx$;

(5) $\displaystyle\int_2^3 \frac{dx}{2x^2 + 3x - 2}$;

(6) $\displaystyle\int_0^2 |1 - x| \, dx$;

(7) $\displaystyle\int_0^4 \frac{dx}{1 + \sqrt{x}}$;

(8) $\displaystyle\int_0^{\ln 2} \sqrt{e^x - 1} \, dx$;

(9) $\displaystyle\int_0^{\frac{\pi}{2}} \sin^3 x \cos^3 x \, dx$;

(10) $\displaystyle\int_0^{\frac{\pi}{4}} \frac{1}{1 + a^2 \cos^2 x} dx$;

(11) $\displaystyle\int_0^{\frac{\pi}{2}} e^{2x} \sin x \, dx$;

(12) $\displaystyle\int_0^1 \frac{\sqrt{e^x}}{\sqrt{e^x + e^{-x}}} dx$;

(13) $\displaystyle\int_0^a \ln\left(t + \sqrt{t^2 + a^2}\right) dt \ (a > 0)$;

(14) $\displaystyle\int_0^a \frac{x^2}{\sqrt{x^2 + a^2}} dx \ (a > 0)$;

(15) $\displaystyle\int_1^e \ln^3 x \, dx$;

(16) $\displaystyle\int_0^{\frac{2}{3}\pi} \frac{d\theta}{5 + 4\cos\theta}$;

(17) $\displaystyle\int_0^{\frac{\pi}{2}} \sin x \sin 2x \sin 3x \, dx$;

(18) $\displaystyle\int_{\pi}^{2\pi} \sqrt{1 + \sin x} \, dx$;

(19) $\displaystyle\int_{-1}^1 \frac{dx}{(1 + x^2)^2}$;

(20) $\displaystyle\int_{-\frac{1}{2}}^{\frac{1}{2}} (1 - 3x^2) \ln \frac{1+x}{1-x} dx$.

2. 当 m, n 为正整数时，证明：

(1) $\displaystyle\int_0^{2\pi} \sin mx \cos nx \, dx = 0$;

(2) $\displaystyle\int_0^{2\pi} \cos mx \cos nx \, dx = \int_0^{2\pi} \sin mx \sin nx \, dx = \begin{cases} 0, & m \neq n \\ \pi, & m = n \end{cases}$.

3. 当 n 为正整数时，证明：

(1) $\displaystyle\int_0^{\pi} \sin^n x \, dx = 2\int_0^{\frac{\pi}{2}} \sin^n x \, dx$, $\displaystyle\int_0^{\pi} \cos^n x \, dx = \begin{cases} 0, & n \text{ 为奇数} \\ 2\int_0^{\frac{\pi}{2}} \sin^n x \, dx, & n \text{ 为偶数} \end{cases}$;

(2) $\displaystyle\int_0^{2\pi}\sin^n x\,\mathrm{d}x = \int_0^{2\pi}\cos^n x\,\mathrm{d}x = \begin{cases} 0, & n\text{ 为奇数} \\ 4\displaystyle\int_0^{\frac{\pi}{2}}\sin^n x\,\mathrm{d}x, & n\text{ 为偶数} \end{cases}.$

4. 利用 $I_n = \displaystyle\int_0^{\frac{\pi}{2}}\sin^n x\,\mathrm{d}x = \int_0^{\frac{\pi}{2}}\cos^n x\,\mathrm{d}x$ 的递推公式, 求下列定积分.

(1) $\displaystyle\int_0^{\frac{\pi}{2}}\sin^5 x\,\mathrm{d}x$;

(2) $\displaystyle\int_0^{\pi}\cos^8 x\,\mathrm{d}x$;

(3) $\displaystyle\int_0^{\pi}\sin^{11} x\,\mathrm{d}x$;

(4) $\displaystyle\int_0^{\frac{\pi}{4}}\cos^7 2x\,\mathrm{d}x$;

(5) $\displaystyle\int_0^{\pi}\sin^6 \frac{x}{2}\,\mathrm{d}x$;

(6) $\displaystyle\int_0^1 \sqrt{(1-x^2)^3}\,\mathrm{d}x$;

(7) $\displaystyle\int_0^1 (1-x^2)^n\,\mathrm{d}x$;

(8) $\displaystyle\int_0^a x^2\sqrt{a^2-x^2}\,\mathrm{d}x$.

5. 设 $f(x)$ 是具有周期 T 的周期函数, 证明:

$$\int_a^{a+T} f(x)\,\mathrm{d}x = \int_0^T f(x)\,\mathrm{d}x$$

并说明这个等式的几何意义.

6. (1) 若 $f(x)$ 是奇函数, 证明 $\displaystyle\int_0^x f(x)\,\mathrm{d}x$ 是偶函数;

(2) 若 $f(x)$ 是偶函数, $\displaystyle\int_0^x f(x)\,\mathrm{d}x$ 是奇函数吗?

第4章 微积分的应用

4.1 几何应用——面积、体积、弧长

4.1.1 面积

在第2章中，已经知道由曲线 $y=f(x)(\geqslant 0)$ 与直线 $x=a$，$x=b$，$y=0$ 所围成的曲边梯形（图4.1.1(a)）的面积为

$$A = \int_a^b f(x)\mathrm{d}x = \int_a^b y\,\mathrm{d}x \tag{4-1-1}$$

当 $y=f(x)$ 在 $[a,b]$ 上变号时(图 4.1.1(b)),显然有

$$A = \int_a^b |f(x)|\,\mathrm{d}x \tag{4-1-2}$$

如果图形是由封闭曲线所围成(图 4.1.1(c)),那么,容易知道它的面积为

$$A = \int_a^b |f_1(x) - f_2(x)|\,\mathrm{d}x \tag{4-1-3}$$

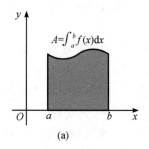 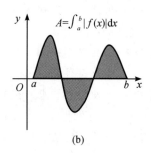 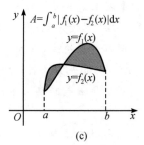

(a)　　　　　　　　(b)　　　　　　　　(c)

图 4.1.1

【例 4.1.1】 求曲线 $y=x^2$ 与 $y=\sqrt{x}$ 所围成的图形的面积(图 4.1.2).

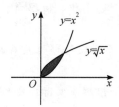

图 4.1.2

解 由于两曲线的交点为 $(0,0)$ 及 $(1,1)$,所以利用公式 $(4-1-3)$可得

$$A = \int_0^1 (\sqrt{x} - x^2)\,\mathrm{d}x = \left(\frac{2}{3}x^{\frac{3}{2}} - \frac{1}{3}x^3\right)\bigg|_0^1 = \frac{1}{3}$$

【例 4.1.2】 计算椭圆 $\dfrac{x^2}{a^2} + \dfrac{y^2}{b^2} = 1$ 的面积(图 4.1.3).

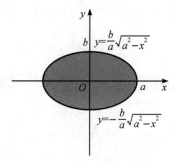

图 4.1.3

解 椭圆的面积 A 为

$$\int_{-a}^{a} \left(\frac{b}{a} \sqrt{a^2 - x^2} - \frac{-b}{a} \sqrt{a^2 - x^2} \right) dx = \frac{2b}{a} \int_{-a}^{a} \sqrt{a^2 - x^2} \, dx$$

$$= \frac{4b}{a} \int_{0}^{a} \sqrt{a^2 - x^2} \, dx$$

$$= 4ab \int_{0}^{\frac{\pi}{2}} \cos^2 t \, dt$$

$$= 4ab \cdot \frac{1}{2} \cdot \frac{\pi}{2} = \pi ab$$

假如曲线是由极坐标方程

$$\rho = \rho(\theta), \quad \alpha \leqslant \theta \leqslant \beta$$

给出的，这时如何来计算由曲线 $\rho = \rho(\theta)$ 及直线 $\theta = \alpha$，$\theta = \beta$ 所围成的曲边扇形的面积呢？

我们知道，半径为 r，中心角为 θ 的圆扇形的面积为 $\frac{1}{2} r^2 \theta$. 现在用很多个小的圆扇形拼成的图形来近似所给的曲边扇形.

将 $[\alpha, \beta]$ 任意分成 n 份：

$$\alpha = \theta_0 < \theta_1 < \cdots < \theta_{i-1} < \theta_i < \cdots < \theta_n = \beta$$

由射线 $\theta = \theta_{i-1}$，$\theta = \theta_i$ 及曲线 $\rho = \rho(\theta)$ 所围成的小扇形面积 ΔA_i（图 4.1.4）近似地等于

$$\frac{1}{2} \rho^2(\xi_i) \Delta \theta_i \, (\theta_{i-1} \leqslant \xi_i \leqslant \theta_i)$$

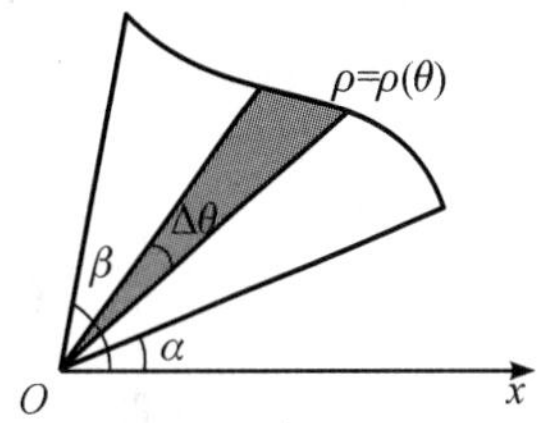

因而面积 A 近似地等于

$$\sum_{i=1}^{n} \frac{1}{2} \rho^2(\xi_i) \Delta \theta_i$$

令 $d = \max_{1 \leqslant i \leqslant n} \{\Delta \theta_i\}$，即得

图 4.1.4

$$A = \lim_{d \to 0} \sum_{i=1}^{n} \frac{1}{2} \rho^2(\xi_i) \Delta \theta_i = \frac{1}{2} \int_{\alpha}^{\beta} \rho^2(\theta) \, d\theta$$

【例 4.1.3】 计算双纽线 $\rho^2 = a^2 \cos 2\theta$ 所围成的图形的面积 A（图 4.1.5）.

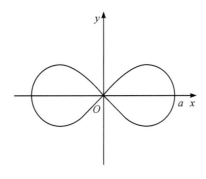

图 4.1.5

解 由图形的对称性，可知

$$A = 4 \cdot \frac{1}{2} \int_0^{\frac{\pi}{4}} \rho^2 \mathrm{d}\theta = 2 \int_0^{\frac{\pi}{4}} a^2 \cos 2\theta \mathrm{d}\theta = 2a^2 \left(\frac{1}{2} \sin 2\theta \right) \Big|_0^{\frac{\pi}{4}} = a^2$$

4.1.2　体积

假设一物体被 $x = a$，$x = b$ 这两个平面所夹住. 已知坐标为 $x(a \leqslant x \leqslant b)$ 的平行截面的面积为 $S(x)$，求这个物体的体积(图 4.1.6).

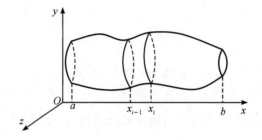

图 4.1.6

考虑夹在平面 $x = x_{i-1}$ 及 $x = x_i$ 之间的物体体积 ΔV_i，它近似地等于

$$S(\xi_i) \Delta x_i (x_{i-1} \leqslant \xi_i \leqslant x_i)$$

因而

$$V = \int_a^b S(x) \mathrm{d}x$$

例如，由平面曲线 $y = f(x)(a \leqslant x \leqslant b)$ 绕 Ox 轴旋转而成的旋转体(图 4.1.7)，其横截面就是以 y 为半径的圆，因此 $S(x) = \pi y^2$，所以旋转体的体积为

$$V = \pi \int_a^b y^2 \mathrm{d}x = \pi \int_a^b \left[f(x) \right]^2 \mathrm{d}x$$

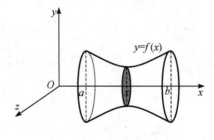

图 4.1.7

【例 4.1.4】　求椭圆 $\dfrac{x^2}{a^2} + \dfrac{y^2}{b^2} = 1$ 绕 Ox 轴旋转所得旋转体的体积.

解　所求体积 V 为

$$\pi \int_{-a}^a \frac{b^2}{a^2} (a^2 - x^2) \mathrm{d}x = 2\pi \int_0^a \frac{b^2}{a^2} (a^2 - x^2) \mathrm{d}x = \frac{4}{3} \pi ab^2$$

【例 4.1.5】　设有底半径为 a 的圆柱，被一与圆柱底交成 α 角且过底直径 AB 的平面所截，求截下的楔形的体积(图 4.1.8).

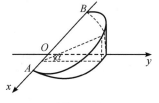

图 4.1.8

解 取直径 AB 为 x 轴,底的中心为原点,这时垂直于 x 轴的诸断面都是直角三角形,它的一个锐角为 α,与这个锐角相邻的直角边长为 $\sqrt{a^2-x^2}$,因此,断面面积为

$$S(x) = \frac{1}{2}\sqrt{a^2-x^2}\sqrt{a^2-x^2}\tan\alpha = \frac{1}{2}(a^2-x^2)\tan\alpha$$

所以有

$$V = \int_{-a}^{a} \frac{1}{2}(a^2-x^2)\tan\alpha\,dx = \frac{2}{3}a^3\tan\alpha$$

4.1.3 弧长

在初等几何中,只能计算直线和圆的长度,下面将讨论一般曲线的长度问题.

设曲线由参数方程

$$x = \varphi(t),\ y = \psi(t)\ (T_1 \leqslant t \leqslant T_2)$$

给出,其中 $\varphi(t)$,$\psi(t)$ 是 $[T_1, T_2]$ 上的两个有连续导数的函数(图 4.1.9). 在 $\overset{\frown}{AB}$ 间插入分点

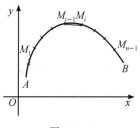

图 4.1.9

$$A = M_0,\ M_1,\ \cdots,\ M_{i-1},\ M_i,\ \cdots,\ M_n = B$$

把每两个相邻的分点都用直线段连接起来,就得到 $\overset{\frown}{AB}$ 的一条内接折线,显然,这条内接折线的长度是 $\overset{\frown}{AB}$ 长度的一个近似值. 分点愈密,近似值愈接近真正的弧长,因此,我们定义 $\overset{\frown}{AB}$ 的长度为折线当分点无限变密时的长度的极限.

设 M_i 对应于参数 t_i,其中 $t_0 = T_1$,$t_n = T_2$. 于是线段 $M_{i-1}M_i$ 的长为

$$\sqrt{[\varphi(t_i) - \varphi(t_{i-1})]^2 + [\psi(t_i) - \psi(t_{i-1})]^2}$$

因此,整个折线长为

$$\sum_{i=1}^{n} \sqrt{[\varphi(t_i) - \varphi(t_{i-1})]^2 + [\psi(t_i) - \psi(t_{i-1})]^2}$$

而

$$\varphi(t_i) - \varphi(t_{i-1}) \approx \varphi'(t_{i-1})\Delta t_i$$
$$\psi(t_i) - \psi(t_{i-1}) \approx \psi'(t_{i-1})\Delta t_i$$

因此,曲线长度 s 近似等于

$$\sum_{i=1}^{n} \sqrt{[\varphi'(t_{i-1})]^2 + [\psi'(t_{i-1})]^2}\,\Delta t_i$$

令 $\lambda = \max_{1 \leqslant i \leqslant n}\{\Delta t_i\}$,就有

$$s = \lim_{\lambda \to 0} \sum_{i=1}^{n} \sqrt{[\varphi'(t_{i-1})]^2 + [\psi'(t_{i-1})]^2}\,\Delta t_i$$

由于 $\varphi'(t)$ 及 $\psi'(t)$ 的连续性，上述极限即为

$$s = \int_{T_1}^{T_2} \sqrt{[\varphi'(t)]^2 + [\psi'(t)]^2}\, \mathrm{d}t \tag{4-1-4}$$

在 $\overset{\frown}{AB}$ 上任取一点 M，设对应的参数为 t，那么 $\overset{\frown}{AM}$ 的长度为

$$s(t) = \int_{T_1}^{t} \sqrt{[\varphi'(t)]^2 + [\psi'(t)]^2}\, \mathrm{d}t, \quad T_1 \leqslant t \leqslant T_2$$

对 t 求微商，得

$$\frac{\mathrm{d}s}{\mathrm{d}t} = \sqrt{[\varphi'(t)]^2 + [\psi'(t)]^2} \tag{4-1-5}$$

即

$$\mathrm{d}s = \sqrt{[\varphi'(t)]^2 + [\psi'(t)]^2}\, \mathrm{d}t$$

我们把 (4-1-5) 称为**弧微分公式**，或

$$\mathrm{d}s^2 = \mathrm{d}x^2 + \mathrm{d}y^2 \tag{4-1-6}$$

这个公式有简单的几何解释：

如图 4.1.10 所示，在曲线上任取点 $P(x, y)$ 及邻近点 $P'(x + \Delta x, y + \Delta y)$，$\overset{\frown}{PP'} = \Delta s$，过 P 作曲线的切线 PD，从图 4.1.10 可以看出

$$PQ = \Delta x = \mathrm{d}x, \quad QD = \mathrm{d}y$$

公式 (4-1-6) 表明：弧长的微分等于直角 ΔPQD 的弦——切线上被截下的线段 PD，即 $\mathrm{d}s = PD$. 当我们取切线正向与弧长增加方向一致时，由图 4.1.10 可知

$$\frac{\mathrm{d}x}{\mathrm{d}s} = \cos\alpha, \quad \frac{\mathrm{d}y}{\mathrm{d}s} = \cos\beta$$

这里 α, β 分别为切线 PD 与 Ox 轴，Oy 轴的夹角.

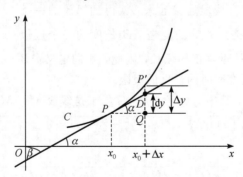

图 4.1.10

【例 4.1.6】 求摆线 $\begin{cases} x = a(t - \sin t) \\ y = a(1 - \cos t) \end{cases}$ 的一拱 $(0 \leqslant t \leqslant 2\pi)$ 的长度（图 4.1.11）.

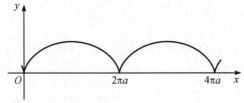

图 4.1.11

解　由弧长公式(4 - 1 - 4)，得

$$s = \int_0^{2\pi} \sqrt{\left(\frac{dx}{dt}\right)^2 + \left(\frac{dy}{dt}\right)^2}\, dt = \int_0^{2\pi} \sqrt{a^2(1-\cos t)^2 + a^2\sin^2 t}\, dt$$

$$= a\int_0^{2\pi} \sqrt{2-2\cos t}\, dt = 2a\int_0^{2\pi} \sin\frac{t}{2}\, dt = 8a$$

如果曲线由直角坐标方程 $y = f(x)$ $(a \leqslant x \leqslant b)$ 给出，这时可把它看成这样的参数方程：

$$x = x,\ y = f(x)\ (a \leqslant x \leqslant b)$$

这里 x 看作参数，于是由公式(4 - 1 - 4)，(4 - 1 - 5)即得

$$s = \int_a^b \sqrt{1 + [f'(x)]^2}\, dx$$

$$ds = \sqrt{1 + [f'(x)]^2}\, dx$$

由此也可得出

$$ds^2 = dx^2 + dy^2$$

【例 4.1.7】　求抛物线 $y = x^2$ 在点 $O(0,0)$，$A(a,a^2)$ 之间的一段弧长.

解　由弧长公式得

$$\widehat{OA} = \int_0^a \sqrt{1 + (y')^2}\, dx = \int_0^a \sqrt{1 + (2x)^2}\, dx$$

$$= \frac{1}{2}\int_0^{2a} \sqrt{1 + t^2}\, dt$$

$$= \frac{1}{4}\left[2a\sqrt{1 + 4a^2} + \ln\left(2a + \sqrt{1 + 4a^2}\right) \right]$$

习题 4.1

1. 求由下列各曲线所围成的图形的面积.

(1) $y = \dfrac{1}{x}$ 与直线 $y = x$ 及 $x = 2$；

(2) $y^2 = x$ 与 $y = x^2$；

(3) $y = 6 - x^2$ 与直线 $y = 3 - 2x$；

(4) $2y^2 = x + 4$ 与 $y^2 = x$；

(5) $y = e^x$，$y = e^{-x}$ 与直线 $x = 1$；

(6) $y = \ln x$，y 轴与直线 $y = \ln a$，$y = \ln b\,(b > a > 0)$.

2. 求下列各曲线所围成的图形的面积.

(1) $\rho = 2a\cos\theta$；

(2) $x = a\cos^3 t$，$y = a\sin^3 t$；

(3) $\rho = 2a(2 + \cos\theta)$.

3. 求由摆线 $x = a(t - \sin t)$，$y = a(1 - \cos t)$ 的一拱$(0 \leqslant t \leqslant 2\pi)$与横轴所围成的图形的面积.

4. 求双纽线 $\rho^2 = a^2\cos 2\theta$ 所围成的平面图形的面积.

5. 计算阿基米德螺线 $\rho = a\theta(a>0)$ 上相应于 θ 从 0 变到 2π 的一段弧与极轴所围成的图形的面积.

6. 求下列各曲线所围成图形的公共部分的面积.

(1) $\rho=2$ 与 $\rho=4\cos\theta$；

(2) $\rho=\sqrt{2}\sin\theta$ 与 $\rho^2=\cos2\theta$.

7. 求位于曲线 $y=\mathrm{e}^x$ 下方，该曲线过原点的切线的左方以及 x 轴上方之间的图形面积.

8. 求由曲线 $y=\dfrac{1}{x}$，直线 $y=4x$ 及 $x=2$ 所围成的平面图形的面积以及该图形绕 x 轴旋转一周所得旋转体的体积.

9. 求由曲线 $y=\sin x(0\leqslant x\leqslant\pi)$，直线 $y=\dfrac{1}{2}$ 及 x 轴所围平面图形分别绕 x 轴和 y 轴旋转一周所得旋转体的体积.

10. 求由星形线 $x^{\frac{2}{3}}+y^{\frac{2}{3}}=a^{\frac{2}{3}}$ 所围成的图形绕 x 轴旋转一周所得旋转体的体积.

11. 计算下列曲线的弧长.

(1) $x^2+y^2=2x$；

(2) $y=a\left(\dfrac{\mathrm{e}^{\frac{x}{a}}+\mathrm{e}^{-\frac{x}{a}}}{2}\right)$ 在 $0\leqslant x\leqslant b$ 上的一段 $(a>0)$；

(3) $\begin{cases} x=a\cos^3 t \\ y=a\sin^3 t \end{cases}$ $(0\leqslant t\leqslant2\pi,\ a>0)$.

12. 若曲线段由极坐标方程 $\rho=\rho(\theta)(\alpha\leqslant\theta\leqslant\beta)$ 给出，证明：该曲线段的长度 s 为

$$s=\int_{\alpha}^{\beta}\sqrt{\rho^2+(\rho')^2}\,\mathrm{d}\theta$$

13. 利用 12 题中公式计算下列曲线的弧长.

(1) $\rho=a(1+\cos\theta)(a>0)$；

(2) $\rho=a\theta$ 在 $0\leqslant\theta\leqslant2\pi$ 上的一段弧的长度.

4.2 曲线的描绘

把函数关系形象地表达出来，我们就经常需要作出函数的图形.

在中学学过描绘函数图形的描点法，就是选取自变量的一组值 x_1，x_2，$\cdots$，x_n，算出相应的函数值 y_1，y_2，$\cdots$，y_n. 把点 (x_1,y_1)，(x_2,y_2)，$\cdots$，(x_n,y_n) 描绘在坐标系中，然后用光滑的曲线把这些点依次连接起来. 然而，这样描出的曲线是不精确的，有时还会漏掉在自变量 x 的某个小范围内因变量 y 的较大变化的情况（如图 4.2.1 所示的 A、B 两点间的情况）.

现在利用微分学的知识，对于函数的变化情况可以作出精准的判断，从而就能够画出比较精确的图形来.

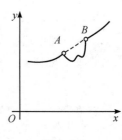

图 4.2.1

4.2.1　函数的增减性和函数图像的升与降

我们已经知道，给定函数 $y=f(x)$，如果在区间 I 内任取两点 x_1，x_2，当 $x_1<x_2$ 时，总有 $f(x_1)<f(x_2)$，则称 $f(x)$ 在区间 I 内是（严格）递增的；反之，如当 $x_1<x_2$ 时，总有 $f(x_1)>f(x_2)$，则称 $f(x)$ 在区间 I 内是（严格）递减的.

从图形上看，如果 $f(x)$ 在 I 内递增，那么 $y=f(x)$ 所表示的曲线在 x 增大的过程中是上升的. 反之，如 $f(x)$ 在 I 内递减，那么 $y=f(x)$ 所表示的曲线在 x 增大的过程是下降的.

我们在第 2 章的微分中值定理部分就知道，利用函数的一阶导数就能判别曲线在某一区间内的上升和下降.

【定理 4.2.1】　设函数 $y=f(x)$ 在区间 I 上可导，若 $f'(x)>0(f'(x)<0)$，则 $f(x)$ 在 I 上严格递增（严格递减）.

回忆第 2 章的证明过程，设函数 $y=f(x)$ 在区间 I 上可导，若 $f'(x)>0(f'(x)<0)$，则 $\forall x_1$，$x_2\in I$，$x_1<x_2$，对 $f(x)$ 在区间 $[x_1,x_2]$ 上应用拉格朗日中值定理知，存在 $\xi\in(x_1,x_2)$，使得

$$f(x_2)-f(x_1)=f'(\xi)(x_2-x_1)$$

由于 $x_1<x_2$，且 $f'(x)>0(f'(x)<0)$，知 $f(x_2)-f(x_1)>0(<0)$，即 $f(x_2)>f(x_1)$ $(f(x_2)<f(x_1))$，从而可得 $f(x)$ 在 I 上严格递增（严格递减）.

定理 4.2.1 中的 I 既可以是有限长度的区间，也可以是无限长度的区间. 另外，根据定理的证明，该定理的条件可以弱化为：设函数 $y=f(x)$ 在 $[a,b]$ 上连续，在 (a,b) 内可导，若 $f'(x)>0(f'(x)<0)$，则 $f(x)$ 在 $[a,b]I$ 上严格递增（严格递减）.

【例 4.2.1】　讨论函数 $f(x)=2x^3-9x^2+12x-3$ 的单调区间.

解　$f(x)$ 的定义域为 $(-\infty,+\infty)$，而

$$f'(x)=6x^2-18x+12=6(x^2-3x+2)=6(x-1)(x-2)$$

令 $f'(x)=0$，得 $x_1=1$，$x_2=2$. 列表讨论如下：

x	$(-\infty,1)$	$(1,2)$	$(2,+\infty)$
$f'(x)$	$+$	$-$	$+$
$f(x)$	增	减	增

因此，$f(x)$ 的单调增加区间为 $(-\infty,1)$ 及 $(2,+\infty)$，单调减少区间为 $(1,2)$，如图 4.2.2 所示. 有了这个图像，函数 $f(x)$ 的变化情况就比较清楚了.

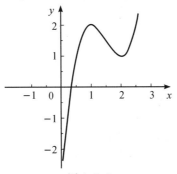

图 4.2.2

 **延伸阅读**

函数 $f(x)$ 在区间 I 上严格递增(递减)的充要条件

若函数 $y=f(x)$ 在区间 I 上可导, 则 $f(x)$ 在 I 上严格递增(递减)的充要条件是:

(1) 对一切 $x\in I$ 有 $f'(x)\geqslant 0(\leqslant 0)$;

(2) 在 I 的任何子区间上 $f'(x)\not\equiv 0$.

证 充分性: 设 $f(x)$ 在 I 上严格递增, 故条件(1)成立. 下面用反证法证明条件(2)成立.

假设存在 $(\alpha,\beta)\subset I$, 有

$$f'(x)=0, \quad \forall x\in(\alpha,\beta)$$

则 $f(x)$ 在 (α,β) 内为常数, 这与已知条件 $f(x)$ 在 I 上严格递增矛盾. 因此假设不成立, 故知条件(2)成立.

必要性: 由条件(1)知 $f(x)$ 在 I 上递增, 下面用反证法证明 $f(x)$ 在 I 上严格递增.

假设 $f(x)$ 在 I 上不严格递增, 则 $\exists\alpha,\beta\in(a,b), \alpha<\beta$, 但

$$f(\alpha)=f(\beta)$$

由于 $f(x)$ 在 I 上递增, 因此

$$f(\alpha)\leqslant f(x)\leqslant f(\beta) \quad (\alpha\leqslant x\leqslant\beta)$$

这说明 $f(x)$ 在 $[\alpha,\beta]$ 上为常数, 从而 $f'(x)=0, \forall x\in(\alpha,\beta)$, 这说明 $f'(x)$ 在 I 上的子区间 (α,β) 内恒为零, 这与条件(2)矛盾. 因此假设不成立, 故 $f(x)$ 在 I 上严格递增.

函数的单调性的应用

(1) 利用函数的单调性证明不等式.

要证明不等式 $f(x)>g(x)(a<x<b)$, 只需证明 $F(x)=f(x)-g(x)>0(a<x<b)$.

证明 $F(x)>0$ 的方法如下:

$$\left.\begin{array}{l}F'(x)>0(a<x<b)\\ F(a)\geqslant 0\end{array}\right\}\Rightarrow F(x)>0(a<x<b)$$

$$\left.\begin{array}{l}F'(x)<0(a<x<b)\\ F(b)\geqslant 0\end{array}\right\}\Rightarrow F(x)>0(a<x<b)$$

当 $F'(x)$ 的正负不易判定时, 需要用高阶导数来证明不等式.

用以下方式证明 $F(x)>0$:

$$\left.\begin{array}{l}F^{(n)}(x)>0(a<x<b)\\ F^{k}(a)\geqslant 0(k=0,1,2,\cdots,n-1)\end{array}\right\}\Rightarrow F(x)>0(a<x<b)$$

【例1】 证明不等式: $\ln(1+x)>\dfrac{\arctan x}{1+x}(x>0)$.

证 设 $f(x)=(1+x)\ln(1+x)-\arctan x$, 则 $f(x)$ 在 $[0,+\infty)$ 上连续, 且

$$f'(x)=\ln(1+x)+1-\frac{1}{1+x^2}=\ln(1+x)+\frac{x^2}{1+x^2}>0(x>0)$$

即函数 $f(x)$ 在区间 $[0,+\infty)$ 上单调增加; 又 $f(0)=0$, 故对于 $x>0$, 有 $f(x)>f(0)=0$,

即 $f(x) > 0$，证得 $x > 0$ 时，$(1+x)\ln(1+x) - \arctan x > 0$，即

$$\ln(1+x) > \frac{\arctan x}{1+x}(x > 0)$$

（2）利用函数的单调性讨论函数的零点的个数．

利用函数 $f(x)$ 在一个区间上的单调性可以讨论函数 $f(x)$ 在该区间上零点（或方程 $f(x) = 0$ 的根）的个数．

若 $f(x)$ 在区间 $[a, b]$ 上单调，则 $f(x)$ 在 $[a, b]$ 上最多有一个零点（或方程 $f(x) = 0$ 最多有一个根）．如果已知方程 $f(x) = 0$ 在 (a, b) 内至少有一个根，则该方程在 (a, b) 内有唯一的根．

【例 2】 试讨论方程 $\ln x - \dfrac{x}{e} + 1 = 0$ 的实根个数．

解 令 $f(x) = \ln x - \dfrac{x}{e} + 1$，则 $f'(x) = \dfrac{1}{x} - \dfrac{1}{e}$，令 $f'(x) = 0$，得 $x = e$．

当 $x \in (0, e)$ 时，$f'(x) > 0$，$f(x)$ 单调递增．

当 $x \in (e, +\infty)$ 时，$f'(x) < 0$，$f(x)$ 单调递减．

又 $f(e) = 1 > 0$，$\lim\limits_{x \to 0^+} f(x) = -\infty$，$\lim\limits_{x \to +\infty} f(x) = -\infty$，则 $f(x)$ 在 $(0, e)$ 和 $(e, +\infty)$ 内各有一个零点，故原方程有两个实根．

【例 3】 试证方程 $2^x - x^2 = 1$ 有且仅有三个实根．

证 令 $f(x) = 2^x - x^2 - 1$，显然有 $f(0) = 0$，$f(1) = 0$，又

$$f(2) = -1 < 0,\quad f(5) = 2^5 - 25 - 1 = 6 > 0$$

则 $f(x)$ 在 $(2, 5)$ 内至少有一个零点，故方程至少有三个实根，又

$$f'(x) = 2^x \ln 2 - 2x,\quad f''(x) = 2^x(\ln 2)^2 - 2,\quad f'''(x) = 2^x(\ln 2)^3 \neq 0$$

从而原方程最多三个实根，原题得证．

4.2.2　函数图像的凹与凸

从例 4.2.1 可知，曲线 $y = f(x)$ 在区间 $(-\infty, 1)$，$(2, +\infty)$ 内都是上升的，但仔细观察一下图 4.2.2，就会发现它们上升的形状却不一样，因此要描绘出函数的图像，仅仅知道它在区间内上升或下降的情况是不够的，还必须知道它是如何上升与如何下降的．

为此我们下面介绍函数图像的凹与凸．

按照通常的说法，图 4.2.3 中的曲线段 $\overset{\frown}{AB}$ 是凸的，曲线段 $\overset{\frown}{BC}$ 是凹的．但究竟什么叫凸，什么叫凹呢？如果在曲线段 $\overset{\frown}{AB}$ 上每点作它的切线，就会发现这些切线都在曲线段 AB 的上方；而在曲线段 $\overset{\frown}{BC}$ 上每点作它的切线，又发现这些切线都在曲线段 $\overset{\frown}{BC}$ 的下方．我们就利用这个事实来定义曲线的凹与凸．

【定义 4.2.1】 若曲线段的切线都在曲线段的上方，则称该曲线段是凸的；若曲线段的切线都在曲线段的下方，则称该曲线段是凹的．

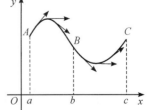

图 4.2.3

另一方面,从几何上看,若 $y=f(x)$ 的图像在区间 I 上是凹的,则连接曲线上任意两点所得的弦在对应曲线的上方;若 $y=f(x)$ 的图像在区间 I 上是凸的,则连接曲线上任意两点所得的弦在对应曲线的下方. 能否将此直观的描述用数量关系表示呢?

如图 4.2.4 所示,在凹曲线段上任取两点 A,B,设其坐标分别为 $A(x_1, f(x_1))$,$B(x_2, f(x_2))$,弦 AB 在曲线上方,则对 $\forall x \in (x_1, x_2)$,有

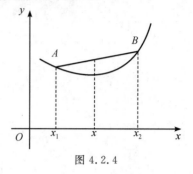

图 4.2.4

$$f(x) < f(x_1) + \frac{f(x_2) - f(x_1)}{x_2 - x_1}(x - x_1)$$

上式可变形为

$$f(x) < \frac{x_2 - x}{x_2 - x_1}f(x_1) + \frac{x - x_1}{x_2 - x_1}f(x_2)$$

令 $\lambda = \dfrac{x_2 - x}{x_2 - x_1}$,则有 $\lambda \in (0, 1)$,且 $x = \lambda x_1 + (1-\lambda)x_2$,$1 - \lambda = \dfrac{x - x_1}{x_2 - x_1}$,故对 $\forall x_1, x_2 \in I$,都有 $f[\lambda x_1 + (1-\lambda)x_2] < \lambda f(x_1) + (1-\lambda)f(x_2)$,从而有以下定义:

▶【定义 4.2.2】 设函数 $f(x)$ 在区间 I 上有定义,若对 I 上任意两点 x_1,x_2 和任意实数 $\lambda \in (0, 1)$,总有

$$f[\lambda x_1 + (1-\lambda)x_2] < \lambda f(x_1) + (1-\lambda)f(x_2)$$

则称 $f(x)$ 为区间 I 上的**凹函数**,称其图像在区间 I 上是凹的. 反之,如果总有

$$f[\lambda x_1 + (1-\lambda)x_2] > \lambda f(x_1) + (1-\lambda)f(x_2)$$

则称 $f(x)$ 为区间 I 上的**凸函数**,称其图像在区间 I 上是凸的.

通常也称凹函数为下凸函数(上凹函数),凸函数为上凸函数(下凹函数). 现代分析学、控制理论与最优化理论的发展使凸函数具有广泛的应用前景,形成了分析学的一个新的分支——凸分析.

在定义 4.2.2 中,若令 $\lambda = \dfrac{1}{2}$,则可得下面的定义:

▶【定义 4.2.3】 设函数 $f(x)$ 在区间 I 上有定义,对 $\forall x_1, x_2 \in I$,若

$$f\left(\frac{x_1 + x_2}{2}\right) < \frac{f(x_1) + f(x_2)}{2}$$

则称函数 $f(x)$ 为区间 I 上的凹函数,称对应的曲线 $y=f(x)$ 在 I 上是凹曲线,称 I 为凹区间;若

$$f\left(\frac{x_1 + x_2}{2}\right) > \frac{f(x_1) + f(x_2)}{2}$$

则称函数 $f(x)$ 为区间 I 上的凸函数,称对应的曲线 $y=f(x)$ 在 I 上是凸曲线,称 I 为凸区间.

除了用以上定义判断曲线的凹凸性外,还有其他方法吗?

从图 4.2.3 可以看出,对于凸的曲线段 $\overset{\frown}{AB}$ 来说,当 x 由 a 变到 b 时,切线的斜率在逐渐减小,即 $f'(x)$ 是递减函数;而凹的曲线段 $\overset{\frown}{BC}$ 的情况恰好相反,当 x 由 b 变到 c 时,切

线的斜率越来越大，即 $f'(x)$ 是递增函数. 因此，曲线的凹凸，也可用 $f'(x)$ 的升降来刻画.

设 $y=f(x)$ 是区间 (a,b) 上的一个曲线段，假定在 (a,b) 内 $f''(x)>0$，这时函数 $f'(x)$ 是递增的，因而该曲线段在 (a,b) 内是凹的. 用类似的方法可知当 $f''(x)<0(a<x<b)$ 时，曲线 $y=f(x)$ 在 (a,b) 内是凸的. 这样就得到判断曲线凹凸的一个方法：

【定理 4.2.2】　若在某一区间内 $f''(x)>0$，则曲线 $y=f(x)$ 在这个区间内是凹的；若在某一区间内 $f''(x)<0$，则曲线 $y=f(x)$ 在这个区间内是凸的.

图 4.2.3 中的 B 点是曲线由凸变凹的转折点，叫作**拐点**或**扭转点**. 一般来说，曲线无论是由凸转为凹，或由凹转为凸，改变曲线凹凸的这个地方都叫作拐点. 由于拐点是曲线凹凸的转折点，也即二阶导数通过它要变号，因此在拐点 $(x_0,f(x_0))$ 处如果存在二阶导数，则必有 $f''(x_0)=0$.

应当注意，以上判断曲线凹凸性的条件并不是充分的. 例如，$y=x^4$ 在 $x=0$ 点虽然有

$$f''(0)=12x^2\big|_{x=0}=0$$

但画出图形就可知道这一点并不是拐点.

为了确定点 $(x_0,f(x_0))$ 是不是拐点，只需观察当 x 由 x_0 的左侧变到右侧时，$f''(x)$ 是否变号，如果变号，那么点 $(x_0,f(x_0))$ 就是拐点，否则就不是拐点.

以上考虑的是 $f(x)$ 在 $x=x_0$ 处二阶导数存在的情形. 但**在二阶导数不存在的那些点，也有可能是曲线的拐点**. 例如，

$$y=f(x)=(x-2)^{\frac{5}{3}}$$

易见，当 $x\neq 2$ 时

$$f''(x)=\frac{10}{9}(x-2)^{-\frac{1}{3}}$$

当 $x=2$ 时，$f''(x)$ 不存在. 但 $f''(x)$ 在 $x=2$ 的左邻域小于零，而在 $x=2$ 的右邻域大于零，且在 $x=2$ 处连续，所以，$x=2$ 所对应的曲线上的点 $M_0(2,0)$ 是此曲线的拐点.

【例 4.2.2】　求 $f(x)=(x-1)\sqrt[3]{x^5}$ 的凹凸区间和拐点.

解　$f(x)$ 的定义域为 $(-\infty,+\infty)$，且 $f(x)=(x-1)\sqrt[3]{x^5}=x^{\frac{8}{3}}-x^{\frac{5}{3}}$，而

$$f'(x)=\frac{8}{3}x^{\frac{5}{3}}-\frac{5}{3}x^{\frac{2}{3}}$$

$$f''(x)=\frac{40}{9}x^{\frac{2}{3}}-\frac{10}{9}x^{-\frac{1}{3}}=\frac{10}{9}x^{-\frac{1}{3}}(4x-1)=\frac{10(4x-1)}{9\sqrt[3]{x}}$$

令 $f''(x)=0$，可得 $x=\dfrac{1}{4}$，而 $x=0$ 时 $f''(x)$ 不存在，故 $f(x)$ 可能的拐点为 $x_1=0$，$x_2=\dfrac{1}{4}$，列表如下：

x	$(-\infty,0)$	0	$\left(0,\dfrac{1}{4}\right)$	$\dfrac{1}{4}$	$\left(\dfrac{1}{4},+\infty\right)$
$f''(x)$	$+$	不存在	$-$	0	$+$
$f(x)$	凹	拐点	凸	拐点	凹

根据表可知 $f(x)$ 的凸区间为 $\left[0, \frac{1}{4}\right]$，凹区间为 $(-\infty, 0]$，$\left[\frac{1}{4}, +\infty\right)$，拐点为 $(0, 0)$，$\left(\frac{1}{4}, -\frac{3}{4}\sqrt[3]{\left(\frac{1}{4}\right)^5}\right)$。

 延伸阅读

凹凸性证明不等式

若在 (a, b) 上有 $f''(x) > 0$，则有 $f\left(\frac{x_1 + x_2}{2}\right) < \frac{1}{2}[f(x_1) + f(x_2)]$；

若在 (a, b) 上有 $f''(x) < 0$，则有 $f\left(\frac{x_1 + x_2}{2}\right) > \frac{1}{2}[f(x_1) + f(x_2)]$；

经典例子：$e^{\frac{x+y}{2}} < \frac{e^x + e^y}{2}$。

【例4】 试证 $(x+y)\ln\frac{x+y}{2} \leqslant x\ln x + y\ln y (x>0, y>0)$。

证 只要证明 $\frac{x+y}{2}\ln\frac{x+y}{2} \leqslant \frac{x\ln x + y\ln y}{2} (x>0, y>0)$，

即只要证函数 $f(x) = x\ln x (x>0)$ 的图形是凹的。

由于 $f'(x) = \ln x + 1$，$f''(x) = \frac{1}{x} > 0 (x>0)$，

则函数 $f(x) = x\ln x (x>0)$ 的图像是凹的，原题得证。

知道了函数的增减区间以后，再根据函数的二阶导数在该区间上的符号，就可断定出函数图像的凹凸性。这样，函数图像的大致轮廓可以勾画无遗，就不会像描点那样，有漏掉一个大弯的可能了。但还有一个重要事项没有注意到，那就是如果函数图像伸向无穷时，它的动态如何？以下给出说明。

4.2.3 曲线的渐近线

我们知道，双曲线有两条渐近线。当双曲线伸向无穷时，它和两条渐近线越来越靠近，通过这两条渐近线，就可清楚地了解双曲线伸向无穷时的动态。

因此，要准确地画出函数的图像，还必须看它是否有渐近线，如果有渐近线，必须把渐近线找出来。一般来说，我们可以这样定义渐近线：当曲线上的一点沿着曲线离原点无限远移时，如果该点与某一固定直线的距离趋向于零，我们就把那条固定的直线叫作曲线的渐近线。

最简单的渐近线是水平渐近线或垂（铅）直渐近线，下面给出找这种渐近线的方法。

如果对于函数 $y = f(x)$ 有

$$\lim_{x \to a} f(x) = \infty$$

那么 $y = f(x)$ 的图像如图 4.2.5 所示，因此 $x = a$ 是它的一条垂直渐近线。

如果对于函数 $y = f(x)$ 有

$$\lim_{x \to \infty} f(x) = b \ (b \text{ 为一有限数})$$

那么 $y=f(x)$ 的图像如图 4.2.6 所示，因此 $y=a$ 与 $y=b$ 就是它的两条水平渐近线.

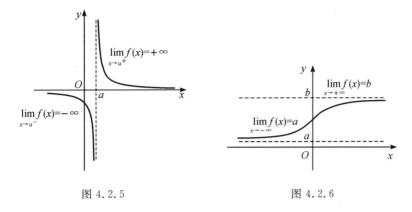

图 4.2.5　　　　　　　　　　　　图 4.2.6

　　稍微复杂的渐近线是斜渐近线，其找起来稍麻烦一些. 设函数 $y=f(x)$ 的渐近线的方程是

$$y=ax+b \ (a \neq 0) \tag{4-2-1}$$

　　我们从图 4.2.7 中看到，$f(x)$ 图像上动点 M 到直线 (4-2-1) 的距离 MK 与 MK' 有关系

$$MK=MK'\cos\alpha$$

这里 α 是直线 (4-2-1) 与 x 轴的交角. 因此 MK 趋于零和 MK' 趋于零是等价的. 于是当 M 在图像上移向无穷时，有 $\lim\limits_{x \to \infty} MK'=0$，即

$$\lim_{x \to \infty}[f(x)-ax-b]=0 \tag{4-2-2}$$

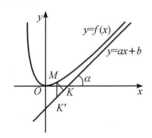

图 4.2.7

适合这一性质的直线必定是渐近线. 因此得到这样一个结论：

　　直线 $y=ax+b$ 是函数 $f(x)$ 的渐近线的充分必要条件为

$$\lim_{x \to \infty}[f(x)-ax-b]=0$$

　　现在我们就根据这一条件来确定 a 与 b. 由式 (4-2-2) 知道

$$\lim_{x \to \infty}\frac{f(x)-ax-b}{x}=0$$

也一定成立，即

$$\lim_{x \to \infty}\left[\frac{f(x)}{x}-a\right]=0$$

或者

$$\lim_{x \to \infty} \frac{f(x)}{x} = a \qquad\qquad (4-2-3)$$

由此可具体算出 a. 又根据式 $(4-2-2)$ 有

$$\lim_{x \to \infty}[f(x) - ax] = b \qquad\qquad (4-2-4)$$

从而得到 b. 通过式 $(4-2-3)$，$(4-2-4)$，就能找到一般的渐近线

$$y = ax + b$$

【例 4.2.3】 求曲线 $y = \dfrac{x^2}{1+x}$ 的渐近线.

解 由于

$$\lim_{x \to -1} \frac{x^2}{1+x} = \infty$$

故 $x = -1$ 是一条垂直渐近线. 又由于

$$\lim_{x \to \infty} \frac{f(x)}{x} = \lim_{x \to \infty} \frac{x^2}{x(1+x)} = 1$$

即得 $a = 1$，而

$$b = \lim_{x \to \infty}[f(x) - ax] = \lim_{x \to \infty}\left(\frac{x^2}{1+x} - x\right) = \lim_{x \to \infty}\frac{-x}{1+x} = -1$$

故得另一条渐近线为 $y = x - 1$.

4.2.4　函数图像的描绘

有了上面这些知识以后，就可以比较精确地描绘出函数的图像了.

【例 4.2.4】 描绘 $y = \dfrac{(x-3)^2}{4(x-1)}$ 的图像.

解 函数的定义域为 $-\infty < x < 1$，$1 < x < +\infty$. 由于

$$f'(x) = \frac{(x-3)(x+1)}{4(x-1)^2}$$

$$f''(x) = \frac{2}{(x-1)^3}$$

可知

$$f'(3) = 0$$
$$f'(-1) = 0$$

现在来求渐近线. 因为

$$\lim_{x \to 1} f(x) = \lim_{x \to 1} \frac{(x-3)^2}{4(x-1)} = \infty$$

所以 $x = 1$ 是一条垂直渐近线. 又由于

$$a = \lim_{x \to \infty} \frac{f(x)}{x} = \lim_{x \to \infty} \frac{(x-3)^2}{4x(x-1)} = \frac{1}{4}$$

$$b = \lim_{x \to \infty}[f(x) - ax] = \lim_{x \to \infty}\left[\frac{(x-3)^2}{4(x-1)} - \frac{x}{4}\right] = -\frac{5}{4}$$

故得另一条渐近线为

$$y = \frac{1}{4}x - \frac{5}{4}$$

再考察函数在几个特殊点所构成的区间上的变化情况：

x	$(-\infty, -1)$	-1	$(-1, 1)$	$(1, 3)$	3	$(3, +\infty)$
$f'(x)$	$+$	0	$-$	$-$	0	$+$
$f''(x)$	$-$	$-$	$-$	$+$	$+$	$+$
$f(x)$	凸，上升	极大值 $f(-1)=2$	凸，下降	凹，下降	极小值 $f(3)=0$	凹，上升

按上表及渐近线，即得函数大致图像（图 4.2.8）．

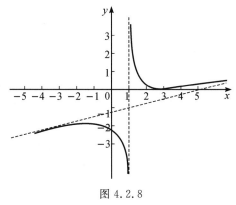

图 4.2.8

4.2.5　曲率

我们已经会利用函数的二阶导数判断曲线的凹与凸，或者说断定了曲线弯曲的方向．现在进一步来研究曲线弯曲的程度，这个问题是有现实意义的，因为在力学及某些工程技术问题，如动车、高铁轨道设计中，需要知道的恰恰就是曲线弯曲程度的定量估计．

为了给出这个定量的估计，注意图 4.2.9，不难发现，曲线的弯曲程度与它的切线方向变化的快慢有关，即与曲线两端点处切线的夹角的大小有关．另一方面，如果某条 1 km 长的公路和一条 1 m 长的绳子都弯了 30°（即两端点切线的夹角为 30°），那么显然可以看出，后者比前者弯曲得厉害．由此可见，曲线的弯曲程度不仅与两端点处切线的夹角有关，而且还与曲线本身的长度有关．

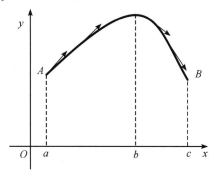

图 4.2.9

容易知道，如果曲线两端点处切线的夹角为 $\Delta\varphi$，曲线的长度为 Δs，那么 $\Delta\varphi/\Delta s$ 这个量刻画了曲线的平均弯曲的程度，叫作该**曲线的平均曲率**. 为了定义曲线上某点 A 的曲率，在点 A 的附近任取一点 B，算出 $\overset{\frown}{AB}$ 段的平均曲率 $\Delta\varphi/\Delta s$，当 B 点越靠近 A 点时，这个平均曲率越能反映曲线在 A 点的弯曲程度. 因此，曲线在 A 点的曲率 k 就定义为：当 $\Delta s\to 0$（即 $B\to A$）时，$\Delta\varphi/\Delta s$ 的极限，即

$$k=\lim_{\Delta s\to 0}\frac{\Delta\varphi}{\Delta s}$$

从这个定义立刻可知道直线上每点的曲率都为零. 这是因为 $\Delta\varphi=0$，故 $\lim\limits_{\Delta s\to 0}\dfrac{\Delta\varphi}{\Delta s}=0$.

现在我们根据定义来推导出曲线 $y=f(x)$ 上点的曲率公式.

在曲线 $y=f(x)$ 上取点 A（图 4.2.10），其横坐标为 x，另取一点 B，其横坐标为 $x+\Delta x$. 设过曲线上 A，B 两点的切线和 x 轴正向的交角分别为 α，β，则

$$\tan\alpha=f'(x),\quad \tan\beta=f'(x+\Delta x)$$

两切线的夹角为

$$\Delta\varphi=|\beta-\alpha|=|\arctan f'(x+\Delta x)-\arctan f'(x)|$$

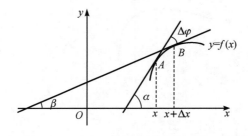

图 4.2.10

另一方面，若把曲线在 $[a,x]$ 中一段的弧长记为 $s(x)$，其中 a 为 x 轴上任一点，那么 $\overset{\frown}{AB}$ 的长度为

$$\Delta s=s(x+\Delta x)-s(x)$$

$\overset{\frown}{AB}$ 的平均曲率为

$$\frac{\Delta\varphi}{\Delta s}=\frac{|\arctan f'(x+\Delta x)-\arctan f'(x)|}{s(x+\Delta x)-s(x)}$$

即

$$\frac{\Delta\varphi}{\Delta s}=\frac{\left|\dfrac{\arctan f'(x+\Delta x)-\arctan f'(x)}{\Delta x}\right|}{\dfrac{s(x+\Delta x)-s(x)}{\Delta x}}$$

显然，当 $\Delta s\to 0$ 时，$\Delta x\to 0$，而当 $\Delta x\to 0$ 时，上式分子趋于

$$\left|\frac{\mathrm{d}}{\mathrm{d}x}\left[\arctan f'(x)\right]\right|=\left|\frac{\mathrm{d}}{\mathrm{d}x}(\arctan y')\right|=\frac{|y''|}{1+(y')^2}$$

而分母的极限为

$$\frac{\mathrm{d}s(x)}{\mathrm{d}x}=\sqrt{1+(y')^2}$$

于是得到

$$k = \lim_{\Delta x \to 0} \frac{\Delta \varphi}{\Delta s} = \frac{|y''|}{[1 + (y')^2]^{3/2}} \qquad (4-2-5)$$

这就是我们要找的计算曲率的公式.

如果曲线方程是由参数方程

$$x = \varphi(t), \ y = \psi(t) \ (\alpha \leqslant t \leqslant \beta)$$

给出，由于

$$y' = \frac{\psi'(t)}{\varphi'(t)}, \ y'' = \frac{\psi''(t)\varphi'(t) - \varphi''(t)\psi'(t)}{[\varphi'(t)]^3}$$

代入(4-2-5)式，即得

$$k = \frac{|\psi''(t)\varphi'(t) - \varphi''(t)\psi'(t)|}{\{[\varphi'(t)]^2 + [\psi'(t)]^2\}^{3/2}} \qquad (4-2-6)$$

例如，半径为 R 的圆的参数方程为

$$x = R\cos t, \ y = R\sin t \ (0 \leqslant t \leqslant 2\pi)$$

代入(4-2-6)式，即得

$$k = \frac{1}{R}$$

故圆周上每点的曲率都等于半径的倒数，由此可看出半径越大的圆，曲率越小，这和我们的直观是一致的.

假定曲线 $y = f(x)$ 在 A 点的曲率为 $k \neq 0$. 过 A 引曲线的法线，又在法线上曲线凹的一面取点 C，使 $AC = \frac{1}{k}$，以 C 为圆心，AC 之长为半径画一圆(图 4.2.11)，由于 C 点在曲线的法线上，故这个圆和曲线在 A 点相切，而且两者在 A 点有相同的曲率. 因此我们可以说，在通过 A 点的一切圆中，以这个圆在 A 点附近和曲线的形状最接近. 我们就把这个圆叫作曲线在 A 点的**曲率圆**，它的半径叫作**曲率半径**，圆心叫作**曲率中心**.

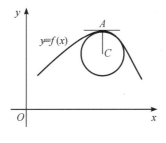

图 4.2.11

由于曲率圆具有上述性质，因此在谈到有关曲线凹凸和曲率问题时，我们往往拿曲率圆来代替曲线，使问题得以简化. 例如在研究质点的曲线运动时，用曲率圆来代替一点附近的曲线弧，就可利用圆周运动的知识来分析这一点处的曲线运动. 如质量为 m 的质点，在曲线上一点的切线速度为 v，记曲线在此点的曲率半径为 R，则质点运动在此点处的向心加速度为 $\frac{v^2}{R}$，向心力为 $\frac{mv^2}{R}$.

习题 4.2

1. 证明：函数 $y = e^{-x^2}$ 在 $(-\infty, 0)$ 内是单调增加的；在 $(0, +\infty)$ 内是单调减少的.

2. 证明：

(1) 当 $a > b > 0$，$n > 1$ 时，$nb^{n-1}(a-b) \leqslant a^n - b^n \leqslant na^{n-1}(a-b)$；

(2) 当 $x \neq 0$ 时，$e^x > 1 + x$；

(3) 当 $x > 0$ 时，$x > \ln(1+x)$.

3. 证明：若在 $x > 0$ 时，$f'(x) > g'(x)$，又 $f(0) = g(0)$，则 $f(x) > g(x)$.

4. 求下列函数的凹凸区间和拐点.

(1) $y = x^3 - 3x^2 - 9x + 9$；　　　　(2) $y = (1+x^2)e^x$；

(3) $y = x + \sin x$；　　　　　　　　(4) $y = \ln(1+x^2)$.

5. a, b 为何值时，点 $(1, 3)$ 为曲线 $y = ax^3 + bx^2$ 的拐点？

6. 求下列曲线的渐近线.

(1) $y = \dfrac{1}{x^2 - 3x + 2}$；　　　　(2) $y = c + \dfrac{a^3}{(x-b)^2}$；

(3) $\dfrac{x^2}{a^2} - \dfrac{y^2}{b^2} = 1$；　　　　　　(4) $y = x e^{\frac{2}{x}} + 1$.

4.3　泰勒展开式与极值问题

4.3.1　泰勒展开式

对于一些较复杂的函数，为了便于研究，往往希望用一些简单的函数来近似表达. 由于用多项式表示的函数，只要对自变量进行有限次加、减、乘三种算术运算，便能求出它的函数值来，因此我们经常用多项式来近似表达函数.

在微分的概念中我们知道，如果函数 $f(x)$ 在点 x_0 处一阶可微，那么当 $x \to x_0$ 时，函数 $f(x)$ 就可以表示为

$$\Delta y = f'(x_0)\Delta x + o(\Delta x)$$

即

$$f(x) = f(x_0) + f'(x_0)(x - x_0) + o(x - x_0)$$

这个等式说明：$f(x)$ 可以近似地表示为一次函数

$$p_1(x) = f(x_0) + f'(x_0)(x - x_0)$$

误差是比 $x - x_0$ 高阶的无穷小.

但是这种近似表达式还存在着不足之处：首先是精确度不高，它所产生的误差仅是关于 x 的高阶无穷小；其次用它来做近似计算时，不能具体估算出误差大小. 因此，对于精确度要求较高且需要估计误差的时候，就必须用高次多项式来近似表达函数，同时给出误差公式. 于是提出如下的问题：

设函数 $f(x)$ 在含有 x_0 的开区间内具有直到 $n+1$ 阶导数，试找出一个关于 $x - x_0$ 的

n 次多项式

$$p_n(x) = a_0 + a_1(x - x_0) + a_2(x - x_0)^2 + \cdots + a_n(x - x_0)^n \qquad (4-3-1)$$

来近似表达 $f(x)$，要求 $p_n(x)$ 与 $f(x)$ 之差是比 $(x-x_0)^n$ 高阶的无穷小，并给出误差 $|f(x) - p_n(x)|$ 的具体表达式.

下面我们来讨论这个问题. 假设 $p_n(x)$ 在 x_0 处的函数值及它的直到 n 阶导数在 x_0 处的值依次与 $f(x_0)$，$f'(x_0)$，$f''(x_0)$，$\cdots$，$f^{(n)}(x_0)$ 相等，即满足

$$p_n(x_0) = f(x_0)，p'_n(x_0) = f'(x_0)，p''_n(x_0) = f''(x_0)，\cdots，p_n^{(n)}(x_0) = f^{(n)}(x_0)$$

按这些等式来确定式 (4-3-1) 的系数 $a_0，a_1，a_2，\cdots，a_n$，为此，对式 (4-3-1) 求各阶导数，然后分别代入以上等式，得

$$a_0 = f(x_0)，1 \cdot a_1 = f'(x_0)，2!a_2 = f''(x_0)，\cdots，n!a_n = f^{(n)}(x_0)$$

即得

$$a_0 = f(x_0)，a_1 = f'(x_0)，a_2 = \frac{1}{2!}f''(x_0)，\cdots，a_n = \frac{1}{n!}f^{(n)}(x_0)$$

将求得的系数 $a_0，a_1，a_2，\cdots，a_n$ 代入式 (4-3-1)，有

$$p_n(x) = f(x_0) + f'(x_0)(x - x_0) + \frac{f''(x_0)}{2!}(x - x_0)^2 + \cdots + \frac{f^{(n)}(x_0)}{n!}(x - x_0)^n$$
$$(4-3-2)$$

下面的定理表明，多项式 (4-3-2) 的确是所要找的 n 次多项式.

【**定理 4.3.1（泰勒（Taylor）中值定理）**】　如果函数 $f(x)$ 在含有 x_0 的某个开区间 $(a，b)$ 内具有直到 $n+1$ 阶的导数，则对任一 $x \in (a，b)$，有

$$f(x) = f(x_0) + f'(x_0)(x - x_0) + \frac{f''(x_0)}{2!}(x - x_0)^2 + \cdots + \frac{f^{(n)}(x_0)}{n!}(x - x_0)^n + R_n(x)$$
$$(4-3-3)$$

其中

$$R_n(x) = \frac{f^{(n+1)}(\xi)}{(n+1)!}(x - x_0)^{n+1} \qquad (4-3-4)$$

这里 ξ 是 x_0 与 x 之间的某个值.

证　根据式 (4-3-2) 和 (4-3-3)，有 $R_n(x) = f(x) - p_n(x)$. 只需证明

$$R_n(x) = \frac{f^{(n+1)}(\xi)}{(n+1)!}(x - x_0)^{n+1} \quad (\xi \text{ 在 } x_0 \text{ 与 } x \text{ 之间})$$

由假设可知，$R_n(x)$ 在 $(a，b)$ 内具有直到 $n+1$ 阶导数，且

$$R_n(x_0) = R'_n(x_0) = R''_n(x_0) = \cdots = R_n^{(n)}(x_0) = 0$$

对两个函数 $R_n(x)$ 及 $(x - x_0)^{n+1}$ 在以 x_0 及 x 为端点的区间上应用柯西中值定理（显然，这两个函数满足柯西中值定理的条件），得

$$\frac{R_n(x)}{(x - x_0)^{n+1}} = \frac{R_n(x) - R_n(x_0)}{(x - x_0)^{n+1} - 0} = \frac{R'_n(\xi_1)}{(n+1)(\xi_1 - x_0)^n} \quad (\xi_1 \text{ 在 } x_0 \text{ 与 } x \text{ 之间})$$

再对两个函数 $R'_n(x)$ 与 $(n+1)(x - x_0)^n$ 在以 x_0 及 ξ_1 为端点的区间上应用柯西中值定理，得

$$\frac{R_n'(\xi_1)}{(n+1)(\xi_1-x_0)^n}=\frac{R_n'(\xi_1)-R_n'(x_0)}{(n+1)(\xi_1-x_0)^n-0}=\frac{R_n''(\xi_2)}{n(n+1)(\xi_2-x_0)^{n-1}}(\xi_2 \text{ 在 } x_0 \text{ 与 } \xi_1 \text{ 之间})$$

照此方法继续做下去, 经过 $n+1$ 次后, 得

$$\frac{R_n(x)}{(x-x_0)^{n+1}}=\frac{R_n^{(n+1)}(\xi)}{(n+1)!}(\xi \text{ 在 } x_0 \text{ 与 } \xi_n \text{ 之间, 因而也在 } x_0 \text{ 与 } x \text{ 之间})$$

注意到 $R_n^{(n+1)}(x)=f^{(n+1)}(x)$ (因 $p_n^{(n+1)}(x)=0$), 则由上式得

$$R_n(x)=\frac{f^{(n+1)}(\xi)}{(n+1)!}(x-x_0)^{n+1} \quad (\xi \text{ 在 } x_0 \text{ 与 } x \text{ 之间})$$

定理证毕.

多项式$(4-3-2)$称为函数 $f(x)$ 按 $x-x_0$ 的幂展开的 n 次近似多项式或 n 阶泰勒多项式, 式$(4-3-3)$称为 $f(x)$ 按 $x-x_0$ 的幂展开的**带有拉格朗日型余项的 n 阶泰勒公式**, 而 $R_n(x)$ 的表达式$(4-3-4)$称为**拉格朗日型余项**.

当 $n=0$ 时, 泰勒公式变成拉格朗日中值公式:

$$f(x)=f(x_0)+f'(\xi)(x-x_0) \quad (\xi \text{ 在 } x_0 \text{ 与 } x \text{ 之间})$$

因此, 泰勒中值定理是拉格朗日中值定理的推广.

在泰勒公式$(4-3-3)$中, 如果取 $x_0=0$, 则 ξ 在 0 与 x 之间. 因此可令 $\xi=\theta x$ $(0<\theta<1)$, 从而泰勒公式变成较简单的形式, 即**麦克劳林(Maclaurin)公式**

$$f(x)=f(0)+f'(0)x+\frac{f''(0)}{2!}x^2+\cdots+\frac{f^{(n)}(0)}{n!}x^n+\frac{f^{(n+1)}(\theta x)}{(n+1)!}x^{n+1}(0<\theta<1)$$

$$(4-3-5)$$

由泰勒中值定理可知, 以泰勒多项式 $p_n(x)$ 近似表达函数 $f(x)$ 时, 其误差为 $|R_n(x)|$. 如果对于某个固定的 n, 当 $x\in(a,b)$ 时, $|f^{(n+1)}(x)|\leqslant M$, 则有估计式

$$|R_n(x)|=\left|\frac{f^{(n+1)}(\xi)}{(n+1)!}(x-x_0)^{n+1}\right|\leqslant\frac{M}{(n+1)!}|x-x_0|^{n+1} \quad (4-3-6)$$

及 $\lim\limits_{x\to x_0}\dfrac{R_n(x)}{(x-x_0)^n}=0.$

由此可见, 当 $x\to x_0$ 时误差 $|R_n(x)|$ 是比 $(x-x_0)^n$ 高阶的无穷小, 即

$$R_n(x)=o[(x-x_0)^n] \quad (4-3-7)$$

这样, 我们提出的问题完满地得到解决.

在不需要余项的精确表达式时, n 阶泰勒公式也可写成

$$f(x)=f(x_0)+f'(x_0)(x-x_0)+\cdots+\frac{f^{(n)}(x_0)}{n!}(x-x_0)^n+o[(x-x_0)^n] (4-3-8)$$

$R_n(x)$ 的表达式$(4-3-7)$称为**皮亚诺(Peano)型余项**, 公式$(4-3-8)$称为 $f(x)$ 按 $x-x_0$ 的幂展开的**带有皮亚诺型余项的 n 阶泰勒公式**.

注

从公式$(3-3-8)$可以看出, $f(x)$ 按 $x-x_0$ 的幂展开的带有皮亚诺型余项的 n 阶泰勒公式仅要求函数 $f(x)$ 在 x_0 点具有 n 阶导数, 因此这个展开式仅用于证明函数的局部性质时使用. 而 $f(x)$ 按 $x-x_0$ 的幂展开的带有拉格朗日型余项的 n 阶泰勒公式要求函数 $f(x)$ 在含有 x_0 的某个开区间 (a,b) 内具有直到 $n+1$ 阶的导数, 因此带有拉格朗日型余项的 n 阶泰勒公式用于证明函数的整体性质时使用.

在泰勒公式(4-3-8)中，如果取 $x_0 = 0$，则有带有皮亚诺型余项的麦克劳林公式

$$f(x) = f(0) + f'(0)x + \cdots + \frac{f^{(n)}(0)}{n!}x^n + o(x^n) \qquad (4-3-9)$$

从而可得近似公式

$$f(x) \approx f(0) + f'(0)x + \cdots + \frac{f^{(n)}(0)}{n!}x^n$$

误差估计式(4-3-6)相应地变成

$$|R_n(x)| \leqslant \frac{M}{(n+1)!}|x|^{n+1} \qquad (4-3-10)$$

【例 4.3.1】　写出函数 $f(x) = e^x$ 的带拉格朗日型余项的 n 阶麦克劳林公式.

解　因为 $f'(x) = f''(x) = \cdots = f^{(n)}(x) = e^x$，所以

$$f(0) = f'(0) = f''(0) = \cdots = f^{(n)}(0) = 1$$

把这些值代入公式(4-3-5)，并注意到 $f^{(n+1)}(\theta x) = e^{\theta x}$，便得

$$e^x = 1 + x + \frac{x^2}{2!} + \cdots + \frac{x^n}{n!} + \frac{e^{\theta x}}{(n+1)!}x^{n+1} \quad (0 < \theta < 1)$$

由这个公式可知，若把 e^x 用它的 n 次泰勒多项式表达为

$$e^x \approx 1 + x + \frac{x^2}{2!} + \cdots + \frac{x^n}{n!}$$

这时所产生的误差为

$$|R_n(x)| = \left| \frac{e^{\theta x}}{(n+1)!}x^{n+1} \right| < \frac{e^{|x|}}{(n+1)!}|x|^{n+1} \quad (0 < \theta < 1)$$

如果取 $x = 1$，则得无理数 e 的近似式为 $e \approx 1 + 1 + \frac{1}{2!} + \cdots + \frac{1}{n!}$，其误差 $|R_n| < \frac{e}{(n+1)!} < \frac{3}{(n+1)!}$.

当 $n = 10$ 时，可算出 $e \approx 2.718\,282$，其误差不超过 10^{-6}.

【例 4.3.2】　求 $f(x) = \sin x$ 的带有拉格朗日型余项的 n 阶麦克劳林公式.

解　因为 $f^{(n)}(x) = \sin\left(x + \frac{n\pi}{2}\right)$，所以

$$f(0) = 0,\ f'(0) = 1,\ f''(0) = 0,\ f'''(0) = -1,\ f^{(4)}(0) = 0,\ \cdots$$

它们依次循环地取四个数 $0, 1, 0, -1$，于是按公式(4-3-5)得(令 $n = 2m$)

$$\sin x = x - \frac{x^3}{3!} + \frac{x^5}{5!} - \cdots + (-1)^{m-1}\frac{x^{2m-1}}{(2m-1)!} + R_{2m}(x)$$

其中 $R_{2m}(x) = \frac{\sin\left[\theta x + (2m+1)\frac{\pi}{2}\right]}{(2m+1)!}x^{2m+1}\,(0 < \theta < 1)$.

如果取 $m = 1$，则得近似公式 $\sin x \approx x$，此时误差为

$$|R_2| = \left| \frac{\sin\left(\theta x + \frac{3}{2}\pi\right)}{3!}x^3 \right| \leqslant \frac{|x|^3}{6} \quad (0 < \theta < 1)$$

如果 m 分别取 2 和 3，则可得 $\sin x$ 的 3 次和 5 次近似多项式

$$\sin x \approx x - \frac{1}{3!}x^3$$

$$\sin x \approx x - \frac{1}{3!}x^3 + \frac{1}{5!}x^5$$

其误差的绝对值依次不超过 $\frac{1}{5!}|x|^5$ 和 $\frac{1}{7!}|x|^7$.

类似地，还可以得到

$$\cos x = 1 - \frac{1}{2!}x^2 + \frac{1}{4!}x^4 - \cdots + (-1)^m\frac{1}{(2m)!}x^{2m} + R_{2m+1}(x)$$

其中 $R_{2m+1}(x) = \dfrac{\cos[\theta x + (m+1)\pi]}{(2m+2)!}x^{2m+2}\ (0 < \theta < 1)$；

$$\ln(1+x) = x - \frac{1}{2}x^2 + \frac{1}{3}x^3 - \cdots + (-1)^{n-1}\frac{1}{n}x^n + R_n(x)$$

其中 $R_n(x) = \dfrac{(-1)^n}{(n+1)(1+\theta x)^{n+1}}x^{n+1}\ (0 < \theta < 1)$

$$(1+x)^a = 1 + ax + \frac{a(a-1)}{2!}x^2 + \cdots + \frac{a(a-1)\cdots(a-n+1)}{n!}x^n + R_n(x)$$

其中 $R_n(x) = \dfrac{a(a-1)\cdots(a-n)}{(n+1)!}(1+\theta x)^{a-n-1}x^{n+1}\ (0 < \theta < 1,\ x > -1)$

当 a 为正整数 n 时，上面最后一式 $R_n(x) = 0$，于是得到牛顿二项展开式.

由以上带有拉格朗日型余项的麦克劳林公式，易知相应的带有皮亚诺型余项的麦克劳林公式：

$$e^x = 1 + x + \frac{x^2}{2!} + \cdots + \frac{x^n}{n!} + o(x^n)$$

$$\sin x = x - \frac{x^3}{3!} + \frac{x^5}{5!} - \cdots + (-1)^{m-1}\frac{x^{2m-1}}{(2m-1)!} + o(x^{2m})$$

$$\cos x = 1 - \frac{x^2}{2!} + \frac{x^4}{4!} - \cdots + (-1)^m\frac{x^{2m}}{(2m)!} + o(x^{2m+1})$$

$$\ln(1+x) = x - \frac{x^2}{2} + \frac{x^3}{3} - \cdots + (-1)^{n-1}\frac{x^n}{n} + o(x^n)$$

$$(1+x)^a = 1 + ax + \frac{a(a-1)}{2!}x^2 + \cdots + \frac{a(a-1)\cdots(a-n+1)}{n!}x^n + o(x^n)$$

特别地，上式中当 a 分别取 -1，$\frac{1}{2}$，$-\frac{1}{2}$ 时，有

$$(1+x)^{-1} = \frac{1}{1+x} = \sum_{k=0}^{n}(-1)^k x^k + o(x^n)$$

$$(1+x)^{\frac{1}{2}} = \sqrt{1+x} = 1 + \frac{x}{2} + \sum_{k=2}^{n}(-1)^{k-1}\frac{(2k-3)!!}{(2k)!!}x^k + o(x^n)$$

$$(1+x)^{-\frac{1}{2}} = \frac{1}{\sqrt{1+x}} = 1 - \frac{x}{2} + \sum_{k=2}^{n}(-1)^k\frac{(2k-1)!!}{(2k)!!}x^k + o(x^n)$$

其中：$0! = 1$，$(2k)!! = 2 \cdot 4 \cdots \cdot (2k)$，$(2k-1)!! = 1 \cdot 3 \cdots \cdot (2k-1)$.

下面介绍常见的麦克劳林公式的初步应用.

【例 4.3.3】 确定常数 a，b，c，使得

$$\ln x = a + b(x-1) + c(x-1)^2 + o[(x-1)^2]$$

解 设 $f(x) = \ln x$，$x_0 = 1$，上式可视为 $f(x) = \ln x$ 在点 $x_0 = 1$ 的二阶泰勒公式，则 $a + b(x-1) + c(x-1)^2$ 应该为 $f(x) = \ln x$ 在 $x_0 = 1$ 的二阶泰勒多项式，即应有 $a = f(1)$，$b = f'(1)$，$c = \dfrac{1}{2!} f''(1)$．因为

$$f(x) = \ln x, \ f(1) = 0; \ f'(x) = \frac{1}{x}, \ f'(1) = 1; \ f''(x) = -\frac{1}{x^2}, \ f''(1) = -1$$

所以

$$a = 0, \ b = 1, \ c = -\frac{1}{2}$$

即

$$\ln x = f(1) + f'(1)(x-1) + \frac{f''(1)}{2!}(x-1)^2 + o[(x-1)^2]$$

$$= (x-1) - \frac{1}{2}(x-1)^2 + o[(x-1)^2]$$

【例 4.3.4】 求函数 $f(x) = \sin^2 x$ 的 5 阶泰勒多项式，并用其作为 $\left(\sin \dfrac{1}{2}\right)^2$ 的近似．

解 易知 $f(x) = \sin^2 x$，$f(0) = 0$；$f'(x) = \sin 2x$，$f'(0) = 0$；

$$f''(x) = 2\cos 2x, \ f''(0) = 2; \ f'''(x) = -4\sin 2x, \ f'''(0) = 0;$$

$$f^{(4)}(x) = -8\cos 2x, \ f^{(4)}(0) = -8; \ f^{(5)}(x) = 16\sin 2x, \ f^{(5)}(0) = 0.$$

所以函数 $f(x) = \sin^2 x$ 的 5 阶泰勒多项式为

$$P_5(x) = \frac{2}{2!}x^2 - \frac{8}{4!}x^4 = x^2 - \frac{1}{3}x^4$$

因此

$$\left(\sin \frac{1}{2}\right)^2 \approx \left(\frac{1}{2}\right)^2 - \frac{1}{3}\left(\frac{1}{2}\right)^4 = \frac{1}{4} - \frac{1}{48} = \frac{11}{48}$$

【例 4.3.5】 设 $\lim\limits_{x \to 0} \dfrac{f(x)}{x} = 1$ 且 $f''(x) > 0$．证明：$f(x) \geqslant x$．

证 因 $\lim\limits_{x \to 0} \dfrac{f(x)}{x} = 1$，故 $f(0) = 0$，$f'(0) = 1$．而 $f(x)$ 在 $x = 0$ 点处的一阶泰勒公式为

$$f(x) = f(0) + f'(0)x + \frac{f''(\xi)}{2!}x^2$$

即 $f(x) = x + \dfrac{f''(\xi)}{2!}x^2$，又由于 $f''(x) > 0$，故 $f(x) \geqslant x$．

除了近似计算、证明命题之外，带有皮亚诺型余项的泰勒公式也是极限计算的重要方法，我们将在第 5 章详细讨论．

 **延伸阅读**

用泰勒公式证明判别拐点的高阶充分条件

若函数 $y = f(x)$ 在 x_0 处存在 n 阶导数，且 $f''(x_0) = \cdots = f^{(n-1)}(x_0) = 0$，但 $f^{(n)}(x_0) \neq 0$，则

(1) 当 n 是奇数时,$(x_0, f(x_0))$ 是函数的拐点;

(2) 当 n 是偶数时,$(x_0, f(x_0))$ 不是函数的拐点.

事实上,由带皮亚诺型余项的泰勒公式

$$f''(x) = f''(x_0) + f'''(x_0)(x-x_0) + \cdots + \frac{f^{(n)}(x_0)}{(n-2)!}(x-x_0)^{n-2} + o[(x-x_0)^{n-2}]$$

及已知条件有

$$f''(x) = \frac{f^{(n)}(x_0)}{(n-2)!}(x-x_0)^{n-2} + o[(x-x_0)^{n-2}]$$

因上式右端第二项为 $(x-x_0)^{n-2}$ 的高阶无穷小,故当 x 与 x_0 充分接近时,上式左端的符号由 $\dfrac{f^{(n)}(x_0)}{(n-2)!}(x-x_0)^{n-2}$ 的符号来确定:

(1) 当 n 是奇数时,由于 $\dfrac{f^{(n)}(x_0)}{(n-2)!}(x-x_0)^{n-2}$ 在 x_0 的左、右两侧符号不同,因此 $f''(x)$ 在 x_0 的左、右两侧符号不同,因此 $(x_0, f(x_0))$ 是函数的拐点;

(2) 当 n 是偶数时,此时 $\dfrac{f^{(n)}(x_0)}{(n-2)!}(x-x_0)^{n-2}$ 的符号恒定,从而 $f''(x)$ 在 x_0 的左、右两侧不变号,因此 $(x_0, f(x_0))$ 不是函数的拐点.

【例1】 设函数 $f(x)$ 满足关系式 $f''(x) + [f'(x)]^2 = \sin x$,且 $f'(0) = 0$,则（　　）.

A. $f(0)$ 是 $f(x)$ 的极大值

B. $f(0)$ 是 $f(x)$ 的极小值

C. 点 $(0, f(0))$ 是曲线 $y = f(x)$ 的拐点

D. $f(0)$ 不是 $f(x)$ 的极值,点 $(0, f(0))$ 也不是曲线 $y = f(x)$ 的拐点

解　在等式 $f''(x) + [f'(x)]^2 = \sin x$ 中,令 $x = 0$,得 $f''(0) = 0$.

等式 $f''(x) + [f'(x)]^2 = \sin x$ 两端对 x 求导得

$$f'''(x) + 2f'(x)f''(x) = \cos x$$

上式中令 $x = 0$,得 $f'''(0) = 1 > 0$,则点 $(0, f(0))$ 是曲线 $y = f(x)$ 的拐点,故应选 C.

4.3.2　极值问题

在实际工作中,常常会遇到一些实际问题,这些实际问题抛开其背景,都能归结为这样一个数学问题:对于在 $[a, b]$ 上给定的函数 $f(x)$,问 x 等于何值时,才能使 $f(x)$ 取到最大值或最小值.

容易知道,函数在闭区间 $[a, b]$ 上的最大值就是函数在这个区间上的极大值和端点值中的最大者,而最小值就是函数在这个区间上的极小值和端点值中的最小者. 因此,要知道函数在哪一点取得最大值(或最小值),只要先找出使函数取极大值(或极小值)的点,然后把函数在这些点上的值与函数在端点的值相比较,就能找到使函数取最大值(或最小值)的点.

这样,问题就归结为如何去寻找函数的极值点了.

1. 极值

我们已经知道，如果函数 $f(x)$ 在 x_0 点可导，且在该点取到极值，则必有 $f'(x_0)=0$. 这就是已经证明过的费马定理.

注意，上面的条件 $f'(x_0)=0$ 是可导函数 $f(x)$ 在 x_0 点取到极值的必要条件，而不是充分条件. 例如，对函数 $y=x^3$ 来说，它在 $x=0$ 点既不取极大值，又不取极小值（图 4.3.1），但有

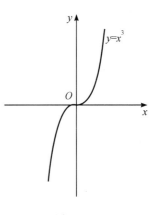

$$f'(0)=3x^2\big|_{x=0}=0$$

我们把导数为 0 的点称为**驻点**或**稳定点**，这是因为在该点附近，函数值变化非常缓慢. 例如，$x=0$ 是函数 $y=x^3$ 的驻点，$y(0)=0$，当自变量 x 由 0 增加到 0.1 时，函数值 $y(0.1)=0.001$，与 $y(0)=0$ 非常接近，变化非常缓慢. 而在非驻点处 $x=1$，当自变量 x 由 1 增加到 1.1 时，函数值 $y(1.1)=1.331$，变化较驻点处很快.

图 4.3.1

另一方面，不可导点也可能是极值点. 例如，$f(x)=|x|$ 在 $x=0$ 处不可导，但显然 $x=0$ 为其极小值点. 因此，函数 $f(x)$ 可能的极值点有两类，驻点和不可导点.

从上面的讨论可知，要想找出函数在定义区间内部的极值点，只要在驻点和不可导点中去找. 但驻点和不可导点还不一定是极值点，因此下面就来讨论如何去判定这些点是否为函数的极值点.

设 x_0 为函数 $f(x)$ 的驻点或不可导点，函数 $f(x)$ 在 x_0 的某去心邻域 $\overset{\circ}{U}(x_0,\delta)$ 内可导，如果

（1）当 $x_0-\delta<x<x_0$ 时，$f'(x)>0$，而当 $x_0<x<x_0+\delta$ 时 $f'(x)<0$，这时 $f(x)$ 在 x_0 的左边是上升的，在 x_0 的右边是下降的，因而 $f(x)$ 在 x_0 处取得极大值（图 4.3.2(a)）.

（2）当 $x_0-\delta<x<x_0$ 时，$f'(x)<0$，而当 $x_0<x<x_0+\delta$ 时 $f'(x)>0$，这时 $f(x)$ 在 x_0 的左边是下降的，在 x_0 的右边是上升的，因而 $f(x)$ 在 x_0 处取得极小值（图 4.3.2(b)）.

（3）$f'(x)$ 在 x_0 附近不变号，$f(x)$ 在 x_0 处不取极值.

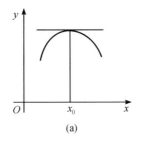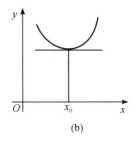

图 4.3.2

以上判别方法称为**函数极值的第一充分条件**，由于这个充分条件只用到 x_0 左右两侧的导数，与 $f'(x_0)$ 是否存在无关，所以同时适用于判定驻点和不可导点是否为极值点.

利用函数极值的第一充分条件求函数极值的步骤如下：

（1）确定函数 $f(x)$ 的定义域，求出导函数 $f'(x)$；

(2) 找出函数 $f(x)$ 的所有驻点($f'(x)=0$)及使得 $f'(x)$ 不存在的所有点,并用这些点来划分函数的定义域;

(3) 利用函数极值的第一充分条件,检查上述各点两侧邻近 $f'(x)$ 的符号,判断是否为极值点.

【例 4.3.6】 求函数 $f(x)=(x-4)\sqrt[3]{(x+1)^2}$ 的极值.

解 $f(x)$ 的定义域为 $(-\infty,+\infty)$,且 $x\neq-1$ 时,

$$f'(x)=\sqrt[3]{(x+1)^2}+\frac{2(x-4)}{3\sqrt[3]{x+1}}=\frac{5x-5}{3\sqrt[3]{x+1}}$$

令 $f'(x)=0$,得驻点 $x=1$,$x=-1$ 是函数的不可导点,它们把定义域分成三部分,现列表做如下讨论.

x	$(-\infty,-1)$	-1	$(-1,1)$	1	$(1,+\infty)$
$f'(x)$	$+$	不存在	$-$	0	$+$
$f(x)$	↗	0	↘	$-3\sqrt[3]{4}$	↗

所以,$f(x)$ 的极大值为 $f(-1)=0$,极小值为 $f(1)=-3\sqrt[3]{4}$.

下面我们讨论取得极值的其他充分条件.

如果 x_0 为函数 $f(x)$ 的驻点,即 $f'(x_0)=0$,假设 $f''(x_0)>0$,即

$$f''(x_0)=\lim_{x\to x_0}\frac{f'(x)-f'(x_0)}{x-x_0}>0$$

那么由保号性知,在 x_0 附近也有

$$\frac{f'(x)-f'(x_0)}{x-x_0}>0$$

但由于 $f'(x_0)=0$,故上式即为

$$\frac{f'(x)}{x-x_0}>0$$

当 $x_0-\delta<x<x_0$ 时,$f'(x)<0$,而当 $x_0<x<x_0+\delta$ 时,$f'(x)>0$. 于是根据判定极值的法则,可知 $f(x)$ 在 x_0 处取得极小值. 同理可以证明:如果 $f''(x_0)<0$,那么 $f(x)$ 在 x_0 处取得极大值.

这样我们又得到了判定**函数极值的第二充分条件**:已知 $f'(x_0)=0$,如果 $f''(x_0)>0$,那么 $f(x)$ 在 x_0 处取得极小值;如果 $f''(x_0)<0$,那么 $f(x)$ 在 x_0 处取得极大值.

【例 4.3.7】 求函数 $f(x)=x+\dfrac{1}{x}$ 的极值.

解 $f(x)$ 的定义域为 $(-\infty,0)\bigcup(0,+\infty)$,且

$$f'(x)=1-\frac{1}{x^2},\ f''(x)=\frac{2}{x^3}$$

令 $f'(x)=0$,得驻点 $x_1=-1$,$x_2=1$. 又因为 $f''(-1)=-2<0$,$f''(1)=2>0$,所以 $f(x)$ 的极大值为 $f(-1)=-2$,极小值为 $f(1)=2$.

假如 $f''(x_0)=0$,判定函数极值的第二充分条件失效,我们只能用函数极值的第一充分条件来判断,或是用泰勒展开式来进行讨论,可以得到下面的函数极值的**第三充分条件**,

也称为**高阶充分条件**:

若函数 $y=f(x)$ 在 x_0 处存在 n 阶导数, 且 $f'(x_0)=f''(x_0)=\cdots=f^{(n-1)}(x_0)=0$, 但 $f^{(n)}(x_0)\neq 0$, 则

(1) 当 n 是奇数时, x_0 不是函数的极值点;

(2) 当 n 是偶数时, x_0 是函数的极值点, 此时若 $f^{(n)}(x_0)>0$, 则 x_0 是极小值点; 若 $f^{(n)}(x_0)<0$, 则 x_0 是极大值点.

事实上, 由带皮亚诺型余项的泰勒公式

$$f(x)=f(x_0)+f'(x_0)(x-x_0)+\cdots+\frac{f^{(n)}(x_0)}{n!}(x-x_0)^n+o[(x-x_0)^n]$$

及已知条件有

$$f(x)-f(x_0)=\frac{f^{(n)}(x_0)}{n!}(x-x_0)^n+o[(x-x_0)^n]$$

因上式右端第二项为 $(x-x_0)^n$ 的高阶无穷小, 故当 x 与 x_0 充分接近时, 上式左端的符号由 $\dfrac{f^{(n)}(x_0)}{n!}(x-x_0)^n$ 的符号来确定:

(1) 当 n 是奇数时, 由于 $\dfrac{f^{(n)}(x_0)}{n!}(x-x_0)^n$ 在 x_0 的左、右侧符号不同, 从而 $f(x)-f(x_0)$ 的符号不确定, 从而 x_0 不是函数的极值点;

(2) 当 n 是偶数时, 此时 $\dfrac{f^{(n)}(x_0)}{n!}(x-x_0)^n$ 的符号恒定.

若 $f^{(n)}(x_0)>0$, 则 $\dfrac{f^{(n)}(x_0)}{n!}(x-x_0)^n>0$, $f(x)>f(x_0)$, x_0 是极小值点;

若 $f^{(n)}(x_0)<0$, 则 $\dfrac{f^{(n)}(x_0)}{n!}(x-x_0)^n<0$, $f(x)<f(x_0)$, x_0 是极大值点.

【例 4.3.8】　讨论函数 $f(x)=\mathrm{e}^x+\mathrm{e}^{-x}+2\cos x$ 在 $x=0$ 处是否取得极值. 若是, 则说明是极大值还是极小值.

解　$f'(x)=\mathrm{e}^x-\mathrm{e}^{-x}-2\sin x$, $f'(0)=0$;

$f''(x)=\mathrm{e}^x+\mathrm{e}^{-x}-2\cos x$, $f''(0)=0$;

$f'''(x)=\mathrm{e}^x-\mathrm{e}^{-x}+2\sin x$, $f'''(0)=0$;

$f^{(4)}(x)=\mathrm{e}^x+\mathrm{e}^{-x}+2\cos x$, $f^{(4)}(0)=4>0$.

故由函数极值的第三充分条件知, $x=0$ 是函数的极值点, 且为极小值点, 极小值为 $f(0)=4$.

2. 最值

函数的极值是函数在局部的最大值或最小值. 我们就可以进一步讨论函数在其定义域或指定范围上的最大值或最小值了.

如果函数 $f(x)$ 在闭区间 $[a,b]$ 上连续, 根据闭区间上连续函数的最值定理, $f(x)$ 在 $[a,b]$ 上必有最小值与最大值. 即一定存在 ξ_1, $\xi_2\in[a,b]$, 对于任意 $x\in[a,b]$, 均有 $m=f(\xi_1)\leqslant f(x)\leqslant f(\xi_2)=M$.

最值可能在端点处取得, 也可能在内部取得, 内部取得的最值也必然是极值. 由此得

到求闭区间上连续函数的最大值、最小值的方法:

(1) 确定函数 $f(x)$ 的定义域;

(2) 求 $f'(x)=0$ 以及 $f'(x)$ 不存在的点;

(3) 计算以上各点的函数值以及区间端点的函数值,比较各值的大小,可得函数的最大值及最小值.

【例 4.3.9】 求函数 $f(x)=x-\dfrac{3}{2}x^{\frac{2}{3}}$ 在 $[-1,8]$ 上的最大值与最小值.

解 $f'(x)=1-x^{-\frac{1}{3}}=\dfrac{\sqrt[3]{x}-1}{\sqrt[3]{x}}$. 令 $f'(x)=0$,得驻点 $x=1$,由导数的定义知 $x=0$ 是函数的不可导点. 由于 $f(-1)=-\dfrac{5}{2}$,$f(0)=0$,$f(1)=-\dfrac{1}{2}$,$f(8)=2$,因此函数 $f(x)$ 在 $[-1,8]$ 上的最大值是 $f(8)=2$,最小值是 $f(-1)=-\dfrac{5}{2}$.

最后还必须指出,在实际问题中常常会遇到这样的情况:**连续函数 $f(x)$ 在区间 I 的内部只有一个极值点 x_0. 这时,如果 x_0 是 $f(x)$ 的极大值点,则必是 $f(x)$ 的最大值点;如果 x_0 是 $f(x)$ 的极小值点,则必是 $f(x)$ 的最小值点.**

事实上,设函数 $f(x)$ 在区间 I 内连续,ξ_0 是唯一的极值点且是极大值点. 假设 $f(\xi_0)$ 不是最大值,则必然存在 $\xi^* \in I$,不妨设 $\xi_0 < \xi^*$,使得 $f(\xi_0) < f(\xi^*)$,所以 $f(x)$ 在闭区间 $[\xi_0, \xi^*]$ 上连续,在 $[\xi_0, \xi^*]$ 上可以取得最大值以及最小值. 因为 $f(\xi_0)$ 是极大值,以及 $f(\xi_0) < f(\xi^*)$,从而一定存在 $x_0 \in (\xi_0, \xi^*)$,使 $f(x)$ 在 x_0 取得 $[\xi_0, \xi^*]$ 上最小值,即存在 $\overset{\circ}{U}(x_0, \delta) \subset (\xi_0, \xi^*)$,在此邻域内,有 $f(x_0) < f(x)$,表明 $f(x_0)$ 是函数 $f(x)$ 的一个极小值,这与 $f(x)$ 在区间 I 内有唯一的极值点矛盾.

利用函数的最值来处理实际问题,通常有如下几个步骤:

(1) 根据实际问题列出函数表达式及其定义区间;

(2) 求出该函数在定义区间上的可能极值点(驻点和一阶导数不存在的点);

(3) 讨论函数的单调性,确定函数在可能极值点处是否取得最值.

在实际问题中若已知最大(小)值在区间内部取得,且区间内部只有一个驻点(或导数不存在的点),则该点就是最大(小)值点,不用判断是否为极大(小)值.

【例 4.3.10】 由半径为 R 的圆铁皮,剪去一个扇形,把剩下来的部分围成一个圆锥形容器,为了使所得的圆锥形容器有最大的容积,问剪去扇形的圆心角应该多大?

解 设剪去扇形后,所剩材料的圆心角为 x,则由它围成的圆锥底的周长为 Rx(图 4.3.3),故圆锥的底半径

$$r=\frac{Rx}{2\pi}$$

圆锥的高为

$$h=\sqrt{R^2-r^2}=\sqrt{R^2-\left(\frac{Rx}{2\pi}\right)^2}=\frac{R}{2\pi}\sqrt{4\pi^2-x^2}$$

因此圆锥的体积为

图 4.3.3

$$V = \frac{1}{3}\pi r^2 h = \frac{1}{3}\pi \left(\frac{Rx}{2\pi}\right)^2 \frac{R}{2\pi}\sqrt{4\pi^2 - x^2} = \frac{R^3 x^2}{24\pi^2}\sqrt{4\pi^2 - x^2}$$

于是，本题可归结为求函数

$$f(x) = \frac{R^3}{24\pi^2}x^2\sqrt{4\pi^2 - x^2}$$

在 $[0, 2\pi]$ 上的最大值. 这里只要求函数

$$f(x) = x^2\sqrt{4\pi^2 - x^2}$$

的极值点就行了. 由于

$$f'(x) = \frac{8\pi^2 x - 3x^3}{\sqrt{4\pi^2 - x^2}}$$

令 $f'(x) = 0$，即 $8\pi^2 x - 3x^3 = 0$，解得

$$x_1 = 0, \quad x_2 = -2\pi\sqrt{\frac{2}{3}}, \quad x_3 = 2\pi\sqrt{\frac{2}{3}}$$

显然

$$x_1 = 0, \quad x_2 = -2\pi\sqrt{\frac{2}{3}}$$

这两个根对我们的问题是没有意义的，不必予以考虑，对于

$$x_3 = 2\pi\sqrt{\frac{2}{3}}$$

由于使得围成的容器有最大容积的 x 必然存在，且必在 $(0, 2\pi)$ 内取得，故 $(0, 2\pi)$ 内唯一的驻点 $x_3 = 2\pi\sqrt{\frac{2}{3}}$ 即为使得围成的容器有最大容积的 x. 于是最后得到结论，当所剪去扇形的圆心角为

$$2\pi - 2\pi\sqrt{\frac{2}{3}} = \frac{2}{3}\pi(3 - \sqrt{6})$$

时，才能使所围成的容器有最大的容积.

【例 4.3.11】　设一水雷艇停泊在水中的 A 点，其距岸 $AO = 9\ \text{km}$，现需派人送信到岸上某沿海兵营 B，兵营与 O 点相距 $15\ \text{km}$. 设步行速度为 $5\ \text{km/h}$，划小舟速度为 $4\ \text{km/h}$，问送信者在何处上岸，所费时间最短？

解　设送信者上岸点 C 距 O 为 $x\ \text{km}$（图 4.3.4），于是

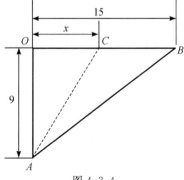

图 4.3.4

$$AC = \sqrt{9^2 + x^2}, \quad CB = 15 - x$$

故送信者到达兵营所需时间为

$$t = \frac{\sqrt{9^2 + x^2}}{4} + \frac{15 - x}{5} \quad (0 \leqslant x \leqslant 15)$$

故本题可归结为求函数

$$f(x) = \frac{\sqrt{9^2 + x^2}}{4} + \frac{15 - x}{5}$$

在 $[0, 15]$ 上的最小值. 因为

$$f'(x) = \frac{1}{4} \frac{x}{\sqrt{9^2 + x^2}} - \frac{1}{5}$$

令 $f'(x) = 0$, 得 $5x = 4\sqrt{9^2 + x^2}$, 解这个方程得 $x = 12$ 为唯一驻点.

　　由实际问题, 送信者所费时间最短的上岸地点一定存在, 故所得的唯一驻点 $x = 12$ 即为所求, 即故送信者应在距 O 点 12 km 上岸.

　　【例 4.3.12】 设 x_1 与 x_2 是两正数, 满足条件 $x_1 + x_2 = a$ (a 为正实数), 求 $x_1^m x_2^n$ 的最大值, 其中 $m, n > 0$.

　　解　设 $f(x) = x^m (a - x)^n$, $0 < x < a$. 由题意, 需求 $f(x)$ 在开区间 $(0, a)$ 的最大值. 先求 $f(x)$ 的驻点:

$$f'(x) = x^{m-1} (a - x)^{n-1} [ma - (m + n)x]$$

令 $f'(x) = 0$, 求得 $x_0 = \dfrac{ma}{m + n}$ 是 $f(x)$ 在 $(0, a)$ 内的唯一驻点.

　　又当 $x \in (0, x_0)$ 时, $f'(x) > 0$; 当 $x \in (x_0, a)$ 时, $f'(x) < 0$, 故 $f(x_0)$ 即为 $f(x)$ 在 $(0, a)$ 内的最大值:

$$f(x_0) = f\left(\frac{ma}{m + n} \right) = m^m n^n \left(\frac{a}{m + n} \right)^{m+n}$$

　　当 $m = n = 1$ 时, 即为我们所熟悉的结论: 和为定值的两个正数当它们相等时其乘积最大.

习题 4.3

1. 求下列函数在 $x = 0$ 处的带有皮亚诺型余项的泰勒展开式.

(1) $\cos x$；　　　　　　　　(2) $\ln(1 + x)$；

(3) $\ln(1 - x)$；　　　　　　(4) $x e^x$；

(5) $\arctan x$；　　　　　　(6) $\arcsin x$.

2. 求下列函数的极值.

(1) $y = 2x^3 - 3x^2$；　　　　(2) $y = \sqrt[3]{(x^2 - a^2)^2}$；

(3) $y = x - \ln(1 + x)$；　　　(4) $y = x^2 e^{-x^2}$.

3. 求下列函数在指定区间上的最大值和最小值.

(1) $y = x^4 - 2x^2 + 5$ 在 $[-2, 2]$ 上；

(2) $y = \sqrt{100 - x^2}$ 在 $[-6, 8]$ 上；

(3) $y = \dfrac{x-1}{x+1}$ 在 $[0, 4]$ 上；

(4) $y = \sin 2x - x$ 在 $\left[-\dfrac{\pi}{2}, \dfrac{\pi}{2}\right]$ 上.

4. 从长为 8 cm，宽为 5 cm 的矩形纸板的四个角上剪去相同的小正方形，而后折成一个无盖的盒子. 要使盒子的容积最大，问剪去的小正方形边长应为多少？

5. 要做一个母线长 20 cm 的圆锥形漏斗，使其容积最大，其高应为多少？

6. 对量 A 做了 n 次测量，得到 n 个数值 $x_1, x_2, \cdots, x_n$，通常将与这 n 个数之差的平方和最小的那一个数 x 作为 A 的值，试求 x.

7. 有甲、乙两城均位于一条河（直线形）的同侧，甲位于河岸上，乙离岸 40 km，且乙到岸的垂足与甲相距 50 km. 两城同用一抽水机从河中取水，从水厂到甲城及乙城之水管费用分别为 500 元/km 和 700 元/km，为使水管费用最省，水厂应建在河边何处？

8. 从南到北的铁路干线经过甲、乙两城，两城相距 15 km. 某工厂位于乙城正西 2 km 处. 现要从甲城把货物运往工厂，铁路运费 3 元/km，公路运费 5 元/km. 为使运费最省，应在铁路干线上何处起，修一条通往工厂的公路？

4.4　物理应用举例

定积分 $\displaystyle\int_a^b f(x)\mathrm{d}x$ 是函数 $f(x)$ 在区间 $[a, b]$ 上的极限和，即 $\displaystyle\int_a^b f(x)\mathrm{d}x = \lim_{\lambda \to 0} \sum_{i=1}^n f(\xi_i)\Delta x_i$，它是通过分割区间、近似代替、求和、取极限四个步骤定义的，体现了从局部到整体的数学思想.

如果我们基于定积分的定义，把所求的物理量 Q 看作是由无数个微小部分 $\mathrm{d}Q = f(x)\mathrm{d}x$（微元）积累而成. 在局部微小区域内，将复杂的物理变化近似为简单的、可计算的形式，进而通过积分得到总量 Q，即 $Q = \displaystyle\int_a^b \mathrm{d}Q = \int_a^b f(x)\mathrm{d}x$，这种方法称为**微元法**.

定积分微元法的一般步骤：

(1) **确定积分变量与区间**. 根据物理问题的特点，选择合适的物理量作为积分变量，并确定其变化区间 $[a, b]$.

(2) **构建微元 $\mathrm{d}Q$**. 在区间 $[a, b]$ 内取小区间 $[x, x+\mathrm{d}x]$，分析该小区间上物理量 Q 的微小变化，利用物理规律和近似方法得到微元 $\mathrm{d}Q$ 的表达式.

(3) **计算定积分**. 对微元 $\mathrm{d}Q$ 在区间 $[a, b]$ 上进行积分，即 $Q = \displaystyle\int_a^b \mathrm{d}Q$，通过积分运算得出所求物理量 Q.

定积分微元法是微积分学中解决实际问题的重要工具，在物理领域，它能有效处理诸如变力做功、液体压力计算、引力分析等复杂问题. 通过"以小见大""以局部推整体"的思路，将物理量的计算转化为数学上的定积分运算，为物理问题的求解提供了精确且通用的方法. 下面举几个微元法在物理中的应用的例题.

【**例 4.4.1**】　在一个带 $+q$ 点电荷所产生的电场作用下，一个单位正电荷沿直线从距

离点电荷 a 处移动到 b 处($a<b$),求电场力所做的功.

解   根据库仑定律,点电荷产生的电场是非均匀的,电场力 $F=\dfrac{kq}{r^2}$(k 为静电力常量)随距离 r 变化,属于变力做功问题,适合用微元法求解.

取积分变量为 r,积分区间为 $[a,b]$. 在小区间 $[r,r+\mathrm{d}r]$ 上,电场力近似不变,做功微元 $\mathrm{d}W=F\mathrm{d}r=\dfrac{kq}{r^2}\mathrm{d}r$,对微元积分可得

$$W=\int_a^b \frac{kq}{r^2}\mathrm{d}r=kq\left(-\frac{1}{r}\right)\Big|_a^b=kq\left(\frac{1}{a}-\frac{1}{b}\right)$$

【例 4.4.2】 有一半圆形的水闸,其半径为 1 m,问水满时闸所受的压力是多少?

解   如图 4.4.1 所示,取水平为 y 轴,取 x 轴垂直向下,考虑图中灰色窄带所受的压力 ΔF. 由于圆的方程为

$$y=\sqrt{1-x^2}$$

故窄带的面积近似地等于 $2\sqrt{1-x^2}\,\mathrm{d}x$,因而有

$$\Delta F=2gx\sqrt{1-x^2}\,\mathrm{d}x$$

其中 g 为重力加速度. 于是整个圆盘所受的压力是

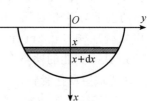

图 4.4.1

$$F=2g\int_0^1 x\sqrt{1-x^2}\,\mathrm{d}x=\frac{2}{3}g$$

【例 4.4.3】 设有一长度为 l,线密度为 μ 的均匀细直棒,在其中垂线上距 a 单位处有一质量为 m 的质点 M,试计算该棒对质点的引力.

解   细直棒上各点到质点 M 的距离和引力方向均不同,引力大小 $F=\dfrac{Gm_1m_2}{r^2}$(G 为引力常量)随位置变化,需用微元法结合力的分解求解.建立坐标系,以细直棒中点为原点,取 x 为积分变量,积分区间为 $\left[-\dfrac{l}{2},\dfrac{l}{2}\right]$. 在小区间 $[x,x+\mathrm{d}x]$ 上,微元质量 $\mathrm{d}m=\mu\mathrm{d}x$,到质点 M 的距离 $r=\sqrt{x^2+a^2}$,引力大小 $\mathrm{d}F=\dfrac{Gm\mu\mathrm{d}x}{x^2+a^2}$.

分解引力,水平方向引力相互抵消,竖直方向引力微元

$$\mathrm{d}F_y=\mathrm{d}(F\cos\theta)=\frac{Gm\mu a\mathrm{d}x}{(x^2+a^2)^{\frac{3}{2}}}\quad\left(\cos\theta=\frac{a}{\sqrt{x^2+a^2}}\right)$$

对 $\mathrm{d}F_y$ 积分得

$$F_y=\int_{-\frac{l}{2}}^{\frac{l}{2}} \frac{Gm\mu a\mathrm{d}x}{(x^2+a^2)^{\frac{3}{2}}}$$

通过换元法计算得

$$F_y=\frac{2Gm\mu l}{a\sqrt{4a^2+l^2}}$$

即引力大小为 $\dfrac{2Gm\mu l}{a\sqrt{4a^2+l^2}}$,方向沿中垂线指向细直棒.

【例 4.4.4】 有一根均质的半圆形杆(图 4.4.2),已知杆的密度为 ρ,圆半径为 a,求它绕半圆直径(x 轴)旋转的转动惯量.

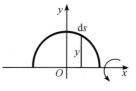

图 4.4.2

解 如图 4.4.2 所示,半圆方程为

$$y = \sqrt{a^2 - x^2}$$

在半圆上取一个小弧段 $\mathrm{d}s$,它绕 x 轴旋转的转动惯量为

$$\mathrm{d}I_x = y^2 \rho \mathrm{d}s = \rho y^2 \sqrt{1 + (y')^2} \, \mathrm{d}x$$

故总的杆绕 x 轴旋转的转动惯量为

$$I_x = \int_{-a}^{a} \rho y^2 \sqrt{1 + (y')^2} \, \mathrm{d}x = 2\rho \int_0^a (a^2 - x^2) \frac{a}{\sqrt{a^2 - x^2}} \mathrm{d}x = \frac{1}{2}\pi\rho a^3$$

【例 4.4.5】 某容器的形状是由曲线 $x = f(y)$ 绕 y 轴旋转而成的立体(图 4.4.3),今按速率 $2t$ cm/s 往内倒水,为使水面上升速度恒为 $\dfrac{2}{\pi}$ cm/s,问 $f(y)$ 应是怎样的函数?

解 由曲线 $x = f(y)$ 绕 y 轴旋转而成的旋转体体积为

$$V(y) = \int_0^y \pi x^2 \mathrm{d}y = \pi \int_0^y [f(y)]^2 \mathrm{d}y$$

由题设可知

$$\frac{\mathrm{d}V}{\mathrm{d}t} = 2t, \quad \frac{\mathrm{d}y}{\mathrm{d}t} = \frac{2}{\pi}$$

而

$$\frac{\mathrm{d}V}{\mathrm{d}t} = \frac{\mathrm{d}V}{\mathrm{d}y}\frac{\mathrm{d}y}{\mathrm{d}t} = \pi[f(y)]^2 \frac{2}{\pi} = 2[f(y)]^2$$

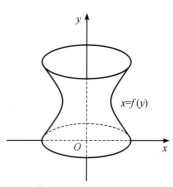

图 4.4.3

故由 $\dfrac{\mathrm{d}V}{\mathrm{d}t} = 2t$ 得

$$f(y) = \sqrt{t}$$

又由 $\dfrac{\mathrm{d}y}{\mathrm{d}t} = \dfrac{2}{\pi}$ 得 $y = \dfrac{2}{\pi}t$,代入上式即得

$$x = f(y) = \sqrt{\frac{\pi}{2}y}$$

【例 4.4.6】 一容器的内侧是由图 4.4.4 中曲线绕 y 轴旋转一周而成的曲面,该曲线由 $x^2 + y^2 = 2y \left(y \geqslant \dfrac{1}{2}\right)$ 与 $x^2 + y^2 = 1 \left(y \leqslant \dfrac{1}{2}\right)$ 连接而成.

(1) 求容器的容积;

(2) 若将容器内盛满的水从容器顶部全部抽出,至少需要做多少功?(长度单位:m,重力加速度为 g m/s²,水的密度为 10^3 kg/m³)

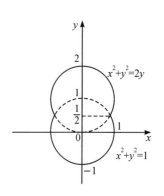

图 4.4.4

解 (1) 由对称性知,所求的容积为

$$V = 2\pi \int_{-1}^{\frac{1}{2}} x^2 \mathrm{d}y = 2\pi \int_{-1}^{\frac{1}{2}} (1 - y^2) \mathrm{d}y = \frac{9\pi}{4}$$

即该容器的容积 $\dfrac{9\pi}{4}\mathrm{m}^3$.

（2）将容器下半部分中的水抽出所做功的微元

$$\mathrm{d}W_1 = 10^3\pi(1-y^2)(2-y)g\,\mathrm{d}y$$

将容器上半部分中的水抽出所做功的微元

$$\mathrm{d}W_2 = 10^3\pi(2y-y^2)(2-y)g\,\mathrm{d}y$$

故所求的功为

$$W = \int_{-1}^{\frac{1}{2}} 10^3\pi(1-y^2)(2-y)g\,\mathrm{d}y + \int_{\frac{1}{2}}^{2} 10^3\pi(2y-y^2)(2-y)g\,\mathrm{d}y$$

$$= 10^3\pi g\left[\int_{-1}^{\frac{1}{2}}(2-y-2y^2+y^3)\,\mathrm{d}y + \int_{\frac{1}{2}}^{2}(4y-y^2+y^3)\,\mathrm{d}y\right]$$

$$= \frac{27\times10^3}{8}\pi g$$

即所求的功为 $\dfrac{27\times10^3}{8}\pi g\,\mathrm{J}$.

习题 4.4

1. 求半径为 R，质量为 m 的均匀圆盘绕其中心轴的转动惯量.

2. 一水平横放的半径为 R 的圆桶，内盛半桶密度为 ρ 的液体，求桶的一个端面所受的侧压力.

3. 求半径为 R，质量为 m 的均匀圆盘绕其中心轴的转动惯量.

4. 设有半径为 R 密度不均匀的圆盘，已知其面密度为 $\rho = ar + b$，其中 r 是所考虑的点到圆心的距离，a 和 b 为常数，求圆盘的质量 m.

5. 有长为 l，质量为 M 的两个同样的均匀杆位于一直线上，它们之间的距离为 l，求它们之间的相互引力.

第5章 极限与连续进阶

知识目标

1. 掌握数列极限的"ε-N"定义、函数极限的"ε-δ""ε-X"定义,理解单侧极限、左右连续与间断点分类(第一类、第二类间断点).

2. 极限性质与运算:理解极限的唯一性、有界性、保号性,掌握四则运算法则、夹逼准则、单调有界准则及柯西收敛准则,能应用洛必达法则求未定式极限.

3. 连续与一致连续:理解函数连续性定义,会判断间断点类型;掌握一致连续概念及闭区间连续函数的一致连续性(康托定理).

4. 无穷小与无穷大:理解无穷小、无穷大的定义及阶的比较,能利用等价无穷小代换简化极限计算.

能力目标

1. 逻辑证明:能用"ε-N""ε-δ"语言证明数列/函数极限,应用收敛准则(夹逼准则、单调有界准则、柯西收敛准则)分析极限存在性.

2. 极限计算:熟练计算各类未定式极限(洛必达法则、等价代换、泰勒展开),处理分段函数连续性与间断点问题.

3. 理论应用:利用一致连续性分析函数全局性质,结合数列子列性质判断原数列收敛性.

课程思政目标

1. 严谨思维:通过"ε-N""ε-δ"定义的学习,培养数学证明的严谨性与逻辑推理能力,体会数学语言的精确性.

2. 辩证认知:从极限的"无限逼近"理解有限与无限的辩证关系,通过一致连续与逐点连续的对比,认识局部与整体的联系.

3. 科学精神:通过柯西收敛准则等理论,感受数学定理的深刻性与统一性,激发对数学基础理论的探索兴趣.

我们已经有了极限的初步概念,并在此基础上详细讨论了函数的微分和积分运算以及微积分的应用,本章我们将把极限与连续的概念上升到理论高度,用严格的数学定义来描述函数的极限与连续.

5.1 数列极限进阶

在第 1 章中,我们已经知道,按照一定顺序排列的一串有头无尾的数

$$x_1, x_2, x_3, \cdots, x_n, \cdots$$

称为**无穷数列**(简称**数列**),记成$\{x_n\}$,其中x_n称为数列的**第n项**或**通项**.

研究数列时,有时需要讨论它的部分项构成的新的数列,为此介绍子数列的概念.

数列$\{x_n\}$中的任取无穷项,依下标顺序$n_1 < n_2 < \cdots < n_k < \cdots$所组成的新的数列

$$x_{n_1}, x_{n_2}, \cdots, x_{n_k}, \cdots$$

称为$\{x_n\}$的一个**子数列**(简称**子列**),记为$\{x_{n_k}\}$.

例如,$\{x_{2k}\}$:$x_2, x_4, \cdots, x_{2k}, \cdots$是$\{x_n\}$的一个子列,称为$\{x_n\}$的**偶子列**;$\{x_{2k-1}\}$:$x_1, x_3, \cdots, x_{2k-1}, \cdots$也是$\{x_n\}$的一个子列,称为$\{x_n\}$的**奇子列**. $\{x_n\}$也是$\{x_n\}$的一个子列.

5.1.1　数列极限的严格定义

在第1章,我们给出了数列极限的直观定义.

▶**【定义5.1.1】**　对于无穷数列

$$x_1, x_2, \cdots, x_n, \cdots$$

来说,当项数n无限增大时,数列的项如果无限趋近于一个固定的常数A,那么固定常数A就叫作这个**无穷数列的极限**,记作

$$\lim_{n \to \infty} x_n = A$$

这是一种基于直观而非量化的描述,像"无限增大""无限趋近"等用词都比较笼统而欠准确,不便使用,但它是给出数列极限的准确定义的出发点.

为了从数量关系方面来刻画数列极限的本质,下面将通过进一步的分析,给出数列极限的精确定义. 先看一个例子. 设

$$x_n = \frac{n + (-1)^n}{n}$$

通过观察可以知道$\{x_n\}$以1为极限. 因为$|x_n - 1| = \dfrac{1}{n}$,而当n无限增大时,$\dfrac{1}{n}$就无限减少而趋于零. 要使$|x_n - 1| < 0.01$,只要$n > 100$;要使$|x_n - 1| < 0.0001$,只要$n > 10\ 000$;……总之,无论给出一个多么小的正数ε,要使$|x_n - 1| < \varepsilon$,只要$n > \left[\dfrac{1}{\varepsilon}\right]$即可.

由此,我们给出数列极限的定义:无论预先给定怎样小的正数,在数列里都能找到一项,从这一项起,以后所有项与A的差的绝对值,都小于预先给定的小的正数,我们用数学符号表示数列极限的定义,即

▶**【定义5.1.2】**　给定数列$\{x_n\}$,如果存在常数A,使得$\forall \varepsilon > 0$(无论它多么小),$\exists N \in \mathbf{N}_+$,使得当$n > N$时,绝对值不等式$|x_n - A| < \varepsilon$恒成立,则称数列$\{x_n\}$以$A$为极限,记为$\lim\limits_{n \to \infty} x_n = A$,或者$x_n \to A (n \to \infty)$.

若数列存在极限,称此数列**收敛**,否则称此数列**发散**或**不收敛**. 定义5.1.2也称为数列极限定义的"ε-N"语言.

现在我们在nOx坐标平面上来看数列的极限. 数列$\{x_n\}$中的各项$x_1, x_2, \cdots, x_n, \cdots$可用该平面上的点$(i, x_i)$来表示. 根据定义,若$x_n \to A$,则当$n > N$时,$|x_n - A| < \varepsilon$,它

表示从 $\{x_n\}$ 的第 $N+1$ 项起,以后各项所对应的无穷多个点都落在以直线 $x=A$ 为中心的条状区域 $\{A-\varepsilon<x<A+\varepsilon\}$ 中,落在该区域外的点最多只有有限个(N 个). ε 越小,相应的这个条状区域也越窄. 由 ε 的任意性知,不管这个区域多么窄,数列对应的这些点中必定会有一点 (N,x_N),在其右边的所有点 (n,x_n) 都将进入该窄条区域,如图 5.1.1 所示.

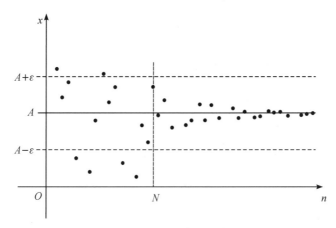

图 5.1.1

注

(1) 定义 5.1.2 中要求正数 ε 是任意给定的,因为只有 ε 的任意性,才能刻画 x_n 与 A 无限接近这一事实. 也只有对给定的 ε,才能找到与这个给定的 ε 相应的 N,所以有必要时可以记为 $N=N(\varepsilon)$. $N=N(\varepsilon)$ 仅表明 N 依赖于 ε,一般而言 N 随着 ε 的变化而变化(通常当 ε 变小时 N 变大),但相应于 ε 的 $N(\varepsilon)$ 显然是不唯一的,并且也无须求出最小者.

(2) ε 是衡量 x_n 与 A 的接近程度的数,除要求为正以外,无任何限制. 然而,尽管 ε 具有任意性,但一经给出,就应视为不变.(另外,ε 具有任意性,那么 $\dfrac{\varepsilon}{2}$,2ε,ε^2 等也具有任意性,它们也可代替 ε)

(3) N 的存在性说明了无论 ε 多么小,总会在某一项(第 N 项)以后,对所有的 x_n,有 $|x_n-A|<\varepsilon$,从而不满足这种接近程度的仅仅是有限项.

(4) 在考察一个数列的极限时,可以认为 ε 是一个很小的正数,而不必去考虑较大的数 ε. 因为若对较小的 ε,找到了需要的 $N(\varepsilon)$,则对于较 ε 大的那些 ε',当 $n>N(\varepsilon)$ 时,必定有

$$|x_n-A|<\varepsilon<\varepsilon'$$

所以对那些较 ε 大的 ε',可以选取同样的 $N(\varepsilon')=N(\varepsilon)$.

(5) 若数列 $\{x_n\}$ 无极限,或者 $\{x_n\}$ 没有确定的变化趋势,或者虽有一定的变化趋势但绝对值无限增大而不趋近于一个确定的常数,则说数列 $\{x_n\}$ 发散.

我们也可在实数轴上考察数列的极限. x_n 对应数轴上的点,A 是轴上的固定点. $\{x_n\}$ 以 A 为极限,意味着与 x_n 对应的点聚集在点 A 的附近. 确切地说,给出一个以 A 为中心的 ε 邻域 $U(A,\varepsilon)$,无论这个邻域多么小,总会存在某一项 x_{N+1},从这一项起,以后所有

的项对应的点均落在这个邻域内(图5.1.2),而落在这个邻域外的至多只有有限项(N 项).

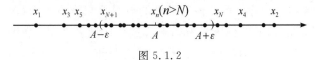

图5.1.2

1. 下面表述能否作为 $\lim\limits_{n\to\infty}x_n=A$ 的定义?为什么?

(1) 对于某个给定的 $\varepsilon>0$,$\exists N\in\mathbf{N}_+$,当 $n>N$ 时,$|x_n-A|<\varepsilon$ 恒成立;

(2) 对于无穷多个给定的 $\varepsilon>0$,$\exists N\in\mathbf{N}_+$,当 $n>N$ 时,$|x_n-A|<\varepsilon$ 恒成立;

(3) 对于任意给定的 $\varepsilon>0$,$\exists N\in\mathbf{N}_+$,当 $n>N$ 时,有无穷多项 x_n,使 $|x_n-A|<\varepsilon$ 成立;

(4) 对于任意给定的 $\varepsilon>0$,数列 x_n 中只有有限多项不满足 $|x_n-A|<\varepsilon$;

(5) 对于任意给定的 $\varepsilon>0$,$\exists N\in\mathbf{N}_+$,当 $n>N$ 时,$|x_n-A|<K\varepsilon$ 恒成立(K 为一正常数);

(6) 对于任意的正整数 m,$\exists N\in\mathbf{N}_+$,当 $n>N$ 时,$|x_n-A|<\dfrac{1}{m}$ 恒成立.

2. 如何给出 $\lim\limits_{n\to\infty}x_n\neq A$ 的定义?

下面我们用定义来考察一些数列的极限.

【例5.1.1】 设 $|q|<1$,证明:数列 $1,q,q^2,\cdots,q^{n-1},\cdots$ 的极限是 0.

证   令 $x_n=q^{n-1}$,由于 $|q^{n-1}-0|=|q^{n-1}|=|q|^{n-1}$,任取 $1>\varepsilon>0$,要使 $|q^{n-1}-0|<\varepsilon$,只要 $|q|^{n-1}<\varepsilon$,即 $(n-1)\ln|q|<\ln\varepsilon$,进而 $n-1>\dfrac{\ln\varepsilon}{\ln|q|}$,可取 $N=\left[\left|\dfrac{\ln\varepsilon}{\ln|q|}\right|+1\right]$,则当 $n>N$ 时,恒有 $|q^{n-1}-0|<\varepsilon$,故 $\lim\limits_{n\to\infty}q^{n-1}=0$(当 $|q|<1$ 时).

【例5.1.2】 若 $x_n=\dfrac{\sin n}{(n+1)^2}$,证明:$\lim\limits_{n\to\infty}x_n=0$.

证   由于 $\left|\dfrac{\sin n}{(n+1)^2}-0\right|=\dfrac{|\sin n|}{(n+1)^2}\leqslant\dfrac{1}{(n+1)^2}<\dfrac{1}{n+1}<\dfrac{1}{n}$,要使 $|x_n-0|<\varepsilon$,只要 $n>\dfrac{1}{\varepsilon}$,于是对 $\forall\varepsilon>0$,取 $N=\left[\dfrac{1}{\varepsilon}\right]$,则当 $n>N$ 时,$\left|\dfrac{\sin n}{(n+1)^2}-0\right|<\varepsilon$ 恒成立,故 $\lim\limits_{n\to\infty}\dfrac{\sin n}{(n+1)^2}=0$.

数列极限的"ε-N"定义并没有给出极限的具体求法,它只能用来验证"数列$\{x_n\}$以某已知常数 A 为极限".证明的关键在于,$\forall\varepsilon>0$,能够找到相应的 N,使当 $n>N$ 时,有 $|x_n-A|<\varepsilon$.找 N 通常采用倒推法,即从解不等式 $|x_n-A|<\varepsilon$ 出发,推出不等式 $n>\varphi(\varepsilon)$,若取 $N=[\varphi(\varepsilon)]$(必要时,适当限制 ε 使 $\varphi(\varepsilon)>0$),即得满足条件的 N.若从不等式推导 $n>\varphi(\varepsilon)$ 比较困难,可将 $|x_n-A|$ 适当放大,使放大后的式子小于 ε,然后按上述方法求出相应的 N,它仍然合乎要求,例5.1.2就是这样处理的,再来看一个例子.

【**例 5.1.3**】　用极限的"ε-N"定义验证：$\lim\limits_{n\to\infty}\dfrac{3n-1}{2n+1}=\dfrac{3}{2}$.

证　由 $\left|\dfrac{3n-1}{2n+1}-\dfrac{3}{2}\right|=\dfrac{5}{2(2n+1)}<\dfrac{5}{n}$，对 $\forall\varepsilon>0$，要使 $\left|\dfrac{3n-1}{2n+1}-\dfrac{3}{2}\right|<\varepsilon$，只要 $\dfrac{5}{n}<\varepsilon$，

即 $n>\dfrac{5}{\varepsilon}$ 即可. 取 $N=\left[\dfrac{5}{\varepsilon}\right]$，则当 $n>N$ 时 $\left|\dfrac{3n-1}{2n+1}-\dfrac{3}{2}\right|<\varepsilon$.

上例若按下面计算，显然要复杂一些：

由 $\left|\dfrac{3n-1}{2n+1}-\dfrac{3}{2}\right|=\dfrac{5}{2(2n+1)}$，对 $\forall\varepsilon>0$，要使 $\left|\dfrac{3n-1}{2n+1}-\dfrac{3}{2}\right|<\varepsilon$，即 $\dfrac{5}{2(2n+1)}<\varepsilon$，只要

$n>\dfrac{1}{2}\left(\dfrac{5}{2\varepsilon}-1\right)$ 即可. 取正整数 $N=\left[\dfrac{1}{2}\left(\dfrac{5}{2\varepsilon}-1\right)\right]$，则当 $n>N$ 时，$\left|\dfrac{3n-1}{2n+1}-\dfrac{3}{2}\right|<\varepsilon$，此即

$\lim\limits_{n\to\infty}\dfrac{3n-1}{2n+1}=\dfrac{3}{2}$.

【**例 5.1.4**】　（柯西命题）设有数列 $x_n(n=1,2,\cdots)$. 证明：若极限 $\lim\limits_{n\to\infty}x_n$ 存在，则算术平均值的数列

$$y_n=\frac{x_1+x_2+\cdots+x_n}{n}(n=1,2,\cdots)$$

的极限也存在，且

$$\lim_{n\to\infty}\frac{x_1+x_2+\cdots+x_n}{n}=\lim_{n\to\infty}x_n$$

证　设 $\lim\limits_{n\to\infty}x_n=A$. 考虑

$$y_n-A=\frac{x_1+x_2+\cdots+x_n}{n}-A=\frac{(x_1-A)+(x_2-A)+\cdots+(x_n-A)}{n}$$

对 $\forall\varepsilon>0$，因为 $\lim\limits_{n\to\infty}x_n=A$，所以有正整数 N_0，使 $|x_n-A|\leqslant\dfrac{\varepsilon}{2}(n>N_0)$. 于是

$$
\begin{aligned}
|y_n-A|&=\left|\frac{(x_1-A)+(x_2-A)+\cdots+(x_n-A)}{n}\right|\\
&=\left|\frac{(x_1-A)+(x_2-A)+\cdots+(x_{N_0}-A)+\cdots+(x_n-A)}{n}\right|\\
&\leqslant\left|\frac{(x_1-A)+(x_2-A)+\cdots+(x_{N_0}-A)}{n}\right|+\frac{(n-N_0)}{n}\cdot\frac{\varepsilon}{2}\\
&\leqslant\left|\frac{(x_1-A)+(x_2-A)+\cdots+(x_{N_0}-A)}{n}\right|+\frac{\varepsilon}{2}
\end{aligned}
$$

再取正整数 $N\geqslant N_0$ 足够大，使当 $n>N$ 时，上式右边第一项也小于 $\dfrac{\varepsilon}{2}$，这样，当 $n>N$ 时，就会有

$$|y_n-A|\leqslant\frac{\varepsilon}{2}+\frac{\varepsilon}{2}=\varepsilon$$

即证明了极限

$$\lim_{n\to\infty}\frac{x_1+x_2+\cdots+x_n}{n}=A=\lim_{n\to\infty}x_n$$

注

　　柯西命题在数列$\{x_n\}$为有确定符号的无穷大（即$A=+\infty$或$-\infty$）时也成立.

　　在熟悉了用"$\varepsilon\text{-}N$"语言描述数列极限之后，我们常用一种不十分规范但仍不失严格的说法：$\lim\limits_{n\to\infty}x_n=A$是指当$n$充分大时$|x_n-A|$可任意小. 这里说的"充分大"，在"$\varepsilon\text{-}N$"语言中就是指当$n>N$时"$|x_n-A|$可任意小"，就是指$|x_n-A|$小于事先给定的任意小的正数$\varepsilon$. 例 5.1.4 的证明中就用到了这一表述方法.

 思考题

　　3. 极限$\lim\limits_{n\to\infty}\dfrac{x_1+x_2+\cdots+x_n}{n}$存在，能否保证极限$\lim\limits_{n\to\infty}x_n$存在？

5.1.2　数列极限的性质

　　【定理 5.1.1（唯一性）】　若数列$\{x_n\}$收敛，则$\{x_n\}$的极限是唯一的.

　　证　（反证法）设同时有$\lim\limits_{n\to\infty}x_n=A$和$\lim\limits_{n\to\infty}x_n=B$，且$A<B$. 取$\varepsilon=\dfrac{B-A}{2}$，由$\lim\limits_{n\to\infty}x_n=A$可知，$\exists N_1\in\mathbf{N}_+$，使当$n>N_1$时，$|x_n-A|<\varepsilon$，从而有

$$x_n<A+\varepsilon=\frac{A+B}{2} \tag{5-1-1}$$

同理由$\lim\limits_{n\to\infty}x_n=B$可知，$\exists N_2\in\mathbf{N}_+$，使当$n>N_2$时，$|x_n-B|<\varepsilon$，从而有

$$x_n>B-\varepsilon=\frac{A+B}{2} \tag{5-1-2}$$

　　取$N=\max\{N_1,N_2\}$，则当$n\geqslant N$时，式（5-1-1）与式（5-1-2）同时成立，矛盾！故结论成立.

　　【定理 5.1.2（有界性）】　若数列$\{x_n\}$收敛，则$\{x_n\}$必有界.

　　分析　由数列极限的几何意义知，$\lim\limits_{n\to\infty}x_n=A$表示对$\forall\varepsilon>0$，$\exists N>0$，使得无穷多个点$x_{N+1}$，$x_{N+2}$，…都落在区间$(A-\varepsilon,A+\varepsilon)$内，至多只有其余有限个（$N$个）点落在这个区间之外. 因此，只要$M>0$取充分大，总可以将这$N$个点连同区间$(A-\varepsilon,A+\varepsilon)$包含在区间$[-M,M]$中，也就是对$\forall n>N$，都有$|x_n|\leqslant M$，即数列$\{x_n\}$有界.

　　证　设$\lim\limits_{n\to\infty}x_n=A$，则对$\varepsilon=1$，$\exists N\in\mathbf{N}_+$，使当$n>N$时，$|x_n-A|<\varepsilon$，此时
$$|x_n|=|x_n-A+A|\leqslant|x_n-A|+|A|<|A|+1,\ n=N+1,N+2,\cdots$$
取$M=\max\{|x_1|,|x_2|,\cdots,|x_N|,1+|A|\}$，则对$\forall n\in\mathbf{N}_+$，都有$|x_n|\leqslant M$，即$\{x_n\}$有界.

　　由定理 5.1.2 可知，若数列$\{x_n\}$是无界数列，则$\{x_n\}$一定发散.

 思考题

　　4. 有界数列是否一定收敛？发散数列是否一定无界？

【定理 5.1.3（保号性）】　若 $\lim\limits_{n\to\infty}x_n=A$，且 $A>0$，则 $\exists N\in\mathbf{N}_+$，使得当 $n>N$ 时，有

$$x_n>\frac{A}{2}>0$$

证　由 $\lim\limits_{n\to\infty}x_n=A$，对 $\varepsilon=\dfrac{A}{2}$，$\exists N\in\mathbf{N}_+$，使得当 $n>N$ 时，有

$$|x_n-A|<\varepsilon=\frac{A}{2}$$

从而有

$$x_n>\frac{A}{2}>0$$

注

定理 5.1.3 中若将条件中 $A>0$ 改为 $A<0$，则结论改为 $x_n<\dfrac{A}{2}<0$.

思 考 题

5. 能否证明：在定理 5.1.3 的条件下，$\exists N\in\mathbf{N}_+$，使得当 $n>N$ 时，有 $x_n>\dfrac{99A}{100}$？

【推论 5.1.1】　若 $\lim\limits_{n\to\infty}x_n=A$，且 $A\neq0$，则 $\exists N\in\mathbf{N}_+$，使得当 $n>N$ 时，有

$$|x_n|>\frac{|A|}{2}>0$$

这个推论可由定理 5.1.3 及其"注"得到.

【推论 5.1.2（保不等式性）】　若对数列 $\{x_n\}$，$\exists N\in\mathbf{N}_+$，使得当 $n>N$ 时，$x_n\geqslant0$，且 $\lim\limits_{n\to\infty}x_n=A$，则 $A\geqslant0$.

思 考 题

6. 若将推论 5.1.2 中的条件 $x_n\geqslant0$ 改为 $x_n>0$，结论能否改为 $A>0$？

【定理 5.1.4（归并性）】　数列 $\{x_n\}$ 收敛于 A 的充分必要条件是 $\{x_n\}$ 的任一子列也收敛于 A.

证　**必要性**. 设 $\{x_{n_k}\}$ 是 $\{x_n\}$ 的任一子列，则 $\{n_k\}$ 是一个严格增加的自然数列，且 $n_k\geqslant k$. 因 $\lim\limits_{n\to\infty}x_n=A$，故对 $\forall\varepsilon>0$，$\exists N\in\mathbf{N}_+$，使得当 $n>N$ 时，有 $|x_n-A|<\varepsilon$，于是当 $k>N$ 时，因 $n_k\geqslant k>N$，故 $|x_{n_k}-A|<\varepsilon$，所以 $\lim\limits_{n\to\infty}x_{n_k}=A$.

充分性. 注意到 $\{x_n\}$ 本身就是它自己的一个子列，从而充分性显然成立.

该定理经常用于判定某数列的极限不存在：若数列 $\{x_n\}$ 的某个子列 $\{x_{n_k}\}$ 发散，或存在两个不同的子列，它们收敛到不同的极限，则 $\{x_n\}$ 必发散.

【例 5.1.5】 试判断数列 $x_n = (-1)^n$，$n \in \mathbf{N}_+$ 是否收敛.

解 由于 $x_{2k-1} = -1$，$x_{2k} = 1$，可以得到 $\lim\limits_{n \to \infty} x_{2k-1} = -1$，$\lim\limits_{n \to \infty} x_{2k} = 1$，两者不相等，从而数列 $\{x_n\}$ 发散.

 **思考题**

> 7. 若某数列存在收敛的子数列，原数列是否收敛？
>
> 8. 若某原数列发散，其子数列是否一定发散？
>
> 9. 若某原数列存在发散的子数列，原数列是否发散？

5.1.3　数列极限的四则运算法则

数列极限的"ε-N"定义虽然精确地给出了数列极限的概念，但定义本身并未给出求极限的方法. 下面我们证明第 1 章给出的数列极限的运算法则，有了这些法则，我们就可以用一些已知的简单数列的极限来求较复杂的一般数列的极限.

下面的结论称为数列极限的四则运算法则.

 【定理 5.1.5】 设 $\lim\limits_{n \to \infty} x_n = A$，$\lim\limits_{n \to \infty} y_n = B$，则

(1) $\lim\limits_{n \to \infty}(x_n \pm y_n) = \lim\limits_{n \to \infty} x_n \pm \lim\limits_{n \to \infty} y_n = A \pm B$；

(2) $\lim\limits_{n \to \infty}(x_n y_n) = \lim\limits_{n \to \infty} x_n \cdot \lim\limits_{n \to \infty} y_n = AB$，特别地有 $\lim\limits_{n \to \infty}(k \cdot x_n) = k \cdot \lim\limits_{n \to \infty} x_n$（$k$ 为常数）；

(3) $\lim\limits_{n \to \infty} \dfrac{x_n}{y_n} = \dfrac{\lim\limits_{n \to \infty} x_n}{\lim\limits_{n \to \infty} y_n} = \dfrac{A}{B}$（$\lim\limits_{n \to \infty} y_n \neq 0$）.

证 (1) 对 $\forall \varepsilon > 0$，由 $\lim\limits_{n \to \infty} x_n = A$ 可知，$\exists N_1 \in \mathbf{N}_+$，使当 $n > N_1$ 时，$|x_n - A| < \dfrac{\varepsilon}{2}$；又由 $\lim\limits_{n \to \infty} y_n = B$ 可知，$\exists N_2 \in \mathbf{N}_+$，使当 $n > N_2$ 时，$|y_n - B| < \dfrac{\varepsilon}{2}$. 取 $N = \max\{N_1, N_2\}$，则当 $n > N$ 时，有

$$|(x_n + y_n) - (A + B)| \leqslant |x_n - A| + |y_n - B| < \varepsilon$$

故得 $\lim\limits_{n \to \infty}(x_n + y_n) = A + B$.

同理可证 $\lim\limits_{n \to \infty}(x_n - y_n) = A - B$.

(2) 由于 $\{x_n\}$ 和 $\{y_n\}$ 均是收敛数列，因而它们均是有界数列. 即存在正数 M，使得

$$|x_n| < M, \quad |y_n| < M, \quad n = 1, 2, \cdots$$

对 $\forall \varepsilon > 0$，由 $\lim\limits_{n \to \infty} x_n = A$ 可知，$\exists N_1 \in \mathbf{N}_+$，使当 $n > N_1$ 时，$|x_n - A| < \dfrac{\varepsilon}{2M}$；又由 $\lim\limits_{n \to \infty} y_n = B$ 可知，$\exists N_2 \in \mathbf{N}_+$，使当 $n > N_2$ 时，$|y_n - B| < \dfrac{\varepsilon}{2M}$. 取 $N = \max\{N_1, N_2\}$，则当 $n > N$ 时，有

$$|x_n y_n - AB| = |(x_n y_n - x_n B) + (x_n B - AB)| \leqslant |x_n y_n - x_n B| + |x_n B - AB|$$

$$= |x_n| \cdot |y_n - B| + |x_n - A| \cdot |B| < M \cdot \dfrac{\varepsilon}{2M} + M \cdot \dfrac{\varepsilon}{2M} = \varepsilon$$

故 $\lim\limits_{n\to\infty}(x_ny_n)=\lim\limits_{n\to\infty}x_n \cdot \lim\limits_{n\to\infty}y_n=AB.$

特别地, 当 $y_n=k$ 时, $\lim\limits_{n\to\infty}y_n=k$, 从而 $\lim\limits_{n\to\infty}(k \cdot x_n)=k \cdot \lim\limits_{n\to\infty}x_n.$

(3) 对 $\forall\varepsilon>0$, 由 $\lim\limits_{n\to\infty}x_n=A$ 可知, $\exists N_1\in\mathbf{N}_+$, 使当 $n>N_1$ 时 $|x_n-A|<\dfrac{\varepsilon}{|B|}$; 又由

$\lim\limits_{n\to\infty}y_n=B$ 可知, $\exists N_2\in\mathbf{N}_+$, 使当 $n>N_2$ 时, $|y_n-B|<\dfrac{\varepsilon}{|A|}$. 又 $\{y_n\}$ 是收敛数列, 故由

保号性知, $\exists N_3\in\mathbf{N}_+$, 使当 $n>N_3$ 时 $|y_n|>\dfrac{|B|}{2}>0$. 取 $N=\max\{N_1,N_2,N_3\}$, 则当

$n>N$ 时, 有

$$\left|\frac{x_n}{y_n}-\frac{A}{B}\right|=\left|\frac{x_nB-y_nA}{y_nB}\right|=\left|\frac{x_nB-AB+AB-y_nA}{y_nB}\right|=\left|\frac{B(x_n-A)-A(y_n-B)}{y_nB}\right|$$

$$\leqslant\frac{|B||x_n-A|+|A||y_n-B|}{\dfrac{|B|}{2}|B|}<\frac{4\varepsilon}{|B|^2}$$

故 $\lim\limits_{n\to\infty}\dfrac{x_n}{y_n}=\dfrac{\lim\limits_{n\to\infty}x_n}{\lim\limits_{n\to\infty}y_n}=\dfrac{A}{B}\left(\lim\limits_{n\to\infty}y_n\neq0\right).$

 思 考 题

10. 若数列 $\{x_n\}$, $\{y_n\}$ 均不存在极限, 则 $\{x_n\pm y_n\}$ 的极限是否存在? $\{x_ny_n\}$ 的极限是否存在?

11. 若数列 $\{x_n\}$, $\{y_n\}$ 有一个极限存在, 一个极限不存在, 则 $\{x_n\pm y_n\}$ 的极限是否存在? $\{x_ny_n\}$ 的极限是否存在?

12. 若 $\lim\limits_{n\to\infty}x_n=a$, 则必有 $\lim\limits_{n\to\infty}|x_n|=|a|$ 吗? 反之如何?

13. 若 $\{x_ny_n\}$ 收敛, 能否断定 $\{x_n\}$, $\{y_n\}$ 也收敛?

有了定理 5.1.5, 在计算极限时, 往往只要将一些已知的极限的值进行四则运算就可以了, 而不必再使用 "ε-N" 语言证明.

【例 5.1.6】 试求下列极限.

(1) $\lim\limits_{n\to\infty}\dfrac{n}{n+1}$;

(2) $\lim\limits_{n\to\infty}\dfrac{4n^3-3n^2+5n-6}{3n^3+2n^2-4n+5}$;

(3) $\lim\limits_{n\to\infty}\dfrac{5^n-4^n}{5^{n+1}+4^{n+1}}$;

(4) $\lim\limits_{n\to\infty}(\sqrt{n+1}-\sqrt{n}).$

解 (1) $\lim\limits_{n\to\infty}\dfrac{n}{n+1}=\lim\limits_{n\to\infty}\dfrac{1}{1+\dfrac{1}{n}}=\dfrac{1}{\lim\limits_{n\to\infty}\left(1+\dfrac{1}{n}\right)}=\dfrac{1}{1+0}=1.$

(2) $\lim\limits_{n\to\infty}\dfrac{4n^3-3n^2+5n-6}{3n^3+2n^2-4n+5}=\lim\limits_{n\to\infty}\dfrac{4-\dfrac{3}{n}+\dfrac{5}{n^2}-\dfrac{6}{n^3}}{3+\dfrac{2}{n}-\dfrac{4}{n^2}+\dfrac{5}{n^3}}=\dfrac{4-0+0-0}{3+0-0+0}=\dfrac{4}{3}.$

$$(3) \lim_{n\to\infty} \frac{5^n - 4^n}{5^{n+1} + 4^{n+1}} = \lim_{n\to\infty} \frac{\frac{1}{5} - \frac{1}{5}\left(\frac{4}{5}\right)^n}{1 + \left(\frac{4}{5}\right)^{n+1}} = \frac{\frac{1}{5} - 0}{1 + 0} = \frac{1}{5}.$$

$$(4) \lim_{n\to\infty}(\sqrt{n+1} - \sqrt{n}) = \lim_{n\to\infty} \frac{(\sqrt{n+1} - \sqrt{n}) \cdot (\sqrt{n+1} + \sqrt{n})}{\sqrt{n+1} + \sqrt{n}}$$

$$= \lim_{n\to\infty} \frac{1}{\sqrt{n+1} + \sqrt{n}} = 0.$$

5.1.4　数列极限存在的判别定理

1. 夹逼准则

【定理 5.1.6 (夹逼准则)】　如果数列 $\{x_n\}$，$\{y_n\}$，$\{z_n\}$ 满足：$\exists N \in \mathbf{N}_+$，使得当 $n > N$ 时，有 $y_n \leqslant x_n \leqslant z_n$，且 $\lim_{n\to\infty} y_n = \lim_{n\to\infty} z_n = A$，则 $\lim_{n\to\infty} x_n = A$.

证　对 $\forall \varepsilon > 0$，由 $\lim_{n\to\infty} y_n = A$ 可知，$\exists N_1 \in \mathbf{N}_+$，当 $n > N_1$ 时，有 $|y_n - A| < \varepsilon$，即

$$A - \varepsilon \leqslant y_n \leqslant A + \varepsilon$$

同理，由 $\lim_{n\to\infty} z_n = A$ 可知，$\exists N_2 \in \mathbf{N}_+$，当 $n > N_2$ 时，有 $|z_n - A| < \varepsilon$，即

$$A - \varepsilon \leqslant z_n \leqslant A + \varepsilon$$

取 $N = \max\{N_1, N_2\}$，则当 $n > N$ 时，有

$$A - \varepsilon \leqslant y_n \leqslant x_n \leqslant z_n \leqslant A + \varepsilon$$

即 $|x_n - A| < \varepsilon$. 故 $\lim_{n\to\infty} x_n = A$.

夹逼准则比较多地用在求 n 项和的数列极限上.

【例 5.1.7】　证明：若 $x_n > 0 (n = 1, 2, \cdots)$ 且极限 $\lim_{n\to\infty} x_n$ 存在，则几何平均值数列

$$z_n = \sqrt[n]{x_1 x_2 \cdots x_n} \quad (n = 1, 2, \cdots)$$

的极限也存在，且

$$\lim_{n\to\infty} \sqrt[n]{x_1 x_2 \cdots x_n} = \lim_{n\to\infty} x_n$$

证　由于 $x_n > 0$，且极限 $\lim_{n\to\infty} x_n$ 存在，故由推论 5.1.2 保不等式性知 $\lim_{n\to\infty} x_n = A \geqslant 0$. 若 $A = 0$，则由算术平均和几何平均的不等式关系有

$$0 \leqslant \sqrt[n]{x_1 x_2 \cdots x_n} \leqslant \frac{x_1 + x_2 + \cdots + x_n}{n}$$

由柯西命题及 $\lim_{n\to\infty} x_n = A = 0$ 可得 $\lim_{n\to\infty} \frac{x_1 + x_2 + \cdots + x_n}{n} = A = 0$，故由夹逼准则知

$$\lim_{n\to\infty} \sqrt[n]{x_1 x_2 \cdots x_n} = \lim_{n\to\infty} x_n = 0$$

若 $A > 0$，则由调和平均、几何平均和算术平均的不等式关系有

$$\frac{n}{\frac{1}{x_1} + \frac{1}{x_2} + \cdots + \frac{1}{x_n}} \leqslant \sqrt[n]{x_1 x_2 \cdots x_n} \leqslant \frac{x_1 + x_2 + \cdots + x_n}{n}$$

由柯西命题及 $\lim\limits_{n\to\infty}x_n=A$ 可得 $\lim\limits_{n\to\infty}\dfrac{x_1+x_2+\cdots+x_n}{n}=A$. 又 $A\neq0$，故 $\lim\limits_{n\to\infty}\dfrac{1}{x_n}=\dfrac{1}{A}$，从而由柯西命题，有

$$\lim_{n\to\infty}\frac{\dfrac{1}{x_1}+\dfrac{1}{x_2}+\cdots+\dfrac{1}{x_n}}{n}=\frac{1}{A}$$

故

$$\lim_{n\to\infty}\frac{n}{\dfrac{1}{x_1}+\dfrac{1}{x_2}+\cdots+\dfrac{1}{x_n}}=\lim_{n\to\infty}\frac{1}{\dfrac{\dfrac{1}{x_1}+\dfrac{1}{x_2}+\cdots+\dfrac{1}{x_n}}{n}}=\frac{1}{\dfrac{1}{A}}=A$$

故由夹逼准则知 $\lim\limits_{n\to\infty}\sqrt[n]{x_1x_2\cdots x_n}=\lim\limits_{n\to\infty}x_n=A$.

作为上述结论的应用，可以证明：

若 $x_n>0(n=1,2,\cdots)$ 且极限 $\lim\limits_{n\to\infty}\dfrac{x_{n+1}}{x_n}$ 存在，则极限 $\lim\limits_{n\to\infty}\sqrt[n]{x_n}$ 也存在，且

$$\lim_{n\to\infty}\sqrt[n]{x_n}=\lim_{n\to\infty}\frac{x_{n+1}}{x_n}$$

事实上，这是因为

$$\lim_{n\to\infty}\sqrt[n]{x_n}=\lim_{n\to\infty}\sqrt[n]{\frac{x_1}{1}\frac{x_2}{x_1}\cdots\frac{x_n}{x_{n-1}}}=\lim_{n\to\infty}\frac{x_n}{x_{n-1}}=\lim_{n\to\infty}\frac{x_{n+1}}{x_n}$$

 思 考 题

14. 请根据 $\lim\limits_{n\to\infty}\sqrt[n]{x_n}=\lim\limits_{n\to\infty}\dfrac{x_{n+1}}{x_n}$ 及 $\lim\limits_{n\to\infty}\left(1+\dfrac{1}{n}\right)^n=\mathrm{e}$，求极限：

(1) $\lim\limits_{n\to\infty}\dfrac{n}{\sqrt[n]{n!}}$；　(2) $\lim\limits_{n\to\infty}\dfrac{n}{\sqrt[n]{(n+1)(n+2)\cdots(2n)}}$.

【例 5.1.8】　证明：$\lim\limits_{n\to\infty}\sqrt[n]{a}=1(a>0$ 为常数$)$.

证　方法 1　首先，设 $a\geqslant1$，令 $\sqrt[n]{a}=1+h_n(h_n\geqslant0)$，则

$$a=(1+h_n)^n=1+nh_n+\frac{n(n-1)}{2!}h_n^2+\cdots+h_n^n \quad （二项展开式公式）$$

于是，$a\geqslant1+nh_n$（事实上，该不等式也可以直接由伯努利不等式得到），从而

$$0\leqslant h_n\leqslant\frac{a-1}{n}\to0(n\to\infty)$$

即 $\lim\limits_{n\to\infty}h_n=0$，因此，得到

$$\lim_{n\to\infty}\sqrt[n]{a}=\lim_{n\to\infty}(1+h_n)=1+\lim_{n\to\infty}h_n=1+0=1$$

其次，当 $0<a<1$ 时，$\dfrac{1}{a}>1$，根据已证的结论，有

$$\lim_{n\to\infty}\sqrt[n]{a}=\lim_{n\to\infty}\frac{1}{\sqrt[n]{\dfrac{1}{a}}}=\frac{1}{\lim\limits_{n\to\infty}\sqrt[n]{\dfrac{1}{a}}}=\frac{1}{1}=1$$

结论得证.

方法 2 首先,设 $a \geqslant 1$,则

$$1 \leqslant \sqrt[n]{a} \leqslant \sqrt[n]{a \cdot \underbrace{1 \cdots 1}_{n-1 \uparrow}} \leqslant \frac{a+n-1}{n} = \frac{a}{n} + 1 - \frac{1}{n}$$

而

$$\lim_{n \to \infty}\left(\frac{a}{n} + 1 - \frac{1}{n}\right) = 1$$

故由夹逼准则知 $\lim\limits_{n \to \infty} \sqrt[n]{a} = 1$.

其次,当 $0 < a < 1$ 时,$\frac{1}{a} > 1$,根据已证的结论,有

$$\lim_{n \to \infty} \sqrt[n]{a} = \lim_{n \to \infty} \frac{1}{\sqrt[n]{\dfrac{1}{a}}} = \frac{1}{\lim\limits_{n \to \infty} \sqrt[n]{\dfrac{1}{a}}} = \frac{1}{1} = 1$$

结论得证.

采用类似方法可以证明:$\lim\limits_{n \to \infty} \sqrt[n]{n} = 1$. 这两个结论以后可以直接使用.

【例 5.1.9】 证明:$\lim\limits_{n \to \infty} \sqrt[n]{n} = 1$.

证 方法 1 当 $n > 1$ 时有 $\sqrt[n]{n} > 1$,故令 $\sqrt[n]{n} = 1 + h_n (h_n > 0)$,则

$$n = (1 + h_n)^n = 1 + n h_n + \frac{n(n-1)}{2!} h_n^2 + \cdots + h_n^n \quad (二项展开式公式)$$

于是,$n > \dfrac{n(n-1)}{2!} h_n^2$,从而

$$0 < h_n < \sqrt{\frac{2}{n-1}} \to 0 (n \to \infty)$$

即 $\lim\limits_{n \to \infty} h_n = 0$,因此,得到

$$\lim_{n \to \infty} \sqrt[n]{n} = \lim_{n \to \infty}(1 + h_n) = 1 + \lim_{n \to \infty} h_n = 1 + 0 = 1$$

方法 2 $1 \leqslant \sqrt[n]{n} = \sqrt[n]{\sqrt{n} \cdot \sqrt{n} \cdot \underbrace{1 \cdots 1}_{n-2 \uparrow}} \leqslant \dfrac{2\sqrt{n} + n - 2}{n} = \dfrac{2}{\sqrt{n}} + 1 - \dfrac{2}{n}$

而

$$\lim_{n \to \infty}\left(\frac{2}{\sqrt{n}} + 1 - \frac{2}{n}\right) = 1$$

故由夹逼准则知 $\lim\limits_{n \to \infty} \sqrt[n]{n} = 1$.

【例 5.1.10】 求极限 $\lim\limits_{n \to \infty}\left(\dfrac{1}{n^2+1} + \dfrac{2}{n^2+2} + \cdots + \dfrac{n}{n^2+n}\right)$.

解 因为

$$\frac{1+2+\cdots+n}{n^2+n} \leqslant \frac{1}{n^2+1} + \frac{2}{n^2+2} + \cdots + \frac{n}{n^2+n} \leqslant \frac{1+2+\cdots+n}{n^2+1}$$

而

$$\lim_{n\to\infty}\frac{1+2+\cdots+n}{n^2+n}=\lim_{n\to\infty}\frac{\frac{1}{2}n(n+1)}{n^2+n}=\frac{1}{2}$$

$$\lim_{n\to\infty}\frac{1+2+\cdots+n}{n^2+1}=\lim_{n\to\infty}\frac{\frac{1}{2}n(n+1)}{n^2+1}=\frac{1}{2}$$

故

$$\lim_{n\to\infty}\left(\frac{1}{n^2+1}+\frac{2}{n^2+2}+\cdots+\frac{n}{n^2+n}\right)=\frac{1}{2}$$

【例 5.1.11】 设 $x_n=\sqrt[n]{1+2^n+3^n}$，求 $\lim\limits_{n\to\infty}x_n$.

解　因为

$$3=\sqrt[n]{3^n}<x_n=\sqrt[n]{1+2^n+3^n}<\sqrt[n]{3\cdot3^n}=3\cdot\sqrt[n]{3}$$

而由例 5.1.8 的结论有 $\lim\limits_{n\to\infty}3\cdot\sqrt[n]{3}=3\cdot\lim\limits_{n\to\infty}\sqrt[n]{3}=3$，由夹逼准则，有 $\lim\limits_{n\to\infty}x_n=3$.

【例 5.1.12】 求极限 $\lim\limits_{n\to\infty}\sqrt[n]{a_1^n+a_2^n+\cdots+a_m^n}$，其中 $a_i>0(i=1,2,\cdots,m)$.

解　令 $\max\{a_i\}=a$，则

$$\sqrt[n]{a^n}\leqslant\sqrt[n]{a_1^n+a_2^n+\cdots+a_m^n}\leqslant\sqrt[n]{ma^n}$$

而

$$\lim_{n\to\infty}\sqrt[n]{a^n}=a,\ \lim_{n\to\infty}\sqrt[n]{m\cdot a^n}=a$$

则 $\lim\limits_{n\to\infty}\sqrt[n]{a_1^n+a_2^n+\cdots+a_m^n}=a$.

注

例 5.1.12 中的极限是一个常用结论，应熟记并会灵活运用.

【例 5.1.13】 设 $0<a<b$，则 $\lim\limits_{n\to\infty}(a^{-n}+b^{-n})^{\frac{1}{n}}=(\qquad)$.

A. a　　　　B. a^{-1}　　　　C. b　　　　D. b^{-1}

解　由于

$$\lim_{n\to\infty}(a^{-n}+b^{-n})^{\frac{1}{n}}=\lim_{n\to\infty}\sqrt[n]{\left(\frac{1}{a}\right)^n+\left(\frac{1}{b}\right)^n}=\max\left\{\frac{1}{a},\frac{1}{b}\right\}=\frac{1}{a}$$

则应选 B.

2. 单调有界准则

【定理 5.1.7（单调有界准则）】　单调有界数列必有极限.

此定理可改写为：

若数列单调增加且有上界（或单调减少且有下界），则此数列必存在极限.

下面只针对单调增加有上界的数列给出证明.

证　设 $\{x_n\}$ 是一单调增加有上界的数列. 记 $\{x_n\}$ 的最小上界为 A. 由于 A 是 $\{x_n\}$ 的最小上界，意味着任何比 A 小的数都不是 $\{x_n\}$ 的上界，也就是对 $\forall\varepsilon>0$，存在该数列中某一项 x_{N_0}，满足

$$x_{N_0} > A - \varepsilon$$

由数列的单调性知,当 $n > N_0$ 时,有

$$x_n \geqslant x_{N_0} > A - \varepsilon$$

又因 A 是 $\{x_n\}$ 的上界,从而 $A - \varepsilon < x_n \leqslant A < A + \varepsilon$,故当 $n > N_0$ 时,有 $|x_n - A| < \varepsilon$,于是

$$\lim_{n \to \infty} x_n = A$$

事实上,容易想到单调减少有下界的数列收敛于其最大下界.

单调有界准则常用来求递推数列的极限.

【例 5.1.14】 设 $x_n = \sqrt{2 + \sqrt{2 + \cdots + \sqrt{2 + \sqrt{2}}}}$($n$ 重根号),证明数列 $\{x_n\}$ 的极限存在,并求此极限.

证 由 x_n 的表达式容易看出:$x_1 = \sqrt{2}$,$x_n = \sqrt{2 + x_{n-1}}$,$n = 2, 3, \cdots$.

由数学归纳法可以证明此数列有界且单调增加. 事实上,

(1) 显然 $0 < x_1 < 2$. 假设 $n = k$ 时,$0 < x_n < 2$ 成立,则当 $n = k + 1$ 时,$x_{k+1} = \sqrt{2 + x_k} < \sqrt{2 + 2} = 2$,且 $x_{k+1} > 0$,故 $0 < x_{k+1} < 2$,即当 $n = k + 1$ 时,$0 < x_n < 2$ 仍成立. 因而数列 $\{x_n\}$ 有界.

(2) 显然 $x_1 < x_2$. 假设当 $n = k$ 时,$x_n < x_{n+1}$ 成立,即 $x_k < x_{k+1}$,则当 $n = k + 1$ 时,有 $\sqrt{2 + x_k} < \sqrt{2 + x_{k+1}}$,即 $x_{k+1} < x_{k+2}$,故当 $n = k + 1$ 时,$x_n < x_{n+1}$ 成立,所以数列单调增加. 因而数列 $\{x_n\}$ 单调增加且有上界. 由单调有界准则知,$\{x_n\}$ 存在极限. 设 $\lim\limits_{n \to \infty} x_n = A$,由 $x_n = \sqrt{2 + x_{n-1}}$,两边令 $n \to \infty$,得 $A = \sqrt{2 + A}$,可得 $A = 2$,故 $\lim\limits_{n \to \infty} x_n = 2$.

 思考题

15. 设 $x_1 = 10$,$x_{n+1} = \sqrt{6 + x_n}$,$n = 1, 2, 3, \cdots$,证明 $\{x_n\}$ 收敛,并求其极限.

16. 设 $a > 0$,$x_1 > 0$,$x_{n+1} = \dfrac{1}{2}\left(x_n + \dfrac{a}{x_n}\right)$,$n = 1, 2, 3, \cdots$,证明 $\{x_n\}$ 收敛,并求其极限.

【例 5.1.15】 求极限 $\lim\limits_{n \to \infty} \dfrac{2^n}{n!}$.

解 方法 1 由于 n 足够大时有

$$0 < \frac{2^n}{n!} = \frac{2 \times 2 \times 2 \times \cdots \times 2}{1 \times 2 \times 3 \times \cdots \times n} = \frac{2}{1} \times \frac{2 \times 2 \times \cdots \times 2}{2 \times 3 \times \cdots \times (n-1)} \times \frac{2}{n} < \frac{4}{n}$$

又 $\lim\limits_{n \to \infty} \dfrac{4}{n} = 0$,由夹逼原理知

$$\lim_{n \to \infty} \frac{2^n}{n!} = 0$$

方法 2 令 $x_n = \dfrac{2^n}{n!}$,则 $x_{n+1} = x_n \cdot \dfrac{2}{n+1}$,故

$$\frac{x_{n+1}}{x_n} = \frac{2}{n+1} \leqslant 1$$

则数列 $\{x_n\}$ 单调递减. 又 $x_n = \dfrac{2^n}{n!} > 0$,即 $\{x_n\}$ 有下界,由单调有界准则知数列 $\{x_n\}$ 收敛.

设 $\lim\limits_{n\to\infty} x_n = a$，等式

$$x_{n+1} = x_n \cdot \frac{2}{n+1}$$

两端取极限得

$$a = a \cdot 0$$

则 $a = 0$.

第 1 章我们已经用单调有界准则证明了 $\left(1+\dfrac{1}{n}\right)^n$ 严格单调递增有上界，从而存在极限，记 $\lim\limits_{n\to\infty}\left(1+\dfrac{1}{n}\right)^n = \mathrm{e}$，则 $\forall n\in \mathbf{N}_+$，有 $\left(1+\dfrac{1}{n}\right)^n < \mathrm{e}$.

下面考查数列 $y_n = \left(1+\dfrac{1}{n}\right)^{n+1}$，可以证明 $\{y_n\}$ 严格单调递减有下界. 事实上，由几何平均和调和平均不等式的关系知

$$y_n = \left(1+\frac{1}{n}\right)^{n+1} = \left(1+\frac{1}{n}\right)^{n+1} \cdot 1 > \left[\frac{n+2}{1+(n+1)\left(\dfrac{n}{n+1}\right)}\right]^{n+2}$$

$$= \left(\frac{n+2}{n+1}\right)^{n+2} = \left(1+\frac{1}{n+1}\right)^{n+2}$$

$$= y_{n+1}$$

从而 $\{y_n\}$ 严格单调递减.

又

$$y_n \cdot \frac{1}{2} = \left(1+\frac{1}{n}\right)^{n+1} \cdot \frac{1}{2} > \left[\frac{n+2}{2+(n+1)\left(\dfrac{n}{n+1}\right)}\right]^{n+2} = \left(\frac{n+2}{n+2}\right)^{n+2} = 1$$

从而 $y_n = \left(1+\dfrac{1}{n}\right)^{n+1} > 2$. 由于 $\{y_n\}$ 严格单调递减有下界，因此 $\{y_n\}$ 收敛. 事实上

$$\lim_{n\to\infty}\left(1+\frac{1}{n}\right)^{n+1} = \lim_{n\to\infty}\left[\left(1+\frac{1}{n}\right)^n\left(1+\frac{1}{n}\right)\right] = \mathrm{e} \cdot 1 = \mathrm{e}$$

因此 e 为 $y_n = \left(1+\dfrac{1}{n}\right)^{n+1}$ 的最大下界，故 $\forall n\in \mathbf{N}_+$，有

$$\left(1+\frac{1}{n}\right)^{n+1} > \mathrm{e}$$

对不等式

$$\left(1+\frac{1}{n}\right)^n < \mathrm{e} < \left(1+\frac{1}{n}\right)^{n+1}$$

两边取对数，有

$$\frac{1}{n+1} < \ln\left(1+\frac{1}{n}\right) < \frac{1}{n}$$

【例 5.1.16】　证明：数列 $C_n = 1 + \dfrac{1}{2} + \dfrac{1}{3} + \cdots + \dfrac{1}{n} - \ln n$，$n = 1, 2, 3, \cdots$ 收敛.

证　对不等式 $\dfrac{1}{n+1} < \ln\left(1+\dfrac{1}{n}\right) < \dfrac{1}{n}$ 依次取 $n = 1, 2, 3, \cdots, n$，代入得

$$\ln(1+1) < 1$$

$$\ln\left(1+\frac{1}{2}\right) < \frac{1}{2}$$

$$\vdots$$

$$\ln\left(1+\frac{1}{n}\right) < \frac{1}{n}$$

将以上 n 个式子相加，就得到

$$1+\frac{1}{2}+\frac{1}{3}+\cdots+\frac{1}{n} > \ln(1+1)+\ln\left(1+\frac{1}{2}\right)+\cdots+\ln\left(1+\frac{1}{n}\right)$$

$$=\ln\left(2\times\frac{3}{2}\times\frac{n+1}{n}\right)=\ln(n+1)$$

$$=\ln n+\ln\left(1+\frac{1}{n}\right) > \ln n+\frac{1}{n+1}$$

因此有

$$C_n=1+\frac{1}{2}+\frac{1}{3}+\cdots+\frac{1}{n}-\ln n > \frac{1}{n+1} > 0$$

即数列 $C_n=1+\frac{1}{2}+\frac{1}{3}+\cdots+\frac{1}{n}-\ln n$ 有下界.

另一方面

$$C_{n+1}-C_n=\frac{1}{n+1}-\ln(n+1)+\ln n=\frac{1}{n+1}-\ln\left(1+\frac{1}{n}\right) < 0$$

因此数列 C_n 是严格单调递减的数列. 由单调有界定理知数列 C_n 收敛.

记

$$\lim_{n\to\infty}\left(1+\frac{1}{2}+\frac{1}{3}+\cdots+\frac{1}{n}-\ln n\right)=\gamma$$

计算可得 $\gamma=0.5772\cdots$，称为**欧拉常数**. 欧拉常数 γ 是否为无理数尚未确定，被誉为"最大的迷".

例 5.1.16 的证明过程用到了不等式 $\frac{1}{n+1} < \ln\left(1+\frac{1}{n}\right) < \frac{1}{n}$，此不等式的证明有更简单的方法. 事实上，对 $\ln(1+x)$ 在区间 $[n, n+1]$ 上使用拉格朗日中值定理，有

$$\ln\left(1+\frac{1}{n}\right)=\ln(n+1)-\ln n=\frac{1}{\xi}, \xi\in(n, n+1)$$

又 $\frac{1}{n+1} < \frac{1}{\xi} < \frac{1}{n}$，从而 $\frac{1}{n+1} < \ln\left(1+\frac{1}{n}\right) < \frac{1}{n}$.

【例 5.1.17】 求 $\lim\limits_{n\to\infty}\left(\dfrac{1}{n+1}+\dfrac{1}{n+2}+\cdots+\dfrac{1}{2n}\right)$.

解 方法 1 由欧拉常数的讨论知道，以 $C_n=1+\dfrac{1}{2}+\dfrac{1}{3}+\cdots+\dfrac{1}{n}-\ln n$ 为通项的数列收敛. 故有

$$\lim_{n\to\infty}(C_{2n}-C_n)=0$$

又

$$C_{2n} - C_n = \frac{1}{n+1} + \frac{1}{n+2} + \cdots + \frac{1}{2n} - \ln 2$$

因此

$$\lim_{n \to \infty} \left(\frac{1}{n+1} + \frac{1}{n+2} + \cdots + \frac{1}{2n} \right) = \lim_{n \to \infty} (C_{2n} - C_n) + \ln 2 = \ln 2$$

方法 2 设 $a_n = \frac{1}{n+1} + \frac{1}{n+2} + \cdots + \frac{1}{2n}$，利用不等式 $\frac{1}{n+1} < \ln \left(1 + \frac{1}{n} \right) < \frac{1}{n}$，对 a_n 夹逼，有

$$\ln \left(1 + \frac{1}{n+1} \right) < \frac{1}{n+1} < \ln \left(1 + \frac{1}{n} \right)$$

$$\ln \left(1 + \frac{1}{n+2} \right) < \frac{1}{n+2} < \ln \left(1 + \frac{1}{n+1} \right)$$

$$\vdots$$

$$\ln \left(1 + \frac{1}{n+n} \right) < \frac{1}{n+n} < \ln \left(1 + \frac{1}{n+n-1} \right)$$

相加得

$$\ln(2n+1) - \ln(n+1) < \frac{1}{n+1} + \frac{1}{n+2} + \cdots + \frac{1}{2n} < \ln(2n) - \ln n = \ln 2$$

由于 $\ln(2n+1) - \ln(n+1) = \ln \dfrac{2n+1}{n+1} \to \ln 2 (n \to \infty)$，故由夹逼准则知

$$\lim_{n \to \infty} \left(\frac{1}{n+1} + \frac{1}{n+2} + \cdots + \frac{1}{2n} \right) = \ln 2$$

方法 3 由定积分的定义知

$$\lim_{n \to \infty} \left(\frac{1}{n+1} + \frac{1}{n+2} + \cdots + \frac{1}{2n} \right) = \lim_{n \to \infty} \frac{1}{n} \left(\frac{1}{1+\frac{1}{n}} + \frac{1}{1+\frac{2}{n}} + \cdots + \frac{1}{1+\frac{n}{n}} \right)$$

$$= \lim_{n \to \infty} \frac{1}{n} \sum_{i=1}^{n} \frac{1}{1+\frac{i}{n}} = \int_0^1 \frac{1}{1+x} \mathrm{d}x = \ln 2$$

注

　　由定积分的定义可知，若将区间 $[0,1]$ n 等分，第 i 个子区间上的 ξ_i 取该子区间右端点，此时 $\Delta x_i = \dfrac{1}{n}$，$\xi_i = \dfrac{i}{n}$，则

$$\lim_{n \to \infty} \sum_{i=1}^{n} f \left(\frac{i}{n} \right) \frac{1}{n} \xrightarrow[\lim_{n \to \infty} \sum_{i=1}^{n} \to \int_0^1]{\frac{i}{n} \to x, \ \frac{1}{n} \to \mathrm{d}x} \int_0^1 f(x) \mathrm{d}x$$

上式左端是一种常见的积分和式的极限. 所以，用定积分的定义求极限的一般方法是：先提 $\dfrac{1}{n}$，然后确定被积函数和积分区间.

【例 5.1.18】 求极限 $\lim\limits_{n\to\infty} n\left(\dfrac{1}{n^2+1}+\dfrac{1}{n^2+2^2}+\cdots+\dfrac{1}{n^2+n^2}\right)$.

解
$$\lim_{n\to\infty} n\left(\frac{1}{n^2+1}+\frac{1}{n^2+2^2}+\cdots+\frac{1}{n^2+n^2}\right)$$
$$=\lim_{n\to\infty}\frac{1}{n}\left[\frac{1}{1+\left(\dfrac{1}{n}\right)^2}+\frac{1}{1+\left(\dfrac{2}{n}\right)^2}+\cdots+\frac{1}{1+\left(\dfrac{n}{n}\right)^2}\right]$$
$$=\lim_{n\to\infty}\sum_{i=1}^{n}\frac{1}{1+\left(\dfrac{i}{n}\right)^2}\cdot\frac{1}{n}=\int_0^1\frac{1}{1+x^2}\mathrm{d}x=\frac{\pi}{4}$$

注

　　例 5.1.10、例 5.1.18 都是 n 项和的数列极限，但例 5.1.10 适合用夹逼原理，而例 5.1.18 更适合用定积分的定义，它们的本质区别在哪儿呢？它们分母中的第一项都是 n^2，不随项的变化而变化，称为**主体部分**，而分母中的第二项随项的变化而变化，称为**变化部分**. 例 5.1.10 中的变化部分由 1 变到 n，其最大值 n 与其主体部分 n^2 相比较是次量级，即 $\lim\limits_{n\to\infty}\dfrac{n}{n^2}=0$；例 5.1.18 中的变化部分由 1^2 变到 n^2，其最大值 n^2 与其主体部分 n^2 相比较是同量级，即 $\lim\limits_{n\to\infty}\dfrac{n^2}{n^2}=1\neq0$. 综上所述，**当变化部分的最大值与其主体部分相比较是次量级时用夹逼原理，而当变化部分的最大值与其主体部分相比较是同量级时用定积分的定义.**

 思考题

17. 求 $\lim\limits_{n\to\infty}\left(\dfrac{1}{n^2+n+1}+\dfrac{1}{n^2+n+2}+\dfrac{1}{n^2+n+n}\right)$；

18. 求 $\lim\limits_{n\to\infty}\left(\dfrac{1}{\sqrt{n^2+1^2}}+\dfrac{1}{\sqrt{n^2+2^2}}+\cdots+\dfrac{1}{\sqrt{n^2+n^2}}\right)$；

19. 求 $\lim\limits_{n\to\infty}\dfrac{k}{n^2}\ln\left(1+\dfrac{k}{n}\right)$.

3. 柯西收敛准则

柯西收敛准则是判断数列收敛的一个重要定理，有时在证明中发挥着不可替代的作用.

　　【定理 5.1.8（柯西收敛准则）】　数列 $\{x_n\}$ 收敛的充分必要条件是：对 $\forall\varepsilon>0$，$\exists N\in\mathbf{N}_+$，只要 $m,n>N$ 时，就有
$$|x_m-x_n|<\varepsilon$$
满足定理条件的数列称为**柯西数列**或**基本列**.

这个定理从理论上完全解决了数列极限的存在性问题.

柯西收敛准则的条件称为柯西条件. 它反映这样的事实：收敛数列各项的值越到后面，

彼此越接近,以至后面的任何两项之差的绝对值可以小于预先给定的任意小正数. 或者形象地说,收敛数列的各项越到后面越"挤"在一起. 另外,柯西收敛准则把 ε-N 定义中 x_n 与 A 的关系换成了 x_n 与 x_m 的关系,其好处在于无须借助数列以外的数 A,只需根据数列本身的特征就可以鉴别其收敛(发散)性.

$\{x_n\}$ 是柯西数列也可以说成,$\forall \varepsilon > 0$,$\exists N \in \mathbf{N}_+$,只要 $n > N$ 时,

$$|x_{n+p} - x_n| < \varepsilon$$

对所有的 $p \in \mathbf{N}_+$ 成立.

【例 5.1.19】 设 $x_n = 1 - \dfrac{1}{2} + \dfrac{1}{3} - \cdots + (-1)^{n+1}\dfrac{1}{n}$,$n \in \mathbf{N}_+$,证明 $\{x_n\}$ 收敛.

证　对 $m,n \in \mathbf{N}_+$,不妨设 $m > n$,则

$$|x_m - x_n| = \frac{1}{n+1} - \frac{1}{n+2} + \cdots + (-1)^{m-n+1}\frac{1}{m}$$

$$= \frac{1}{n+1} - \left[\frac{1}{n+2} - \cdots + (-1)^{m-n}\frac{1}{m}\right] < \frac{1}{n+1} < \frac{1}{n}$$

从而对 $\forall \varepsilon > 0$,取 $N = \left[\dfrac{1}{\varepsilon}\right]$,当 $m,n > N$ 时($m > n$),就有

$$|x_m - x_n| < \frac{1}{n} < \varepsilon$$

由柯西收敛定理知 $\{x_n\}$ 收敛.

【例 5.1.20】 已知数列 $\{b_n\}$ 有界,令 $x_n = \dfrac{b_1}{1 \cdot 2} + \dfrac{b_2}{2 \cdot 3} + \cdots + \dfrac{b_n}{n \cdot (n+1)}$,$n \in \mathbf{N}_+$,证明数列 $\{x_n\}$ 收敛.

证　取常数 $M > 0$,使得 $|b_n| \leqslant M$,$n \in \mathbf{N}_+$. 然后对 $\forall p \in \mathbf{N}_+$,做估计

$$|x_{n+p} - x_n| \leqslant M\left[\frac{1}{(n+1)(n+2)} + \frac{1}{(n+2)(n+3)} + \cdots + \frac{1}{(n+p)(n+p+1)}\right]$$

$$= M\left[\left(\frac{1}{n+1} - \frac{1}{n+2}\right) + \left(\frac{1}{n+2} - \frac{1}{n+3}\right) + \cdots + \left(\frac{1}{n+p} - \frac{1}{n+p+1}\right)\right]$$

$$= M\left(\frac{1}{n+1} - \frac{1}{n+p+1}\right) < \frac{M}{n+1} < \frac{M}{n}$$

故 $\forall \varepsilon > 0$,取 $N = \left[\dfrac{M}{\varepsilon}\right] + 1$,有 $\forall n > N$ 和 $\forall p \in \mathbf{N}_+$,$|x_{n+p} - x_n| < \varepsilon$ 成立. 这样,就证明了 $\{x_n\}$ 是基本数列. 故由柯西收敛准则知 $\{x_n\}$ 收敛.

上例中,由于 $\{b_n\}$ 除了有界性之外,没有任何其他已知性质,因此 $\{x_n\}$ 谈不上有单调性,从而单调有界数列的收敛定理在这里完全失效. 可见柯西收敛准则是一个非常有力的工具.

数列收敛条件的比较如下:

(1) 单调有界原理是数列收敛的充分条件,在应用时不需要知道数列极限,但它当然依赖于单调性.

(2) 夹逼定理是数列收敛的充分条件,但应用时局限性大.

(3) 数列有界是数列收敛的必要条件,只能用于判定数列发散.

(4) 有一个与子列有关的数列收敛的充要条件,即数列收敛等价于它的一切子列收敛.

由于数列也是其自身的子列,因此这个结论的充分性部分等于什么也没说.

(5) 从一般意义上来说,柯西收敛准则是研究数列收敛的最有力工具. 但在理解和使用柯西收敛准则时有一定的困难,为此需要较多的例题.

纵观数学分析的全部内容,在包括积分与级数的许多类型的极限中,都有相应的柯西收敛准则,而且该准则往往是其他收敛判别法的基础. 因此,柯西收敛准则具有其他基本定理所不能替代的独特作用.

 思考题

20. 如何根据柯西收敛准则给出数列 $\{x_n\}$ 发散的正面叙述?

【例 5.1.21】 设 $x_n = 1 + \dfrac{1}{2} + \dfrac{1}{3} + \cdots + \dfrac{1}{n}$,证明 $\{x_n\}$ 发散.

证　取 $\varepsilon = \dfrac{1}{2}$,对任何 $n \in \mathbf{N}_+$,取 $p = n$,则有

$$x_{2n} - x_n = \frac{1}{n+1} + \frac{1}{n+2} + \cdots + \frac{1}{n+n} > \frac{1}{2n} + \frac{1}{2n} + \cdots + \frac{1}{2n} = \frac{1}{2}$$

由柯西收敛定理知 $\{x_n\}$ 发散.

习题 5.1

1. 求下列极限.

(1) $\lim\limits_{n \to \infty} \left[\dfrac{1}{1 \cdot 2} + \dfrac{1}{2 \cdot 3} + \cdots + \dfrac{1}{n \cdot (n+1)} \right]$;　　　(2) $\lim\limits_{n \to \infty} (\sqrt{n+3} - \sqrt{n}) \cdot \sqrt{n-1}$;

(3) $\lim\limits_{n \to \infty} \dfrac{1}{n} \left[\left(x + \dfrac{2}{n} \right) + \left(x + \dfrac{4}{n} \right) + \cdots + \left(x + \dfrac{2n}{n} \right) \right]$;　(4) $\lim\limits_{n \to \infty} \dfrac{\sqrt{n+1} - \sqrt{n}}{\sqrt{n+2} - \sqrt{n}}$;

(5) $\lim\limits_{n \to \infty} \dfrac{1 + a + \cdots + a^n}{1 + b + \cdots + b^n} (|a| < 1, |b| < 1)$;　　(6) $\lim\limits_{n \to \infty} \dfrac{(-2)^n + 3^n}{(-2)^{n+1} + 3^{n+1}}$;

(7) $\lim\limits_{n \to \infty} \left(\dfrac{1}{2} + \dfrac{3}{2^2} + \dfrac{5}{2^3} + \cdots + \dfrac{2n-1}{2^n} \right)$;　　　(8) $\lim\limits_{n \to \infty} \dfrac{n + (-1)^n}{3n}$.

2. 用定义证明:

(1) 若 $\lim\limits_{n \to \infty} a_n = a$,则对任一正整数 k,有 $\lim\limits_{n \to \infty} a_{n+k} = a$;

(2) 若 $\lim\limits_{n \to \infty} a_n = a$,且 $a_n > 0$,则 $\lim\limits_{n \to \infty} \sqrt{a_n} = \sqrt{a}$.

3. 设数列 x_n 有界,又 $\lim\limits_{n \to \infty} y_n = 0$,证明: $\lim\limits_{n \to \infty} x_n y_n = 0$.

4. 设 $x_n \leqslant a \leqslant y_n (n = 1, 2, \cdots)$,且 $\lim\limits_{n \to \infty} (y_n - x_n) = 0$,证明: $\lim\limits_{n \to \infty} x_n = a$,$\lim\limits_{n \to \infty} y_n = a$.

5. 利用单调有界原理,证明 $\lim\limits_{n \to \infty} x_n$ 存在,并求出极限.

(1) $x_1 = 1$,$x_n = \sqrt{2x_{n-1}}$,$n = 2, 3, \cdots$;　　　(2) $x_n = \dfrac{c^n}{n!} (c > 0)$.

6. 利用极限存在准则证明:

(1) $\lim\limits_{n \to \infty} n \cdot \left(\dfrac{1}{n^2 + \pi} + \dfrac{1}{n^2 + 2\pi} + \cdots + \dfrac{1}{n^2 + n\pi} \right) = 1$;　(2) $\lim\limits_{n \to \infty} \sqrt[n]{n} = 1$.

7. 利用定积分计算下列极限.

(1) $\lim\limits_{n\to\infty}\dfrac{1}{n^4}(1+2^3+3^3+\cdots+n^3)$;

(2) $\lim\limits_{n\to\infty}n\left[\dfrac{1}{(n+1)^2}+\dfrac{1}{(n+2)^2}+\cdots+\dfrac{1}{(n+n)^2}\right]$.

8. 利用 $\lim\limits_{n\to\infty}\left(1+\dfrac{1}{n}\right)^n=e$ 求下列极限.

(1) $\lim\limits_{n\to\infty}\left(1-\dfrac{1}{n}\right)^n$;　　　(2) $\lim\limits_{n\to\infty}\left(1+\dfrac{1}{n+1}\right)^{n-1}$;　　　(3) $\lim\limits_{n\to\infty}\left(1+\dfrac{1}{2n}\right)^n$.

9. 利用柯西收敛准则证明:

(1) 设 $a_n=1+\dfrac{1}{2^2}+\dfrac{1}{3^2}+\cdots+\dfrac{1}{n^2}$, 则 $\{a_n\}$ 收敛;

(2) 设 $b_n=1+\dfrac{2}{3}+\dfrac{3}{5}+\cdots+\dfrac{n}{2n-1}$, 则 $\{b_n\}$ 发散.

10. 求下列极限.

(1) $\lim\limits_{n\to\infty}\left(\dfrac{1}{3}+\dfrac{1}{15}+\dfrac{1}{35}+\cdots+\dfrac{1}{4n^2-1}\right)$;

(2) $\lim\limits_{n\to\infty}\left(1-\dfrac{1}{2^2}\right)\cdot\left(1-\dfrac{1}{3^2}\right)\cdot\cdots\cdot\left(1-\dfrac{1}{n^2}\right)$;

(3) $\lim\limits_{n\to\infty}\left(1+\dfrac{1}{n}+\dfrac{1}{n^2}\right)^n$;

(4) $\lim\limits_{n\to\infty}\dfrac{1}{2}\cdot\dfrac{3}{4}\cdot\cdots\cdot\dfrac{2n-1}{2n}$.

11. 证明数列 $2,\ 2+\dfrac{1}{2},\ 2+\dfrac{1}{2+\dfrac{1}{2}},\ \cdots$ 存在极限, 并求这个极限.

12. 若 $a_1,\ a_2,\ \cdots,\ a_m$ 为 m 个正数, 证明:
$$\lim\limits_{n\to\infty}\sqrt[n]{a_1^n+a_2^n+\cdots+a_m^n}=\max\{a_1,\ a_2,\ \cdots,\ a_m\}$$

13. 设 $\lim\limits_{n\to\infty}a_n=a$, 证明:

(1) $\lim\limits_{n\to\infty}\dfrac{[na_n]}{n}=a$;

(2) 若 $a>0$, $a_n>0$, 则 $\lim\limits_{n\to\infty}\sqrt[n]{a_n}=1$.

14. 证明: 若 $a_n>0$, 且 $\lim\limits_{n\to\infty}\dfrac{a_n}{a_{n+1}}=l>1$, 则 $\lim\limits_{n\to\infty}a_n=0$.

15. 利用单调有界原理求下列数列的极限.

(1) 设 $x_0>0$, $x_{n+1}=\dfrac{1}{2}\left(x_n+\dfrac{1}{x_n}\right)$ $(n\geqslant0)$, 求 $\lim\limits_{n\to\infty}x_n$;

(2) 设 $0<x_0<\sqrt{3}$, $x_{n+1}=\dfrac{3(1+x_n)}{3+x_n}$ $(n=0,\ 1,\ \cdots)$, 求 $\lim\limits_{n\to\infty}x_n$.

16. 设 $a_1=1$, $a_2=2$, $a_{n+2}=\dfrac{2a_na_{n+1}}{a_n+a_{n+1}}$ $(n=1,\ 2,\ \cdots)$, 求:

(1) $b_n = \dfrac{1}{a_{n+1}} - \dfrac{1}{a_n}$ 的表达式；　　　(2) $\displaystyle\sum_{k=1}^{n} b_k$ 和 $\displaystyle\lim_{n \to \infty} a_n$；

5.2　函数极限进阶

本节将数列极限的概念、理论和方法推广到一元函数的情形. 数列是定义在正整数集 $\mathbf{N}_+$ 上的整标函数，因此数列极限反映的是一种离散型的无限变化过程，然而在实际问题中，更多的是要讨论定义在区间上的函数当自变量 x 在定义区间上连续变化时函数值 $f(x)$ 的变化趋势. 如果在自变量的某个变化过程中，对应的函数值无限接近于某个确定的数，那么这个确定的数就叫作在该变化过程中函数的极限. 本节我们把函数极限的直观定义用严格的数学语言描述出来.

5.2.1　函数极限的定义

1. 自变量趋于无穷大时函数的极限

设函数定义在 $[a, +\infty)$ 上，类似于数列情形，我们研究当自变量 $x \to +\infty$ 时，对应的函数值能否无限地接近于某个定数 A.

例如：$f(x) = \dfrac{1}{x}$，x 无限增大时，$f(x)$ 无限地接近于 0；$g(x) = \arctan x$，x 无限增大时，$g(x)$ 无限地接近于 $\dfrac{\pi}{2}$；$h(x) = x$，x 无限增大时，$h(x)$ 与任何有限数都不能无限地接近. 我们把像 $f(x)$，$g(x)$ 这样当 $x \to +\infty$ 时对应的函数值无限地接近于某个定数 A 的函数称为"当 $x \to +\infty$ 时有极限 A". 与数列极限的定义类似，我们给出下面的定义：

➤【定义 5.2.1】　设函数 $y = f(x)$ 在 $[a, +\infty)$ 上有定义，A 为实数. 若对 $\forall \varepsilon > 0$，$\exists X > 0 \ (X > a)$，当 $x > X$ 时，有

$$|f(x) - A| < \varepsilon$$

成立，则称常数 A 为函数 $y = f(x)$ 当 $x \to +\infty$ 时的极限，记作

$$\lim_{x \to +\infty} f(x) = A \quad \text{或者} \quad f(x) \to A \quad (x \to +\infty)$$

上面的定义也称为函数极限定义的"ε-X"语言. 如果这样的常数不存在，则称当 $x \to +\infty$ 时函数 $f(x)$ 的极限不存在.

定义 5.2.1 中 ε 的作用与数列极限的定义中 ε 的作用相同，都用于衡量 $f(x)$ 与 A 的接近程度，正数 X 的作用与数列极限定义中 N 的作用类似，都表明 x 充分大的程度；但这里所考虑的是比 X 大的所有实数 x，而不仅仅是正整数 n.

$\displaystyle\lim_{x \to +\infty} f(x) = A$ 的几何意义：对 $\forall \varepsilon > 0$，有 $y = A + \varepsilon$ 和 $y = A - \varepsilon$ 两条直线，形成以 $y = A$ 为中心线、以 2ε 为宽的带形区域. "当 $x > X$ 时，有 $|f(x) - A| < \varepsilon$ 成立"表示：在直线 $x = X$ 的右方，曲线 $y = f(x)$ 全部落在这个带形区域内（图 5.2.1）. 如果 ε 给得小一点，即带形区域更窄一点，那么直线 $x = X$ 一般往右移；但无论带形区域如何窄，总存在正数 X，使得曲线 $y = f(x)$ 在 $x = X$ 的右边的全部落在这个更窄的带形区域内.

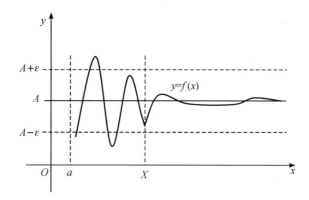

图 5.2.1　$x \to +\infty$ 时函数极限的几何意义

类似地，可以给出 $\lim\limits_{x \to -\infty} f(x) = A$ 及 $\lim\limits_{x \to \infty} f(x) = A$ 的定义.

▶【定义 5.2.2】　设函数 $y = f(x)$ 在 $(-\infty, a]$ 上有定义，A 为实数. 若对 $\forall \varepsilon > 0$，$\exists X > 0(-X < a)$，当 $x < -X$ 时，有

$$|f(x) - A| < \varepsilon$$

成立，则称常数 A 为函数 $y = f(x)$ 当 $x \to -\infty$ 时的极限，记作

$$\lim\limits_{x \to -\infty} f(x) = A \quad \text{或者} \quad f(x) \to A (x \to -\infty)$$

▶【定义 5.2.3】　设函数 $y = f(x)$ 在 $|x| \geqslant a$ 有定义，A 为实数. 若对 $\forall \varepsilon > 0$，$\exists X > a > 0$，当 $|x| > X$ 时，有

$$|f(x) - A| < \varepsilon$$

成立，则称常数 A 为函数 $y = f(x)$ 当 $x \to \infty$ 时的极限，记作

$$\lim\limits_{x \to \infty} f(x) = A \quad \text{或者} \quad f(x) \to A (x \to \infty)$$

从以上定义容易看出：

【定理 5.2.1】　$\lim\limits_{x \to \infty} f(x) = A$ 的充分必要条件是 $\lim\limits_{x \to +\infty} f(x) = A$ 且 $\lim\limits_{x \to -\infty} f(x) = A$.

【例 5.2.1】　证明：$\lim\limits_{x \to +\infty} \dfrac{1}{\sqrt{x}} = 0$.

证　对 $\forall \varepsilon > 0$，因为

$$\left| \frac{1}{\sqrt{x}} - 0 \right| = \frac{1}{\sqrt{x}}$$

取 $X = \dfrac{1}{\varepsilon^2}$，则当 $x > X$ 时，就有

$$\left| \frac{1}{\sqrt{x}} - 0 \right| < \varepsilon$$

所以 $\lim\limits_{x \to +\infty} \dfrac{1}{\sqrt{x}} = 0$.

【例 5.2.2】　证明：$\lim\limits_{x \to -\infty} \arctan x = -\dfrac{\pi}{2}$.

证　这里 $|f(x)-A|=\left|\arctan x+\dfrac{\pi}{2}\right|=\arctan x+\dfrac{\pi}{2}$，要使 $|f(x)-A|<\varepsilon$，只需

$\arctan x+\dfrac{\pi}{2}<\varepsilon$，即 $x<\tan\left(\varepsilon-\dfrac{\pi}{2}\right)$. 因此对 $\forall\varepsilon>0\left(\text{限定}\ \varepsilon<\dfrac{\pi}{2}\right)$，取 $X=-\tan\left(\varepsilon-\dfrac{\pi}{2}\right)>0$，

则当 $x<-X$ 时，就有 $\left|\arctan x+\dfrac{\pi}{2}\right|<\varepsilon$，故 $\lim\limits_{x\to-\infty}\arctan x=-\dfrac{\pi}{2}$.

同样可证明：$\lim\limits_{x\to+\infty}\arctan x=\dfrac{\pi}{2}$，从而 $\lim\limits_{x\to\infty}\arctan x$ 不存在.

【例 5.2.3】　证明：$\lim\limits_{x\to\infty}\dfrac{\sin x}{x}=0$.

证　只需证明，$\forall\varepsilon>0$，$\exists X>0$，当 $|x|>X$ 时，$\left|\dfrac{\sin x}{x}-0\right|=\dfrac{|\sin x|}{|x|}<\varepsilon$.

对 $\forall\varepsilon>0$，因为 $\left|\dfrac{\sin x}{x}-0\right|=\left|\dfrac{\sin x}{x}\right|\leqslant\dfrac{1}{|x|}$，所以要使得 $\left|\dfrac{\sin x}{x}-0\right|<\varepsilon$，只需 $\dfrac{1}{|x|}<\varepsilon$，

即 $|x|>\dfrac{1}{\varepsilon}$，故取 $X=\dfrac{1}{\varepsilon}$，则当 $|x|>X$ 时，有 $\left|\dfrac{\sin x}{x}-0\right|<\varepsilon$，所以 $\lim\limits_{x\to\infty}\dfrac{\sin x}{x}=0$.

2. 自变量趋于有限值时函数的极限

本节假定 $f(x)$ 为定义在点 x_0 的某个去心邻域 $\overset{\circ}{U}(x_0)$ 内的函数. 现在讨论当 $x\to x_0$ $(x\neq x_0)$ 时，对应的函数值能否趋于某个定数 A.

先看下面几个例子：

(1) $f(x)=1(x\neq0)$，$f(x)$ 是定义在 $\overset{\circ}{U}(0)$ 上的函数，当 $x\to0$ 时，$f(x)\to1$.

(2) $f(x)=\dfrac{2(x^2-1)}{x-1}$，$f(x)$ 是定义在 $\overset{\circ}{U}(1)$ 上的函数，当 $x\to1$ 时，$f(x)\to4$.

对函数 $f(x)=\dfrac{2(x^2-1)}{x-1}$，$f(x)$ 在 $x_0=1$ 无定义. 但观察可得，当 x 充分接近于 1 时，$f(x)$ 充分接近于 4；或当 $|x-1|$ 充分小时，$|f(x)-4|$ 也充分小. 事实上，有

$$|f(x)-4|=\left|\dfrac{2(x^2-1)}{x-1}-4\right|=\left|\dfrac{2(x^2-1)-4(x-1)}{x-1}\right|=2|x-1|$$

若要求 $|f(x)-4|=2|x-1|<0.01$，只要 $|x-1|<0.005$；若要求 $|f(x)-4|=2|x-1|<0.0001$，只要 $|x-1|<0.000\,05$；……一般地，对于可以任意小的正数 ε，若要求 $|f(x)-4|<\varepsilon$，只要有 $|x-1|<\dfrac{\varepsilon}{2}$. 记 $\dfrac{\varepsilon}{2}=\delta$，即只要有 $|x-1|<\delta$，表明当 $0<|x-1|<\delta$ 时，就一定有 $|f(x)-4|<\varepsilon$.

由上述例子可见，对有些函数，当 $x\to x_0(x\neq x_0)$ 时，对应的函数值 $f(x)$ 能趋于某个定数 A；但对有些函数却无此性质. 所以有必要来研究当 $x\to x_0(x\neq x_0)$ 时，$f(x)$ 的变化趋势.

与数列极限的意义相仿，自变量趋于有限值 x_0 时的函数极限可理解为：当 $x\to x_0$ 时，$f(x)\to A$(A 为某常数)，即当 $x\to x_0$ 时，$f(x)$ 与 A 无限地接近. 或者说 $|f(x)-A|$ 可任意小，即对于预先任意给定的正整数 ε(不论多么小)，当 x 与 x_0 充分接近时，可使得 $|f(x)-A|$ 小于 ε. 用数学的语言说，有如下定义.

▶**【定义 5.2.4】**　设 $y=f(x)$ 在 x_0 的某一去心邻域 $\overset{\circ}{U}(x_0)$ 内有定义. 如果对 $\forall\varepsilon>0$（不论多么小），$\exists\delta>0$，使得对于适合不等式 $0<|x-x_0|<\delta$ 的一切 x 所对应的函数值 $f(x)$ 满足 $|f(x)-A|<\varepsilon$，就称常数 A 为函数 $f(x)$ 当 $x\to x_0$ 时的极限，记为 $\lim\limits_{x\to x_0}f(x)=A$，简称函数 $f(x)$ 在点 x_0 处的极限存在且为 A.

如图 5.2.2 所示，$\lim\limits_{x\to x_0}f(x)=A$ 的几何意义是：对 $\forall\varepsilon>0$（不论多么小），总 $\exists\delta>0$，使得在去心邻域 $\overset{\circ}{U}(x_0,\delta)$ 内的一切点 x 所对应的曲线 $y=f(x)$ 上的点，全部落入直线 $y=A-\varepsilon$ 和 $y=A+\varepsilon$ 所夹的条形区域内. 换言之：当 $x\in\overset{\circ}{U}(x_0,\delta)$ 时，$f(x)\in U(A,\varepsilon)$. 从图中可见 δ 不唯一！

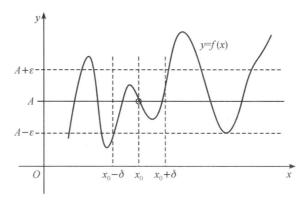

图 5.2.2　$x\to x_0$ 时函数极限的几何意义

注

函数极限的 $\varepsilon\text{-}\delta$ 定义的说明：

（1）描述极限 $\lim\limits_{x\to x_0}f(x)=A$ 的数学语言称为"$\varepsilon\text{-}\delta$"语言.

（2）ε 表示函数 $f(x)$ 与 A 的接近程度. 为了说明函数 $f(x)$ 在 $x\to x_0$ 的过程中能够任意地接近于 A，ε 必须是任意的. 这是 ε 的第一个特性——任意性，即 ε 是变量. 但 ε 一经给定之后，暂时就把 ε 看作是不变的了，以便通过 ε 寻找 δ，使得当 $0<|x-x_0|<\delta$ 时 $|f(x)-A|<\varepsilon$ 成立. 这是 ε 的第二个特性——暂时固定性，即在寻找 δ 的过程中 ε 是常量. 若 ε 是任意正数，则 $\dfrac{\varepsilon}{2},\varepsilon^2,\sqrt{\varepsilon},\cdots$ 均为任意正数，均可扮演 ε 的角色. 这是 ε 的第三个特性——多值性，如 $|f(x)-A|<\varepsilon$ 可用 $|f(x)-A|\leqslant\varepsilon$ 来刻画.

（3）δ 表示 x 与 x_0 的接近程度，它相当于数列极限的 $\varepsilon\text{-}N$ 定义中的 N，这就是它的第一个特性——相应性，即对给定的 $\varepsilon>0$，都有一个 δ 与之对应，所以 δ 是依赖于 ε 而适当选取的，为此记之为 $\delta(x_0,\varepsilon)$. 一般来说，ε 越小，δ 越小. 但是，定义中仅要求由 $0<|x-x_0|<\delta$ 推出 $|f(x)-A|<\varepsilon$ 即可，故若 δ 满足此要求，则 $\dfrac{\delta}{2},\dfrac{\delta}{3}$ 等比 δ 还小的正数均可满足要求，因此 δ 不是唯一的. 这是 δ 的第二个特性——多值性.

（4）在定义中，函数在点 x_0 的极限不考虑 x_0 处函数是否有定义，只要求函数 $f(x)$

在 x_0 的某去心邻域内有定义. 函数在 x_0 的极限存在与否, 与函数在 x_0 是否有定义以及有定义时在 x_0 的取值大小无关. 这是因为, 函数极限是讨论 $x \to x_0$ 时 $f(x)$ 的变化趋势, 函数在 x_0 的状况不影响 $x \to x_0$ 时函数的变化趋势. 所以可以不考虑 $f(x)$ 在点 x_0 的函数值是否存在, 或取何值, 因而限定 $0 < |x - x_0|$.

(5) 定义中的不等式可用邻域来表示:

$$0 < |x - x_0| < \delta \Leftrightarrow x \in \mathring{U}(x_0, \delta), \quad |f(x) - A| < \varepsilon \Leftrightarrow f(x) \in U(A, \varepsilon)$$

从而 $\lim\limits_{x \to x_0} f(x) = A$ 的定义可改写为: 若对 $\forall \varepsilon > 0$, $\exists \delta > 0$, 当 $x \in \mathring{U}(x_0, \delta)$ 时, 都有 $f(x) \in U(A, \varepsilon)$, 或对 $\forall \varepsilon > 0$, $\exists \delta > 0$, 使得 $f[\mathring{U}(x_0, \delta)] \subset U(A, \varepsilon)$, 则称 $\lim\limits_{x \to x_0} f(x) = A$.

 思考题

1. 如何叙述 $\lim\limits_{x \to x_0} f(x) \neq A$?

【例 5.2.4】 用定义证明下列极限.

(1) $\lim\limits_{x \to x_0} C = C$; (2) $\lim\limits_{x \to x_0} x = x_0$; (3) $\lim\limits_{x \to 1} \dfrac{x^2 - 1}{2x^2 - x - 1} = \dfrac{2}{3}$.

证 (1) 对 $\forall \varepsilon > 0$, 可取任一正数 δ, 当 $0 < |x - x_0| < \delta$ 时, $|f(x) - A| = |C - C| = 0 < \varepsilon$, 所以 $\lim\limits_{x \to x_0} C = C$.

(2) 由于 $|f(x) - A| = |x - x_0| < \varepsilon$, 只要 $|x - x_0| < \varepsilon$, 取 $\delta = \varepsilon$, 因此对 $\forall \varepsilon > 0$, $\exists \delta = \varepsilon$, 当 $0 < |x - x_0| < \delta$ 时, $|x - x_0| < \varepsilon$ 恒成立, 故 $\lim\limits_{x \to x_0} x = x_0$ 成立.

(3) 对 $\forall \varepsilon > 0$, 因为 $x \neq 1$, 所以 $x - 1 \neq 0$, 故

$$\left| \frac{x^2 - 1}{2x^2 - x - 1} - \frac{2}{3} \right| = \left| \frac{x + 1}{2x + 1} - \frac{2}{3} \right| = \left| \frac{1 - x}{3(2x + 1)} \right|$$

因 $x \to 1$, 只需考虑 $x_0 = 1$ 附近的情况, 故不妨限制 x 为 $0 < |x - 1| < 1$, 即 $0 < x < 2$, $x \neq 1$. 因为 $2x + 1 > 1$, 有 $\left| \dfrac{1 - x}{3(2x + 1)} \right| < \dfrac{|x - 1|}{3}$, 要使 $\left| \dfrac{x^2 - 1}{2x^2 - x - 1} - \dfrac{2}{3} \right| < \varepsilon$, 只需 $\dfrac{|x - 1|}{3} < \varepsilon$, 即 $|x - 1| < 3\varepsilon$, 取 $\delta = \min\{1, 3\varepsilon\}$, 则当 $0 < |x - 1| < \delta$ 时, 有 $\left| \dfrac{x^2 - 1}{2x^2 - x - 1} - \dfrac{2}{3} \right| < \varepsilon$, 故有 $\lim\limits_{x \to 1} \dfrac{x^2 - 1}{2x^2 - x - 1} = \dfrac{2}{3}$.

【例 5.2.5】 用定义证明: $\lim\limits_{x \to 0} e^x = 1$.

分析 由于 $|f(x) - A| = |e^x - 1|$, 要使 $|e^x - 1| < \varepsilon$, 只要 $1 - \varepsilon < e^x < 1 + \varepsilon$, 不妨设 $\varepsilon < 1$, 取对数得 $\ln(1 - \varepsilon) < x < \ln(1 + \varepsilon)$, 即 $\ln(1 - \varepsilon) < x - 0 < \ln(1 + \varepsilon)$, 取 $\delta = \min\{\ln(1 + \varepsilon), |\ln(1 - \varepsilon)|\}$ 即可.

证 对 $\forall \varepsilon > 0$, $\exists \delta = \min\{\ln(1 + \varepsilon), |\ln(1 - \varepsilon)|\}$, 当 $0 < |x| < \delta$ 时, $|e^x - 1| < \varepsilon$ 恒成立, 故 $\lim\limits_{x \to 0} e^x = 1$.

【例 5.2.6】　证明：$\lim\limits_{x \to a} \sin x = \sin a$.

证　因为 $\sin x - \sin a = 2\cos\dfrac{x+a}{2}\sin\dfrac{x-a}{2}$，所以

$$|\sin x - \sin a| = 2\left|\cos\dfrac{x+a}{2}\right| \cdot \left|\sin\dfrac{x-a}{2}\right| \leqslant 2 \cdot 1 \cdot \dfrac{|x-a|}{2} = |x-a| \to 0 (x \to a)$$

因此，$\lim\limits_{x \to a} \sin x = \sin a$.

同理可证，$\lim\limits_{x \to a} \cos x = \cos a$.

3. 单侧极限

有些函数在其定义域上某些点左侧与右侧的解析式不同：

$$f_1(x) = \begin{cases} x^2, & x \geqslant 0 \\ x-1, & x < 0 \end{cases}$$

或函数在某些点仅在其一侧有定义：

$$f_2(x) = \sqrt{x}, \quad x \geqslant 0$$

这时如何讨论这类函数在上述各点处的极限呢？此时，不能再用前面的定义（讨论方法），而要从这些点的某一侧来讨论. 例如，讨论 $f_1(x)$ 在 $x \to 0$ 时的极限，要在 $x = 0$ 的左、右两侧分别讨论，即当 $x > 0$ 而趋于 0 时应按 $f_1(x) = x^2$ 来考察函数值的变化趋势，当 $x < 0$ 而趋于 0 时应按 $f_1(x) = x-1$ 来考察函数值的变化趋势；而对 $f_2(x)$，只能在点 $x = 0$ 的右侧，即当 $x > 0$ 而趋于 0 时按 $f_2(x) = \sqrt{x}$ 来考察函数值的变化趋势. 为此，引进"单侧极限"的概念.

▶【定义 5.2.5】　设函数 $f(x)$ 在 $(x_0, x_0 + \delta_1)$ 内有定义，A 为定数. 若对 $\forall \varepsilon > 0$，$\exists \delta > 0 (\delta < \delta_1)$，使得当 $x_0 < x < x_0 + \delta$ 时有 $|f(x) - A| < \varepsilon$，则称数 A 为函数 $f(x)$ 当 x 趋于 x_0 时的**右极限**，记作 $\lim\limits_{x \to x_0^+} f(x) = A$，也记为 $\lim\limits_{x \to x_0 + 0} f(x) = A$ 或 $f(x) \to A (x \to x_0^+)$ 或 $f(x_0 + 0) = A$.

类似可给出左极限的定义：

▶【定义 5.2.6】　设函数 $f(x)$ 在 $(x_0 - \delta_2, x_0)$ 内有定义，A 为定数. 若对 $\forall \varepsilon > 0$，$\exists \delta > 0 (\delta < \delta_2)$，使得当 $x_0 - \delta < x < x_0$ 时有 $|f(x) - A| < \varepsilon$，则称数 A 为函数 $f(x)$ 当 x 趋于 x_0 时的**左极限**，记作 $\lim\limits_{x \to x_0^-} f(x) = A$，也记为 $\lim\limits_{x \to x_0 - 0} f(x) = A$ 或 $f(x) \to A (x \to x_0^-)$ 或 $f(x_0 - 0) = A$.

右极限与左极限统称为**单侧极限**.

由函数 $f(x)$ 在某点 x_0 处的极限及其在 x_0 处的左、右极限的定义，易得下面的结论：

【定理 5.2.2】　$\lim\limits_{x \to x_0} f(x) = A$ 成立的充分必要条件是 $\lim\limits_{x \to x_0^-} f(x) = \lim\limits_{x \to x_0^+} f(x) = A$.

可以利用定理 5.2.2 讨论函数极限的存在，还可以利用该定理说明某些函数极限不存在.

【例 5.2.7】　讨论下列函数在 $x = 0$ 处的极限.

(1) $\operatorname{sgn}x$;　　(2) $f(x)=\begin{cases}1, & x\geqslant0 \\ 2x+1, & x<0\end{cases}$;　　(3) $f(x)=\begin{cases}x+1, & x>0 \\ 0, & x=0. \\ x-1, & x<0\end{cases}$

解　(1) 因为 $\lim\limits_{x\to0^-}\operatorname{sgn}x=-1$，$\lim\limits_{x\to0^+}\operatorname{sgn}x=1$，而 $-1\neq1$，所以 $\lim\limits_{x\to0}\operatorname{sgn}x$ 不存在.

(2) 因为 $\lim\limits_{x\to0^+}f(x)=\lim\limits_{x\to0^+}1=1$，$\lim\limits_{x\to0^-}f(x)=\lim\limits_{x\to0^-}(2x+1)=1$，而 $\lim\limits_{x\to0^+}f(x)=\lim\limits_{x\to0^-}f(x)=1$，所以 $\lim\limits_{x\to0}f(x)=1$.

(3) 因为 $\lim\limits_{x\to0^+}f(x)=1$，$\lim\limits_{x\to0^-}f(x)=-1$，所以在 $x\to0$ 时，$f(x)$ 的极限不存在.

5.2.2　函数极限的性质

在 5.2.1 节中，我们讨论了如下六种类型的函数极限问题：

(1) $\lim\limits_{x\to+\infty}f(x)$;　　(2) $\lim\limits_{x\to-\infty}f(x)$;　　(3) $\lim\limits_{x\to\infty}f(x)$;

(4) $\lim\limits_{x\to x_0}f(x)$;　　(5) $\lim\limits_{x\to x_0^+}f(x)$;　　(6) $\lim\limits_{x\to x_0^-}f(x)$.

它们都具有与数列极限相类似的一些性质. 下面讨论函数极限的性质及运算法则，主要就自变量 x 趋于有限值(即 $x\to x_0$ 时)的情形加以讨论.

【定理 5.2.3 (极限唯一性)】　若 $\lim\limits_{x\to x_0}f(x)$ 存在，则极限唯一.

证　反证法. 设 $\lim\limits_{x\to x_0}f(x)=a$，$\lim\limits_{x\to x_0}f(x)=b$，且 $b\neq a$，则

对于 $\varepsilon=\dfrac{|b-a|}{2}>0$，$\exists\delta_1>0$，当 $0<|x-x_0|<\delta_1$ 时，有 $|f(x)-a|<\dfrac{|b-a|}{2}$;

对于 $\varepsilon=\dfrac{|b-a|}{2}>0$，$\exists\delta_2>0$，当 $0<|x-x_0|<\delta_2$ 时，有 $|f(x)-b|<\dfrac{|b-a|}{2}$.

取 $\delta=\min\{\delta_1,\delta_2\}$，上面两式均成立，有

$$|b-a|=|[f(x)-a]-[f(x)-b]|\leqslant|f(x)-a|+|f(x)-b|$$
$$<\frac{|b-a|}{2}+\frac{|b-a|}{2}=|b-a|$$

即 $|b-a|<|b-a|$，矛盾! 故 $a=b$，即极限是唯一的.

【定理 5.2.4 (函数局部有界性)】　若极限 $\lim\limits_{x\to x_0}f(x)$ 存在，则在点 x_0 的某个去心邻域 $\overset{\circ}{U}(x_0,\delta)$ 内，函数 $f(x)$ 有界，即存在正数 δ 和 M 使得

$$|f(x)|\leqslant M,\ \forall x\in\overset{\circ}{U}(x_0,\delta)$$

证　因极限 $\lim\limits_{x\to x_0}f(x)$ 存在，设 $\lim\limits_{x\to x_0}f(x)=A$，由极限定义知，对 $\forall\varepsilon>0$ (取 $\varepsilon=1$)，$\exists\delta>0$，对 $\forall x\in\overset{\circ}{U}(x_0,\delta)$，$|f(x)-A|<\varepsilon$，得 (取 $M=1+|A|$)
$$|f(x)|=|f(x)-A+A|\leqslant|f(x)-A|+|A|<\varepsilon+|A|=1+|A|=M$$

【定理 5.2.5 (函数局部保号性)】　(1) 若极限 $\lim\limits_{x\to x_0}f(x)=A>0(A<0)$，则存在 x_0 的某个去心邻域 $\overset{\circ}{U}(x_0,\delta)$，当 $x\in\overset{\circ}{U}(x_0,\delta)$ 时，有 $f(x)>0(f(x)<0)$.

(2) 若 $f(x) \geqslant 0(f(x) \leqslant 0)$，且 $\lim\limits_{x \to x_0} f(x) = A$，则必有 $A \geqslant 0(A \leqslant 0)$.

证　(1) 若极限 $\lim\limits_{x \to x_0} f(x) = A > 0$，由极限定义，有：对 $\forall \varepsilon > 0$，$\exists \delta > 0$，当 $0 < |x - x_0| < \delta$ 时，$|f(x) - A| < \varepsilon$. 因为 ε 是任意小的正数，不妨设 $\varepsilon < A$，则当 $0 < |x - x_0| < \delta$，即 $x \in \overset{\circ}{U}(x_0, \delta)$ 时，有 $|f(x) - A| < \varepsilon$，即 $A - \varepsilon < f(x) < A + \varepsilon$，从而得 $f(x) > A - \varepsilon > 0$.

用反证法可证(2)成立，请读者自己完成证明.

 注

事实上取 $\varepsilon = \dfrac{|A|}{2}$，还可以得到更具体的结论：

若 $\lim\limits_{x \to x_0} f(x) = A (A \neq 0)$，则存在 x_0 的某个去心邻域 $\overset{\circ}{U}(x_0)$，当 $x \in \overset{\circ}{U}(x_0)$ 时，有 $|f(x)| > \dfrac{|A|}{2} > 0$.

 思 考 题

2. 定理 5.2.5 的结论(1)中的"$<$""$>$"能否分别改为"$\geqslant$""$\leqslant$"？

3. 定理 5.2.5 的结论(2)中的"$\geqslant$""$\leqslant$"能否分别改为"$>$""$<$"？

4. 设 $\lim\limits_{x \to x_0} f(x) = A$，$\lim\limits_{x \to x_0} g(x) = B$.

(1) 若在某 $\overset{\circ}{U}(x_0)$ 内有 $f(x) < g(x)$，问是否有 $A < B$？为什么？

(2) 证明：若 $A > B$，则在某 $\overset{\circ}{U}(x_0)$ 内有 $f(x) > g(x)$.

5.2.3　函数极限的运算法则

像数列极限的运算法则那样，函数极限也有相应的运算法则：

 【定理 5.2.6】　设 $\lim\limits_{x \to x_0} f(x) = A$，$\lim\limits_{x \to x_0} g(x) = B$，则

(1) $\lim\limits_{x \to x_0} [f(x) \pm g(x)]$ 存在，且 $\lim\limits_{x \to x_0} [f(x) \pm g(x)] = \lim\limits_{x \to x_0} f(x) \pm \lim\limits_{x \to x_0} g(x) = A \pm B$.

(2) $\lim\limits_{x \to x_0} [f(x) g(x)]$ 存在，且 $\lim\limits_{x \to x_0} [f(x) g(x)] = \lim\limits_{x \to x_0} f(x) \cdot \lim\limits_{x \to x_0} g(x) = AB$.

(3) 当 $\lim\limits_{x \to x_0} g(x) = B \neq 0$ 时 $\lim\limits_{x \to x_0} \dfrac{f(x)}{g(x)}$ 存在，且 $\lim\limits_{x \to x_0} \dfrac{f(x)}{g(x)} = \dfrac{\lim\limits_{x \to x_0} f(x)}{\lim\limits_{x \to x_0} g(x)} = \dfrac{A}{B}$.

证　(1) 只证 $\lim\limits_{x \to x_0} [f(x) + g(x)] = A + B$. 对 $\forall \varepsilon > 0$，$\exists \delta_1 > 0$，当 $0 < |x - x_0| < \delta_1$ 时，有 $|f(x) - A| < \dfrac{\varepsilon}{2}$，对此 ε，$\exists \delta_2 > 0$，当 $0 < |x - x_0| < \delta_2$ 时，有 $|g(x) - B| < \dfrac{\varepsilon}{2}$，取 $\delta = \min\{\delta_1, \delta_2\}$，当 $0 < |x - x_0| < \delta$ 时，有

$$| [f(x)+g(x)]-(A+B) | = | [f(x)-A]+[g(x)-B] |$$
$$\leqslant | f(x)-A | + | g(x)-B | < \frac{\varepsilon}{2}+\frac{\varepsilon}{2}=\varepsilon$$

所以 $\lim\limits_{x\to x_0}[f(x)+g(x)]=A+B$.

(2) $| f(x)\cdot g(x)-A\cdot B | = | [f(x)-A]g(x)+A[g(x)-B] |$
$$\leqslant | f(x)-A | \cdot | g(x) | + | A | \cdot | g(x)-B | \qquad (5-2-1)$$

根据 $\lim\limits_{x\to x_0}g(x)=B$ 和局部有界性定理知，存在正数 $\delta_1\leqslant\delta$ 使得 $| g(x) |\leqslant M$，对 $\forall x$ 满足 $0<| x-x_0 |<\delta_1$. 于是，当 $0<| x-x_0 |<\delta_1$ 时(注意此时也有 $0<| x-x_0 |<\delta$)，根据 $(5-2-1)$，则有

$$| f(x)\cdot g(x)-A\cdot B |\leqslant M\frac{\varepsilon}{2}+| A |\frac{\varepsilon}{2}=(M+| A |)\frac{\varepsilon}{2}$$

因此，$\lim\limits_{x\to x_0}[f(x)\cdot g(x)]=A\cdot B=\lim\limits_{x\to x_0}f(x)\cdot\lim\limits_{x\to x_0}g(x)$.

(3) 为了证明

$$\lim_{x\to x_0}\frac{f(x)}{g(x)}=\frac{\lim\limits_{x\to x_0}f(x)}{\lim\limits_{x\to x_0}g(x)},\ \lim_{x\to x_0}g(x)\neq 0$$

实际上只要证明

$$\lim_{x\to x_0}\frac{1}{g(x)}=\frac{1}{\lim\limits_{x\to x_0}g(x)},\ \lim_{x\to x_0}g(x)=B\neq 0 \qquad (5-2-2)$$

就行了，因为根据乘积极限的运算规则，就会有

$$\lim_{x\to x_0}\frac{f(x)}{g(x)}=\lim_{x\to x_0}\left[f(x)\cdot\frac{1}{g(x)}\right]=\lim_{x\to x_0}f(x)\cdot\lim_{x\to x_0}\frac{1}{g(x)}=\frac{\lim\limits_{x\to x_0}f(x)}{\lim\limits_{x\to x_0}g(x)}$$

为证式 $(5-2-2)$，注意到

$$\left|\frac{1}{g(x)}-\frac{1}{B}\right|=\frac{| B-g(x) |}{| B |\cdot| g(x) |}$$

根据 $\lim\limits_{x\to x_0}g(x)=B\neq 0$ 的"ε-δ"说法，有正数 δ_1 $(\delta_1\leqslant\delta)$，使当 $0<| x-x_0 |<\delta_1$ 时，$| g(x)-B |\leqslant\dfrac{| B |}{2}\left(因为\dfrac{| B |}{2}是正数\right)$，从而，当 $0<| x-x_0 |<\delta_1$ 时，

$$| g(x) | = | [g(x)-B]+B |\geqslant| B |-| g(x)-B |\geqslant| B |-\frac{| B |}{2}=\frac{| B |}{2}$$

因此，有正数 δ_1 $(\delta_1\leqslant\delta)$，使当 $0<| x-x_0 |<\delta_1$ 时(注意也有 $0<| x-x_0 |<\delta$)，则有

$$\left|\frac{1}{g(x)}-\frac{1}{B}\right|=\frac{| B-g(x) |}{| B |\cdot| g(x) |}\leqslant\frac{2}{| B |^2}| g(x)-B |\leqslant\frac{2}{| B |^2}\varepsilon$$

即

$$\lim_{x\to x_0}\frac{1}{g(x)}=\frac{1}{B}=\frac{1}{\lim\limits_{x\to x_0}g(x)}$$

【推论 5.2.1】 $\lim\limits_{x\to x_0}[c\cdot f(x)]=c\cdot\lim\limits_{x\to x_0}f(x)$ (c 为常数).

【推论 5.2.2】 $\lim\limits_{x\to x_0}[f(x)]^n=[\lim\limits_{x\to x_0}f(x)]^n$ (n 为正整数).

思 考 题

5. 若已知 $\lim\limits_{x \to x_0} \dfrac{u(x)}{v(x)}$ 存在，则关于极限 $\lim\limits_{x \to x_0} u(x)$，$\lim\limits_{x \to x_0} v(x)$ 可以有什么结论？两者是否一定存在？若其中有一个存在，则另一个是否一定存在？若 $\lim\limits_{x \to x_0} v(x) = B \neq 0$，那么结论如何？

【例 5.2.8】 求 $\lim\limits_{x \to x_0}(ax+b)$.

解
$$\lim_{x \to x_0}(ax+b) = \lim_{x \to x_0} ax + \lim_{x \to x_0} b = a \lim_{x \to x_0} x + b = ax_0 + b$$

【例 5.2.9】 求 $\lim\limits_{x \to x_0} x^n$.

解
$$\lim_{x \to x_0} x^n = \left[\lim_{x \to x_0} x\right]^n = x_0^n$$

【推论 5.2.3】 设 $f(x) = a_0 x^n + a_1 x^{n-1} + \cdots + a_{n-1} x + a_n$ 为一多项式，则
$$\lim_{x \to x_0} f(x) = a_0 x_0^n + a_1 x_0^{n-1} + \cdots + a_{n-1} x_0 + a_n = f(x_0)$$

【推论 5.2.4】 设 $P(x)$、$Q(x)$ 均为多项式，且 $Q(x_0) \neq 0$，则 $\lim\limits_{x \to x_0} \dfrac{P(x)}{Q(x)} = \dfrac{P(x_0)}{Q(x_0)}$.

【例 5.2.10】 求 $\lim\limits_{x \to 1} \dfrac{x^2 + x - 2}{2x^2 + x - 3}$.

解 当 $x = 1$ 时，分子及分母的极限都是零，于是分子、分母不能分别取极限. 当 $x \neq 1$ 时，分子及分母有公因子 $x - 1$，故可先约去公因子 $x - 1$，然后应用定理取极限，即
$$\lim_{x \to 1} = \frac{x^2 + x - 2}{2x^2 + x - 3} = \lim_{x \to 1} \frac{x + 2}{2x + 3} = \frac{1 + 2}{2 \times 1 + 3} = \frac{3}{5}$$

【例 5.2.11】 求 $\lim\limits_{x \to -1}\left(\dfrac{1}{x+1} - \dfrac{3}{x^3 + 1}\right)$.

解 当 $x \to -1$ 时，$\dfrac{1}{x+1}$，$\dfrac{3}{x^3 + 1}$ 都没有极限，故不能直接用定理，但当 $x \neq 1$ 时，
$$\frac{1}{x+1} - \frac{3}{x^3 + 1} = \frac{(x+1)(x-2)}{(x+1)(x^2 - x + 1)} = \frac{x-2}{x^2 - x + 1}$$

所以
$$\lim_{x \to -1}\left(\frac{1}{x+1} - \frac{3}{x^3 + 1}\right) = \lim_{x \to -1} \frac{x-2}{x^2 - x + 1} = \frac{-1 - 2}{(-1)^2 - (-1) + 1} = -1$$

【例 5.2.12】 求 $\lim\limits_{x \to \infty} \dfrac{3x^3 + 4x^2 + 2}{7x^3 + 5x^2 - 3}$.

解 先用 x^3 去除分子及分母，然后取极限，即
$$\lim_{x \to \infty} \frac{3x^3 + 4x^2 + 2}{7x^3 + 5x^2 - 3} = \lim_{x \to \infty} \frac{3 + \dfrac{4}{x} + \dfrac{2}{x^3}}{7 + \dfrac{5}{x} - \dfrac{3}{x^3}} = \frac{3}{7}$$

这是因为 $\lim\limits_{x\to\infty}\dfrac{a}{x^n}=a\,\lim\limits_{x\to\infty}\dfrac{1}{x^n}=a\left(\lim\limits_{x\to\infty}\dfrac{1}{x}\right)^n=0$.

注

当 $x\to\infty$ 时，对于有理函数有如下结论：

$$\lim_{x\to\infty}\frac{a_0x^n+a_1x^{n-1}+\cdots+a_{n-1}x+a_n}{b_0x^m+b_1x^{m-1}+\cdots+b_{m-1}x+b_m}=\begin{cases}0,&n<m\\\dfrac{a_0}{b_0},&n=m\\\infty,&n>m\end{cases}\quad(a_0\neq0,\,b_0\neq0,\,m,\,n\in\mathbf{N}_+)$$

利用此结论，对于上述类型的极限，均可以直接写出结果，如

$$\lim_{x\to\infty}\frac{3x^3+3x^2-1}{x^5+3x^4+x-2}=0,\ \lim_{x\to\infty}\frac{5x^3+3x^2+4x-1}{3x^3-2x^2+x-2}=\frac{5}{3},\ \lim_{x\to\infty}\frac{8x^7+3x^5-1}{4x^6-2x^4-2}=\infty.$$

【定理 5.2.7（复合函数极限运算法则或变量替换法则）】 设 $\lim\limits_{t\to t_0}\varphi(t)=x_0$，$\lim\limits_{x\to x_0}f(x)=A$，且在 t_0 的某去心邻域内有 $\varphi(t)\neq x_0$，则 $\lim\limits_{t\to t_0}f[\varphi(t)]=A$.

证 设 ε 为任意给定的正数. 由 $\lim\limits_{x\to x_0}f(x)=A$ 知，对 $\forall\varepsilon>0$，$\exists\eta>0$，当 $0<|x-x_0|<\eta$ 时，有 $|f(x)-A|<\varepsilon$. 又由 $\lim\limits_{t\to t_0}\varphi(t)=x_0$ 知，对于上面得到的 $\eta>0$，$\exists\delta_1>0$，当 $0<|t-t_0|<\delta_1$ 时，有 $|\varphi(t)-x_0|<\eta$ 成立.

设在 t_0 的去心邻域 $\mathring{U}(t_0,\delta_2)$ 内有 $\varphi(t)\neq x_0$，取 $\delta=\min\{\delta_1,\delta_2\}$，则当 $0<|t-t_0|<\delta$ 时，有 $|\varphi(t)-x_0|<\eta$ 和 $\varphi(t)\neq x_0$ 同时成立，即

$$0<|\varphi(t)-x_0|<\eta$$

成立，从而有

$$|f[\varphi(t)]-A|<\varepsilon$$

故 $\lim\limits_{t\to t_0}f[\varphi(t)]=A$.

注

(1) 在定理 5.2.7 中，将 $\lim\limits_{t\to t_0}\varphi(t)=x_0$ 改为 $\lim\limits_{t\to t_0}\varphi(t)=\infty$ 或 $\lim\limits_{t\to\infty}\varphi(t)=\infty$，而将 $\lim\limits_{x\to x_0}f(x)=A$ 改为 $\lim\limits_{x\to\infty}f(x)=A$，可以得到类似结论.

(2) 定理 5.2.7 中"t_0 的某去心邻域内有 $\varphi(t)\neq x_0$"的作用，请看下面的例子：

设 $f(x)=\begin{cases}1,&x\neq0\\0,&x=0\end{cases}$，而 $\varphi(t)=0$，显然有 $\lim\limits_{x\to0}f(x)=1$ 和 $\lim\limits_{t\to0}\varphi(t)=0$. 考察 $\lim\limits_{t\to0}f[\varphi(t)]$，显然有 $\lim\limits_{t\to0}f[\varphi(t)]=\lim\limits_{t\to0}f(0)=0$，但 $\lim\limits_{x\to0}f(x)=1$，即 $\lim\limits_{t\to0}f[\varphi(t)]\neq\lim\limits_{x\to0}f(x)$.

【例 5.2.13】 求极限 $\lim\limits_{x\to0}\dfrac{\sqrt[m]{1+x}-1}{x}$（$m$ 为正整数）.

解 令 $\sqrt[m]{1+x}-1=y$，则 $x=(1+y)^m-1$，易知 $x\to0$ 时，$y\to0$，从而

$$\lim_{x \to 0} \frac{\sqrt[m]{1+x} - 1}{x} = \lim_{y \to 0} \frac{y}{(1+y)^m - 1}$$

$$= \lim_{y \to 0} \frac{y}{C_m^1 y + C_m^2 y^2 + \cdots + C_m^m y^m}$$

$$= \lim_{y \to 0} \frac{1}{C_m^1 + C_m^2 y + \cdots + C_m^m y^{m-1}} = \frac{1}{m}$$

从本例可知，当 $x \to 0$ 时，$\sqrt[m]{1+x} - 1 \sim \frac{1}{m} x$.

5.2.4　函数极限存在的条件

在讨论数列极限存在的条件时，我们曾讨论了"单调有界定理""夹逼准则"和"柯西收敛准则". 数列是特殊的函数，那么对于函数是否也有类似的结论呢？或者说能否从函数值的变化趋势来判断其极限的存在性呢？这是本节的主要任务.

本节的结论只对 $x \to x_0$ 这种类型的函数极限进行论述，但其结论对其他类型的函数极限也是成立的.

首先介绍海涅（Heine）定理，它给出了函数极限与相应数列极限之间的关系.

1. 海涅定理

【定理 5.2.8（海涅定理或归结原理）】 设 $y = f(x)$ 在 x_0 的某去心邻域 $\overset{\circ}{U}(x_0)$ 内

有定义，则极限 $\lim\limits_{x \to x_0} f(x) = A$ 的充分必要条件是：对任何含于 $\overset{\circ}{U}(x_0)$ 且以 x_0 为极限的数列 $\{x_n\}$，都有 $\lim\limits_{n \to \infty} f(x_n) = A$.

证　必要性. 设 $\lim\limits_{x \to x_0} f(x) = A$，则对 $\forall \varepsilon > 0$，$\exists \delta > 0$，当 $0 < |x - x_0| < \delta$ 时，有 $|f(x) - A| < \varepsilon$. 对 $x_n \in \overset{\circ}{U}(x_0)$ 且 $\lim\limits_{n \to \infty} x_n = x_0$，则对上述的 $\delta > 0$，$\exists N \in \mathbf{N}_+$，当 $n > N$ 时，有 $0 < |x_n - x_0| < \delta$，从而 $|f(x_n) - A| < \varepsilon$，即 $\lim\limits_{n \to \infty} f(x_n) = A$.

充分性. 用反证法. 设 $f(x)$ 在 x_0 的去心邻域 $\overset{\circ}{U}(x_0, \delta')$ 内有定义，若 $\lim\limits_{x \to x_0} f(x) \neq A$，则 $\exists \varepsilon_0 > 0$，对 $\forall \delta > 0$，$\delta < \delta'$，$\exists x_\delta$，满足 $0 < |x_\delta - x_0| < \delta$，但 $|f(x_\delta) - A| \geqslant \varepsilon_0$.

取 $\delta = \frac{\delta'}{2}, \frac{\delta'}{2^2}, \cdots \frac{\delta'}{2^n}, \cdots$，则存在相应的 $x_1, x_2, \cdots x_n, \cdots$，满足

$$0 < |x_1 - x_0| < \frac{\delta'}{2}, \text{但 } |f(x_1) - A| \geqslant \varepsilon_0;$$

$$0 < |x_2 - x_0| < \frac{\delta'}{2^2}, \text{但 } |f(x_2) - A| \geqslant \varepsilon_0;$$

$$\vdots$$

$$0 < |x_n - x_0| < \frac{\delta'}{2^n}, \text{但 } |f(x_n) - A| \geqslant \varepsilon_0;$$

从而可得 $\{x_n\} \subset \overset{\circ}{U}(x_0, \delta')$ 且 $\lim\limits_{n \to \infty} x_n = x_0$，但对 $\forall n$，$f(x_n)$ 与 A 的距离始终大于等于 ε_0，

这与 $\lim\limits_{n\to\infty}f(x_n)=A$ 矛盾，故结论成立.

注

（1）$\{f(x_n)\}$ 是数列，$\lim\limits_{n\to\infty}f(x_n)$ 是数列的极限，所以海涅定理把函数 $f(x)$ 的极限归结为数列 $\{f(x_n)\}$ 的极限来讨论，故又称其为"归结原理". 我们可以通过海涅定理和数列极限的有关定理证明函数极限的唯一性、局部有界性、局部保号性、不等式性质、极限的四则运算法则等，还可以用海涅定理证明函数的夹逼准则、柯西收敛定理等.

（2）从海涅定理可以得到一个说明 $\lim\limits_{x\to x_0}f(x)$ 不存在的方法，即"若可找到一个数列 $\{x_n\}$，$\lim\limits_{n\to\infty}x_n=x_0$，使得 $\lim\limits_{n\to\infty}f(x_n)$ 不存在"或"找到两个都以 x_0 为极限的数列 $\{x_n'\}$，$\{x_n''\}$，使得 $\lim\limits_{n\to\infty}f(x_n')$，$\lim\limits_{n\to\infty}f(x_n'')$ 都存在但不相等，则 $\lim\limits_{x\to x_0}f(x)$ 不存在."

例如：考虑极限 $\lim\limits_{x\to0}\sin\dfrac{1}{x}$，设 $f(x)=\sin\dfrac{1}{x}$，

取 $x_n'=\dfrac{1}{n\pi}$，则 $x_n'\to0(n\to\infty)$，且 $f(x_n')=\sin\dfrac{1}{x_n'}=\sin n\pi=0$；

另取 $x_n''=\dfrac{1}{2n\pi+\dfrac{\pi}{2}}$，则 $x_n''\to0(n\to\infty)$，且 $f(x_n'')=\sin\dfrac{1}{x_n''}=\sin\left(2n\pi+\dfrac{\pi}{2}\right)=1$，

而 $\lim\limits_{n\to\infty}f(x_n')=0\neq\lim\limits_{n\to\infty}f(x_n'')=1$，因此 $\lim\limits_{x\to0}\sin\dfrac{1}{x}$ 不存在.

同法可证：$\lim\limits_{x\to0}\cos\dfrac{1}{x}$，$\lim\limits_{x\to\infty}\sin x$，$\lim\limits_{x\to\infty}\cos x$ 均不存在.

对于 $x\to x_0^+$，$x\to x_0^-$，$x\to+\infty$，$x\to-\infty$ 这四种类型的单侧极限，相应的海涅定理可表示为更强的形式. 如当 $x\to x_0^+$ 时有：

【定理 5.2.9】 设函数 $f(x)$ 在 x_0 的某去心右邻域 $\overset{\circ}{U}_+(x_0,\delta')$ 内有定义，$\lim\limits_{x\to x_0^+}f(x)=A$ 成立的充分必要条件是：对任何以 x_0 为极限的递减数列 $\{x_n\}\subset\overset{\circ}{U}_+(x_0,\delta')$，有 $\lim\limits_{n\to\infty}f(x_n)=A.\left(\text{提示：取 }\delta=\min\left\{\dfrac{\delta'}{n},x_{n-1}-x_0\right\}\right)$

 思考题

6. 利用海涅定理，借助数列极限的性质证明函数极限的性质.

2. 夹逼准则与两个重要极限

【定理 5.2.10（夹逼准则）】 如果函数 $f(x)$，$g(x)$，$h(x)$ 满足下列条件：

（1）当 $x\in\overset{\circ}{U}(x_0,\delta)$ 时，有 $g(x)\leqslant f(x)\leqslant h(x)$；

（2）当 $x\to x_0$ 时，有 $g(x)\to A$，$h(x)\to A$，

则当 $x\to x_0$ 时，$f(x)$ 的极限存在，且等于 A.

证　**方法 1**　对极限过程 $x \to x_0$，由 $\lim\limits_{x \to x_0} g(x) = A$，$\lim\limits_{x \to x_0} h(x) = A$，有 $\forall \varepsilon > 0$，

$\exists \delta_1 > 0$，当 $0 < |x - x_0| < \delta_1$ 时，$|g(x) - A| < \varepsilon$；

$\exists \delta_2 > 0$，当 $0 < |x - x_0| < \delta_2$ 时，$|h(x) - A| < \varepsilon$.

取 $\delta = \min\{\delta_1, \delta_2\}$，则当 $0 < |x - x_0| < \delta$ 时，$|g(x) - A| < \varepsilon$ 与 $|h(x) - A| < \varepsilon$ 同时成立，即同时有 $A - \varepsilon < g(x) < A + \varepsilon$ 和 $A - \varepsilon < h(x) < A + \varepsilon$，利用条件可得

$$A - \varepsilon < g(x) < f(x) < h(x) < A + \varepsilon$$

从而，$|f(x) - A| < \varepsilon$，证得 $\lim\limits_{x \to x_0} f(x) = A$.

方法 2　用海涅定理证明.

由于 $\lim\limits_{x \to x_0} g(x) = A$，故由海涅定理的必要性知，对任何含于 $\overset{\circ}{U}(x_0)$ 且以 x_0 为极限的数列 $\{x_n\}$，都有 $\lim\limits_{n \to \infty} g(x_n) = A$. 即对 $\forall \varepsilon > 0$，$\exists N_1 \in \mathbf{N}_+$，对 $\forall n > N_1$，有 $A - \varepsilon < g(x_n) < A + \varepsilon$.

由于 $\lim\limits_{x \to x_0} h(x) = A$，故由海涅定理的必要性知，对任何含于 $\overset{\circ}{U}(x_0)$ 且以 x_0 为极限的数列 $\{x_n\}$，都有 $\lim\limits_{n \to \infty} h(x_n) = A$. 即对 $\forall \varepsilon > 0$，$\exists N_2 \in \mathbf{N}_+$，对 $\forall n > N_2$，有 $A - \varepsilon < g(x_n) < A + \varepsilon$.

又当 $x \in \overset{\circ}{U}(x_0, \delta)$ 时，有 $g(x) \leqslant f(x) \leqslant h(x)$，故 $g(x_n) \leqslant f(x_n) \leqslant h(x_n)$. 取 $N = \max\{N_1, N_2\}$，则对 $\forall n > N$，有

$$A - \varepsilon < g(x_n) \leqslant f(x_n) \leqslant h(x_n) < A + \varepsilon$$

即有 $\lim\limits_{n \to \infty} f(x_n) = A$. 故由海涅定理的充分性知 $\lim\limits_{x \to x_0} f(x) = A$.

作为夹逼准则的应用，我们在第 1 章证明了两个重要极限，下面分别举一些例子.

(1) $\lim\limits_{x \to 0} \dfrac{\sin x}{x} = 1$.

【例 5.2.14】　求下列极限.

(1) $\lim\limits_{x \to 0} \dfrac{1 - \cos x}{x^2}$；　　　　(2) $\lim\limits_{x \to 0} \dfrac{\tan 3x}{x}$；

(3) $\lim\limits_{x \to \pi} \dfrac{\sin x}{x - \pi}$；　　　　(4) $\lim\limits_{x \to a} \dfrac{\sin x - \sin a}{x - a}$.

解　(1) $\lim\limits_{x \to 0} \dfrac{1 - \cos x}{x^2} = \lim\limits_{x \to 0} \dfrac{2\sin^2 \dfrac{x}{2}}{x^2} = \lim\limits_{x \to 0} \dfrac{1}{2} \cdot \left(\dfrac{\sin \dfrac{x}{2}}{\dfrac{x}{2}} \right)^2 = \dfrac{1}{2}$.

(2) $\lim\limits_{x \to 0} \dfrac{\tan 3x}{x} = \lim\limits_{x \to 0} \left(3 \cdot \dfrac{\sin 3x}{3x} \cdot \dfrac{1}{\cos 3x} \right) = 3 \times 1 \times 1 = 3$.

(3) $\lim\limits_{x \to \pi} \dfrac{\sin x}{x - \pi} = \lim\limits_{x \to \pi} \dfrac{\sin(\pi - x)}{x - \pi} \xlongequal{t = \pi - x} \lim\limits_{t \to 0} \dfrac{\sin t}{-t} = -1$.

(4) $\lim\limits_{x\to a}\dfrac{\sin x-\sin a}{x-a}=\lim\limits_{x\to a}\left[\dfrac{1}{x-a}\left(2\cos\dfrac{x+a}{2}\sin\dfrac{x-a}{2}\right)\right]$

$$=\lim\limits_{x\to a}\left(\cos\dfrac{x+a}{2}\cdot\dfrac{\sin\dfrac{x-a}{2}}{\dfrac{x-a}{2}}\right)$$

$$=\cos a.$$

注

根据海涅定理,可以利用函数极限来求数列的极限.

如求 $\lim\limits_{n\to\infty}\left(n\sin\dfrac{1}{n}\right)=\lim\limits_{n\to\infty}\dfrac{\sin\dfrac{1}{n}}{\dfrac{1}{n}}$,直接利用 $\lim\limits_{x\to0}\dfrac{\sin x}{x}=1$ 是不严格的;但已知 $\lim\limits_{x\to0}\dfrac{\sin x}{x}=1$,

故取 $x_n=\dfrac{1}{n}$ $(n=1,2,\cdots)$,则 $x_n\to0(n\to0)$,从而由海涅定理知

$$\lim\limits_{n\to\infty}f(x_n)=\lim\limits_{n\to\infty}\dfrac{\sin\dfrac{1}{n}}{\dfrac{1}{n}}=1$$

(2) $\lim\limits_{x\to\infty}\left(1+\dfrac{1}{x}\right)^x=\mathrm{e}.$

由复合函数的极限运算法则知,当 $\varphi(x)\to\infty$ 时,有 $\lim\limits_{\varphi(x)\to\infty}\left[1+\dfrac{1}{\varphi(x)}\right]^{\varphi(x)}=\mathrm{e}$;同样有

$\varphi(x)\to0(\varphi(x)\neq0)$ 时,$\lim\limits_{\varphi(x)\to0}\left[1+\varphi(x)\right]^{\frac{1}{\varphi(x)}}=\mathrm{e}.$

【例 5.2.15】 求下列极限.

(1) $\lim\limits_{x\to\infty}\left(1-\dfrac{1}{x}\right)^{x+1}$; 　　(2) $\lim\limits_{n\to\infty}\left(\dfrac{2n-1}{2n+1}\right)^n$; 　　(3) $\lim\limits_{x\to0}(1+2x)^{\frac{1}{x}}.$

解　(1) $\lim\limits_{x\to\infty}\left(1-\dfrac{1}{x}\right)^{x+1}=\lim\limits_{x\to\infty}\left[\left(1+\dfrac{1}{-x}\right)^{-x}\right]^{-1}\left(1-\dfrac{1}{x}\right)$

$$=\lim\limits_{x\to\infty}\left[\left(1+\dfrac{1}{-x}\right)^{-x}\right]^{-1}\cdot\lim\limits_{x\to\infty}\left(1-\dfrac{1}{x}\right)=\mathrm{e}^{-1}\cdot1=\dfrac{1}{\mathrm{e}}.$$

(2) $\lim\limits_{n\to\infty}\left(\dfrac{2n-1}{2n+1}\right)^n=\lim\limits_{n\to\infty}\left(1-\dfrac{2}{2n+1}\right)^n$

$$=\lim\limits_{n\to\infty}\left(1-\dfrac{1}{n+\dfrac{1}{2}}\right)^{n+\frac{1}{2}}\cdot\left(1-\dfrac{1}{n+\dfrac{1}{2}}\right)^{-\frac{1}{2}}=\dfrac{1}{\mathrm{e}}\cdot1^{-\frac{1}{2}}=\dfrac{1}{\mathrm{e}}.$$

(3) $\lim\limits_{x\to0}(1+2x)^{\frac{1}{x}}=\lim\limits_{x\to0}\left[(1+2x)^{\frac{1}{2x}}\right]^2=\mathrm{e}^2.$

【例 5.2.16】 求 $\lim\limits_{x\to+\infty}\dfrac{x}{a^x}(a>1).$

解　当 $x>0$ 时，有 $x-1<[x]\leqslant x$. 记 $[x]=n$，$a=1+\varepsilon$，$\varepsilon>0$，有

$$0<\frac{x}{a^x}<\frac{[x]+1}{(1+\varepsilon)^{[x]}}=\frac{n+1}{(1+\varepsilon)^n}\leqslant\frac{n+1}{1+n\varepsilon+\frac{n(n-1)}{2}\varepsilon^2}<\frac{2(n+1)}{n(n-1)\varepsilon^2}$$

从而

$$0<\frac{x}{a^x}<\frac{2(n+1)}{n(n-1)\varepsilon^2}<\frac{2(x+1)}{(x-1)(x-2)\varepsilon^2}\to0\,(x\to+\infty)$$

故由夹逼准则，得 $\lim\limits_{x\to+\infty}\dfrac{x}{a^x}=0$.

类似可求出 $\lim\limits_{x\to+\infty}\dfrac{x^p}{a^x}=0\ (p>0,a>1)$.

3. 函数极限的柯西收敛准则

【**定理 5.2.11（柯西收敛准则）**】　设函数 $f(x)$ 在 $\mathring{U}(x_0,\delta')$ 内有定义，$\lim\limits_{x\to x_0}f(x)$

存在的充分必要条件是：对 $\forall\varepsilon>0$，$\exists\delta>0(\delta<\delta')$，使得对 $\forall x',x''\in\mathring{U}(x_0,\delta)$，有 $|f(x')-f(x'')|<\varepsilon$.

证　必要性. 设 $\lim\limits_{x\to x_0}f(x)=A$，则 $\exists\delta>0(\delta<\delta')$，当 $0<|x-x_0|<\delta$ 时，有 $|f(x)-A|<\dfrac{\varepsilon}{2}$，从而当 $0<|x'-x_0|<\delta$，$0<|x''-x_0|<\delta$ 时，有

$$|f(x')-f(x'')|\leqslant|f(x')-A|+|f(x'')-A|<\frac{\varepsilon}{2}+\frac{\varepsilon}{2}=\varepsilon$$

充分性.　用海涅定理证.

任取 $\{x_n\}\subset\mathring{U}(x_0,\delta')$，且 $\lim\limits_{n\to\infty}x_n=x_0$，假设 $\forall\varepsilon>0$，$\exists\delta>0(\delta<\delta')$，只要 x'，$x''\in\mathring{U}(x_0,\delta)$，就有 $|f(x')-f(x'')|<\varepsilon$. 对此 δ，$\exists N\in\mathbf{N}_+$，当 $m,n>N$ 时，有 $0<|x_m-x_n|<\delta$，从而 $|f(x_m)-f(x_n)|<\varepsilon$.

由数列的柯西收敛准则知，$\lim\limits_{n\to\infty}f(x_n)$ 存在，设为 $\lim\limits_{n\to\infty}f(x_n)=A$.

设另一数列 $\{y_n\}\subset\mathring{U}(x_0,\delta')$，且 $\lim\limits_{n\to\infty}y_n=x_0$，则同上可得 $\lim\limits_{n\to\infty}f(y_n)$ 存在，设为 $\lim\limits_{n\to\infty}f(y_n)=B$.

考虑数列 $\{z_n\}=\{x_1,y_1,x_2,y_2,\cdots,x_n,y_n,\cdots\}$，易见 $\{z_n\}\subset\mathring{U}(x_0,\delta')$ 且 $\lim\limits_{n\to\infty}z_n=x_0$，如上所证，$\lim\limits_{n\to\infty}f(z_n)$ 存在，$\{f(x_n)\}$，$\{f(y_n)\}$ 作为 $\{f(z_n)\}$ 的两个子列必收敛于同一极限，即 $A=B$.

因此由海涅定理得 $\lim\limits_{x\to x_0}f(x)=A$.

按照柯西收敛准则，可以写出 $\lim\limits_{x\to x_0}f(x)$ 不存在的充分必要条件：存在 $\varepsilon>0$，对任意 $\delta>0$，存在 $x',x''\in\mathring{U}(x_0,\delta)$，使得 $|f(x')-f(x'')|\geqslant\varepsilon$. 例如可以用柯西准则说明 $\lim\limits_{x\to0}\sin\dfrac{1}{x}$ 不存在.

海涅定理和柯西收敛准则是说明极限不存在的两个很方便的工具.

习题 5.2

1. 求下列函数在所给点的左、右极限.

(1) $f(x)=\begin{cases} \sin x, & x>1 \\ 1, & x=1, \\ x^2+1, & x<1 \end{cases}$ 在 $x=1$;

(2) $f(x)=\dfrac{|x|}{x} \cdot \dfrac{1}{2+x^2}$, 在 $x=0$;

(3) $f(x)=\dfrac{1}{x}-\left[\dfrac{1}{x}\right]$, 在 $x=\dfrac{1}{n}$, $n\in \mathbf{N}_+$;

(4) $f(x)=\begin{cases} 3^x, & x>0 \\ 0, & x=0, \\ 1+x^2, & x<0 \end{cases}$ 在 $x=0$.

2. 证明：若 $\lim\limits_{x\to x_0} f(x)=A$，则 $\lim\limits_{x\to x_0}|f(x)|=|A|$，但反之不真.

3. 设 $f(x)>0$，证明：若 $\lim\limits_{x\to x_0} f(x)=A$，则 $\lim\limits_{x\to x_0}\sqrt[n]{f(x)}=\sqrt[n]{A}$，但反之不真.

4. 用极限的运算法则求下列极限.

(1) $\lim\limits_{x\to 1}\dfrac{x^n-1}{x^m-1}$ (n, m 为正整数);

(2) $\lim\limits_{h\to 0}\dfrac{(x+h)^3-x^3}{h}$;

(3) $\lim\limits_{x\to 1}\dfrac{x+x^2+\cdots+x^n-n}{x-1}$;

(4) $\lim\limits_{x\to -1}\left(\dfrac{1}{x+1}-\dfrac{x^2-2x}{x^3+1}\right)$;

(5) $\lim\limits_{x\to 1}\left(\dfrac{2}{x^2-1}-\dfrac{1}{x-1}\right)$;

(6) $\lim\limits_{x\to 4}\dfrac{\sqrt{1+2x}-3}{\sqrt{x}-2}$;

(7) $\lim\limits_{x\to \infty}\dfrac{(2x-3)^{20}(3x+2)^{30}}{(5x+1)^{50}}$;

(8) $\lim\limits_{x\to \infty}\left(\dfrac{x^2}{1-x}-\dfrac{x^2-1}{x}\right)$;

(9) $\lim\limits_{x\to +\infty}\dfrac{\sqrt{x+\sqrt{x+\sqrt{x}}}}{\sqrt{x+1}}$;

(10) $\lim\limits_{x\to +\infty}\left(\sqrt{x^2+x}-\sqrt{x^2-x}\right)$;

(11) $\lim\limits_{x\to +\infty}x\left(\sqrt{x^2+1}-x\right)$;

(12) $\lim\limits_{x\to +\infty}\left[\sqrt{(x+a)(x+b)}-x\right]$.

5. 已知 $f(x)=\begin{cases} \sqrt{x-2}, & x\geqslant 3 \\ x+a, & x<3 \end{cases}$，且 $\lim\limits_{x\to 3}f(x)$ 存在，求 a.

6. 已知 $\lim\limits_{x\to \infty}\left(\dfrac{x^2+1}{x+1}-ax+b\right)=0$，求 a 与 b.

7. 求下列极限.

(1) $\lim\limits_{x\to 0}\dfrac{1-\cos 2x}{x\sin x}$;

(2) $\lim\limits_{x\to 0}\dfrac{2\sin x-\sin 2x}{x^3}$;

(3) $\lim\limits_{x\to 0}\dfrac{\sin 4x}{\sqrt{x+1}-1}$;

(4) $\lim\limits_{x\to a}\dfrac{\sin^2 x-\sin^2 a}{x-a}$;

(5) $\lim\limits_{x\to 0}\dfrac{\tan x-\sin x}{x^3}$;

(6) $\lim\limits_{n\to \infty}\left(2^n\sin\dfrac{x}{2^n}\right)$;

(7) $\lim\limits_{x \to \frac{\pi}{2}} \dfrac{\cos x}{x - \dfrac{\pi}{2}}$;

(8) $\lim\limits_{x \to \frac{\pi}{4}} \dfrac{\tan x - 1}{x - \dfrac{\pi}{4}}$.

8. 求下列极限.

(1) $\lim\limits_{x \to \infty} \left(1 + \dfrac{3}{x}\right)^x$;

(2) $\lim\limits_{x \to 0}(1 - x)^{\frac{1}{x}}$;

(3) $\lim\limits_{x \to 1} x^{\frac{1}{1-x}}$;

(4) $\lim\limits_{x \to \infty} \left(1 - \dfrac{1}{x}\right)^{kx}$ （k 为正整数）；

(5) $\lim\limits_{x \to 0}(1 + 3\tan^2 x)^{\cot^2 x}$;

(6) $\lim\limits_{x \to e} \dfrac{\ln x - 1}{x - e}$.

9. 若 $\lim\limits_{x \to \infty} \left(\dfrac{x + a}{x - a}\right)^{x - a} = e^3$，试求 a 的值（a 为正数）.

10. 设函数 $f(x)$ 在 (a, b) 内单调递增且有界，证明 $\lim\limits_{x \to b^-} f(x)$ 存在.

5.3　无穷小与无穷大

无穷小与无穷大是极限理论中的重要概念，在数学分析课程中起着重要作用. 第 1 章我们简要介绍了无穷小与无穷大的概念，本节将详细讨论无穷小与无穷大的概念及无穷小的比较.

在讨论函数的极限时，自变量 x 的变化趋势可以有 $x \to x_0$，$x \to x_0^+$，$x \to x_0^-$，$x \to \infty$，$x \to +\infty$，$x \to -\infty$ 等. 但为方便起见，下面只对 $x \to x_0$ 的情形进行讨论，所得结论同样适用于 x 的其他变化趋势. 下面的概念及相关性质，对于数列情形同样成立.

5.3.1　无穷小

▶【定义 5.3.1】　若在某极限过程 $x \to \square$ 中，函数 $f(x)$ 的极限值为 0，也即 $\lim\limits_{x \to \square} f(x) = 0$，则称 $f(x)$ 为当 $x \to \square$ 时的**无穷小**，记为 $f(x) = o(1)$ $(x \to \square)$.

例如，当 $x \to 0$ 时，x^3，$\sin x$，$\tan x$ 等都是无穷小；当 $x \to +\infty$ 时，$\dfrac{1}{x+1}$，$\dfrac{1}{\ln(1+x)}$ 等都是无穷小；当 $x \to 1$ 时，$\ln x$，$\sin \pi x$ 等都是无穷小；当 $n \to \infty$ 时，$\dfrac{1}{n}$，$\sin \dfrac{1}{n}$ 等都是无穷小.

注

(1) 按照极限的定义，$x \to x_0$ 时的无穷小的数学描述为：$\lim\limits_{x \to x_0} f(x) = 0 \Leftrightarrow \forall \varepsilon > 0$，$\exists \delta > 0$，当 $0 < |x - x_0| < \delta$ 时，有 $|f(x)| < \varepsilon$；

(2) 按照极限的定义，$x \to \infty$ 时的无穷小的数学描述为：$\lim\limits_{x \to \infty} f(x) = 0 \Leftrightarrow \forall \varepsilon > 0$，$\exists X > 0$，当 $|x| > X$ 时，有 $|f(x)| < \varepsilon$；

(3) 无穷小不是指很小的数，而"零"是可以作为无穷小的唯一的数；

(4) 无穷小与极限过程有关，例如 $f(x) = \dfrac{1}{1-x}$ 是 $x \to \infty$ 时的无穷小，但在 $x \to 0$ 时却不是无穷小.

【定理 5.3.1（脱帽定理）】 $\lim\limits_{x \to x_0} f(x) = A$ 的充分必要条件是：$f(x) = A + \alpha(x)$，其中 $\alpha(x)$ 是 $x \to x_0$ 时的无穷小.

证 $\lim\limits_{x \to x_0} f(x) = A \Leftrightarrow \lim\limits_{x \to x_0} [f(x) - A] = 0 \Leftrightarrow f(x) - A = \alpha(x)$，即 $f(x) = A + \alpha(x)$，$\alpha(x)$ 是 $x \to x_0$ 时的无穷小.

【定理 5.3.2（无穷小的运算性质）】 （1）有限个无穷小的和仍然是无穷小.

（2）有界函数与无穷小之积仍然是无穷小，从而常数与无穷小之积仍然是无穷小.

（3）有限个无穷小之积仍然是无穷小.

5.3.2　无穷大

【定义 5.3.2】 若在某极限过程 $x \to \square$ 中，函数 $f(x)$ 的函数值无限增大，则称 $f(x)$ 为当 $x \to \square$ 时的**无穷大**，记为 $\lim\limits_{x \to \square} f(x) = \infty$.

注

（1）按照极限的定义，$x \to x_0$ 时的无穷大的数学描述为：$\lim\limits_{x \to x_0} f(x) = \infty \Leftrightarrow \forall M > 0$，$\exists \delta > 0$，当 $0 < |x - x_0| < \delta$ 时，有 $|f(x)| > M$.

将上面定义中的不等式 $|f(x)| > M$ 分别改为

$$f(x) > M \text{ 和 } f(x) < -M$$

则分别称 $f(x)$ 在 $x \to x_0$ 时为**正无穷大**和**负无穷大**，并分别记为

$$\lim\limits_{x \to x_0} f(x) = +\infty, \quad \lim\limits_{x \to x_0} f(x) = -\infty$$

例如，当 $x \to +\infty$ 时，x^2，$\ln x$，$a^x (a > 1)$ 等都是正无穷大；当 $x \to 0^+$ 时，$\dfrac{1}{x}$，$\cot x$ 等都是正无穷大，$\ln x$ 是负无穷大.

（2）若 $\lim\limits_{x \to x_0} f(x) = \infty$，则曲线 $y = f(x)$ 有一条竖直的渐近线 $x = x_0$.

（3）无穷大与极限过程有关，例如 $f(x) = \dfrac{1}{x-1}$ 是 $x \to 1$ 时的无穷大，但在 $x \to 2$ 时 $f(x) = \dfrac{1}{x-1}$ 不再是无穷大.

（4）无穷大不是指某个很大的数.

（5）若 $f(x)$ 为 $x \to x_0$ 时的无穷大，则 $f(x)$ 为 $\overset{\circ}{U}(x_0)$ 上的无界函数；反之，无界函数却不一定是无穷大.（简记为：无穷大一定是无界，而无界不一定是无穷大）

（6）$n \to \infty$ 时，$\ln n$、$n^k (k > 0)$、$a^n (a > 1)$、$n!$ 和 n^n 均为无穷大，但它们趋于无穷的量级不一样，一般有 $\ln n \ll n^k (k > 0) \ll a^n (a > 1) \ll n! \ll n^n$.

因此有 $\lim\limits_{n \to \infty} \dfrac{n!}{n^n} = 0$、$\lim\limits_{n \to \infty} \dfrac{n^k}{a^n} = 0 (a > 1, k > 0)$ 等成立.

（7）$x \to +\infty$ 时，$\ln x$、$x^k (k > 0)$、$a^x (a > 1)$ 和 x^x 均为无穷大，但它们趋于无穷的量级不一样，一般有 $\ln x \ll x^k (k > 0) \ll a^x (a > 1) \ll x^x$.

5.3.3 无穷小和无穷大的关系

【定理 5.3.3 (无穷小和无穷大的关系)】 若 $x \to \square$ 时，$f(x)$ 为无穷大，则 $\dfrac{1}{f(x)}$ 在同一极限过程中为无穷小；若 $x \to \square$ 时，$f(x)$ 为无穷小，且 $f(x) \neq 0$，则 $\dfrac{1}{f(x)}$ 在同一极限过程中为无穷大.

5.3.4 极限四则运算的推广

结合无穷小和无穷大的关系和性质，极限的四则运算法则可以有如下推广：

$$(+\infty)+(+\infty)=+\infty,\ (+\infty)-(-\infty)=+\infty,\ (-\infty)-(+\infty)=-\infty,$$
$$(+\infty)\cdot(+\infty)=+\infty,\ (+\infty)\cdot(-\infty)=-\infty,\ (+\infty)+C=+\infty,$$
$$0\cdot C=0,\ \frac{C}{0}=\infty(C\neq 0),\ \frac{C}{\infty}=0,\ C\cdot\infty=\infty(C\neq 0),\ a^{+\infty}=\begin{cases} +\infty, & a>1 \\ 0, & 0<a<1 \end{cases}.$$

5.3.5 无穷小的比较

设在某极限过程 $x \to \square$ 中，函数 $\alpha(x)$，$\beta(x)$ 都为无穷小，并且都不为 0.

若 $\lim\limits_{x\to\square}\dfrac{\alpha(x)}{\beta(x)}=0$，则称当 $x\to\square$ 时，$\alpha(x)$ 为 $\beta(x)$ 的**高阶无穷小**，或 $\beta(x)$ 为 $\alpha(x)$ 的低阶无穷小量，记作 $\alpha(x)=o(\beta(x))$；

若 $\lim\limits_{x\to\square}\dfrac{\alpha(x)}{\beta(x)}=C\neq 0$，则称当 $x\to\square$ 时，$\alpha(x)$ 与 $\beta(x)$ 为**同阶无穷小**；

若 $\lim\limits_{x\to\square}\dfrac{\alpha(x)}{\beta(x)}=1$，则称当 $x\to\square$ 时，$\alpha(x)$ 与 $\beta(x)$ 为**等价无穷小**，记作 $\alpha(x)\sim\beta(x)$.

设在某极限过程 $x\to\square$ 中，函数 $\alpha(x)$，$\beta(x)$ 都为无穷小，并且 $\beta(x)\neq 0$. 若 $\lim\limits_{x\to\square}\dfrac{\alpha(x)}{[\beta(x)]^k}=C\neq 0$，则称当 $x\to\square$ 时，$\alpha(x)$ 是 $\beta(x)$ 的 k 阶无穷小.

根据上述定义，在同一极限过程下，$\alpha(x)$ 为 $\beta(x)$ 的 k 阶无穷小也即 $\alpha(x)$ 与 $\beta^k(x)(k>0)$ 为同阶无穷小.

例如，因 $\lim\limits_{x\to 0}\dfrac{\sin x}{x}=1$，则 $\sin x$ 与 x 是 $x\to 0$ 时的等价无穷小，即 $\sin x\sim x(x\to 0)$；因 $\lim\limits_{x\to 0}\dfrac{1-\cos x}{x^2}=\dfrac{1}{2}$，则 $1-\cos x$ 与 x^2 是 $x\to 0$ 时的同阶无穷小，或当 $x\to 0$ 时，$1-\cos x$ 是 x 的 2 阶无穷小；因 $\lim\limits_{x\to 0}\dfrac{1-\cos x}{\sin x}=0$，则 $1-\cos x$ 是 $\sin x$ 当 $x\to 0$ 时的高阶无穷小，即 $1-\cos x=o(\sin x)(x\to 0)$.

注

(1) 当 $x\to 0$ 时，几个常见的等价无穷小：(均可由泰勒公式推出)

$$\sin x\sim x,\ \tan x\sim x,\ \arcsin x\sim x,\ \arctan x\sim x,\ 1-\cos x\sim\frac{1}{2}x^2,\ \ln(1+x)\sim x,$$

$$e^x-1\sim x,\ a^x-1\sim x\ln a,\ (1+\alpha x)^\beta-1\sim\alpha\beta x.\ 特别地，\beta=\frac{1}{n}\ 时，\sqrt[n]{1+x}-1\sim\frac{x}{n}.$$

等价无穷小代换公式可以推广.

例如当 $\varphi(x) \to 0$ 且 $\varphi(x) \neq 0$ 时,有 $\sin\varphi(x) \sim \varphi(x)$,$\sqrt[n]{1+\varphi(x)}-1 \sim \dfrac{\varphi(x)}{n}$. 因而有

$x \to 0$ 时,$\sqrt[3]{1-2x^4}-1 \sim -\dfrac{2x^4}{3}$.

(2) 当 $x \to 1$ 时,$\ln x \sim x-1$. 推广:当 $\varphi(x) \to 1$ 且 $\varphi(x) \neq 1$ 时,$\ln\varphi(x) \sim \varphi(x)-1$.

当 $x \to 0$ 时,$\sqrt{\cos x}-1=[1+(\cos x-1)]^{\frac{1}{2}}-1 \sim \dfrac{1}{2}(\cos x-1) \sim -\dfrac{1}{4}x^2$. 推广:当

$\varphi(x) \to 1$ 且 $\varphi(x) \neq 1$ 时,$\sqrt[n]{\varphi(x)}-1=\{1+[\varphi(x)-1]\}^{\frac{1}{n}}-1 \sim \dfrac{1}{n}[\varphi(x)-1]$.

(3) 高阶无穷小有如下的运算律($x \to 0$):

高阶无穷小的运算律	说　明
$o(x^n) \pm o(x^n)=o(x^n)$	x^n 的两个高阶无穷小的和仍是 x^n 的高阶无穷小
当 $m>n$ 时,$o(x^m) \pm o(x^n)=o(x^n)$	高阶＋低阶＝低阶
$o(x^m) \cdot o(x^n)=o(x^{m+n})$	无穷小相乘,阶数相加
$x^m \cdot o(x^n)=o(x^{m+n})$	

5.3.6　等价无穷小代换求极限

【定理 5.3.4 (等价无穷小代换定理)】　设在 $x \to \square$ 时,$\alpha(x) \sim \beta(x)$,则有

$$\lim_{x \to \square}f(x)\alpha(x)=\lim_{x \to \square}f(x)\beta(x),\quad \lim_{x \to \square}\frac{g(x)}{\alpha(x)}=\lim_{x \to \square}\frac{g(x)}{\beta(x)}.$$

注

(1) 利用上述定理,在求无穷小的商的极限时,可将分子、分母通过等价无穷小代换,将函数化简后再求极限.

(2) 等价无穷小代换可以只对分子或分母进行代换,即当 $\alpha \sim \alpha'$,$\beta \sim \beta'$ 时,$\lim\dfrac{\alpha}{\beta}=\lim\dfrac{\alpha'}{\beta}=\lim\dfrac{\alpha}{\beta'}$,也可以只对部分乘积因子进行代换.

(3) 若分子或分母是若干项的代数和,则一般不能对其中某个加项作代换.

例如:$\lim\limits_{x \to 0}\dfrac{\sin mx}{\tan nx}=\lim\limits_{x \to 0}\dfrac{mx}{nx}=\dfrac{m}{n}$ 正确;但是 $\lim\limits_{x \to 0}\dfrac{\tan x-\sin x}{x^3}=\lim\limits_{x \to 0}\dfrac{x-x}{x^3}=0$ 不正确,这

是因为 $\tan x-\sin x$ 与 $x-x$ 不是等价无穷小,事实上

$$\lim_{x \to 0}\frac{\tan x-\sin x}{x^3}=\lim_{x \to 0}\frac{\sin x(1-\cos x)}{x^3\cos x}=\lim_{x \to 0}\frac{\sin x}{x} \cdot \frac{1-\cos x}{x^2} \cdot \frac{1}{\cos x}=\frac{1}{2}$$

即 $\tan x-\sin x \sim \dfrac{1}{2}x^3$.

上例表明:代换的必须是分子或分母整体的无穷小,而不是各自加项的等价无穷小.

【例 5.3.1】 求下列极限.

(1) $\lim\limits_{x\to 0}\dfrac{x\ln(1+x)}{1-\cos x}$;

(2) $\lim\limits_{x\to 0}\dfrac{\tan(\sin 2x)}{\sin\dfrac{x}{3}}$

(3) $\lim\limits_{x\to 0}\dfrac{\sqrt{x^2+1}-1}{1-\cos 2x}$;

(4) $\lim\limits_{x\to 0^+}\dfrac{(e^{x^2}-1)\arctan\dfrac{x}{2}}{\ln(1+2x^3)}$;

(5) $\lim\limits_{x\to\infty}\left(x\sin\dfrac{2x}{x^2+1}\right)$;

(6) $\lim\limits_{x\to 0}\dfrac{\sin\left(x^2\sin\dfrac{1}{x}\right)}{x}$.

解 (1) $\lim\limits_{x\to 0}\dfrac{x\ln(1+x)}{1-\cos x}=\lim\limits_{x\to 0}\dfrac{x^2}{\dfrac{1}{2}x^2}=2$.

(2) $\lim\limits_{x\to 0}\dfrac{\tan(\sin 2x)}{\sin\dfrac{x}{3}}=\lim\limits_{x\to 0}\dfrac{\sin 2x}{\dfrac{x}{3}}=\lim\limits_{x\to 0}\dfrac{2x}{\dfrac{x}{3}}=6$.

(3) $\lim\limits_{x\to 0}\dfrac{\sqrt{x^2+1}-1}{1-\cos 2x}=\lim\limits_{x\to 0}\dfrac{\dfrac{1}{2}x^2}{\dfrac{1}{2}(2x)^2}=\lim\limits_{x\to 0}\dfrac{\dfrac{1}{2}x^2}{2x^2}=\dfrac{1}{4}$.

(4) $\lim\limits_{x\to 0^+}\dfrac{(e^{x^2}-1)\arctan\dfrac{x}{2}}{\ln(1+2x^3)}=\lim\limits_{x\to 0^+}\dfrac{x^2\cdot\dfrac{x}{2}}{2x^3}=\dfrac{1}{4}$.

(5) $\lim\limits_{x\to\infty}\left(x\sin\dfrac{2x}{x^2+1}\right)=\lim\limits_{x\to\infty}\left(x\cdot\dfrac{2x}{x^2+1}\right)=\lim\limits_{x\to\infty}\dfrac{2x^2}{x^2+1}=2$.

(6) 因为

$$0\leqslant\left|\dfrac{\sin\left(x^2\sin\dfrac{1}{x}\right)}{x}\right|\leqslant\left|\dfrac{x^2\sin\dfrac{1}{x}}{x}\right|=\left|x\sin\dfrac{1}{x}\right|\leqslant|x|\to 0\,(x\to 0)$$

所以由夹逼准则知 $\lim\limits_{x\to 0}\dfrac{\sin\left(x^2\sin\dfrac{1}{x}\right)}{x}=0$.

注

例 5.2.1(6) 的错误解法: $\lim\limits_{x\to 0}\dfrac{\sin\left(x^2\sin\dfrac{1}{x}\right)}{x}=\lim\limits_{x\to 0}\dfrac{x^2\sin\dfrac{1}{x}}{x}=\lim\limits_{x\to 0}\left(x\sin\dfrac{1}{x}\right)=0$. 这里应用了等价无穷小代换 $\sin\left(x^2\sin\dfrac{1}{x}\right)\sim x^2\sin\dfrac{1}{x}\,(x\to 0)$, 这是错误的. 因为这里忽略了无穷小 $\alpha(x)$ 与 $\beta(x)$ 作阶的比较时的前提条件: 分母 $\beta(x)$ 不能等于零. 这里 $\beta(x)=x^2\sin\dfrac{1}{x}$, 当 x 取 $x_n=\dfrac{1}{n\pi}(n\in\mathbf{N}_+)$ 时, $\beta(x_n)=0$, 且 $x_n\to 0$.

【例 5.3.2】 求下列极限.

(1) $\lim\limits_{x\to 1}\dfrac{\ln x}{\sin\pi x}$;

(2) $\lim\limits_{x\to 0}\dfrac{\mathrm{e}-\mathrm{e}^{\cos x}}{\sqrt[3]{1+x^2}-1}$;

(3) $\lim\limits_{x\to 0}\dfrac{\sqrt[3]{1-x^2}-1}{\sqrt{\cos x}-1}$;

(4) $\lim\limits_{x\to 0}\dfrac{\ln(\cos x)}{\sqrt{\dfrac{1-x^2}{1+x^2}}-1}$;

(5) $\lim\limits_{x\to 0}\dfrac{\tan x-\sin x}{\arcsin\dfrac{x^3}{3}}$.

解 (1) 令 $x-1=t$，则 $\lim\limits_{x\to 1}\dfrac{\ln x}{\sin\pi x}=\lim\limits_{t\to 0}\dfrac{\ln(1+t)}{\sin[\pi(1+t)]}=\lim\limits_{t\to 0}\dfrac{t}{\sin(\pi+\pi t)}=$

$\lim\limits_{t\to 0}\dfrac{t}{-\sin\pi t}=\lim\limits_{t\to 0}\dfrac{t}{-\pi t}=-\dfrac{1}{\pi}$.

(2) $\lim\limits_{x\to 0}\dfrac{\mathrm{e}-\mathrm{e}^{\cos x}}{\sqrt[3]{1+x^2}-1}=\lim\limits_{x\to 0}\dfrac{\mathrm{e}^{\cos x}(\mathrm{e}^{1-\cos x}-1)}{\dfrac{1}{3}x^2}=\mathrm{e}\cdot\lim\limits_{x\to 0}\dfrac{1-\cos x}{\dfrac{1}{3}x^2}=\mathrm{e}\cdot\lim\limits_{x\to 0}\dfrac{\dfrac{1}{2}x^2}{\dfrac{1}{3}x^2}=\dfrac{3}{2}\mathrm{e}$.

(3) $\lim\limits_{x\to 0}\dfrac{\sqrt[3]{1-x^2}-1}{\sqrt{\cos x}-1}=\lim\limits_{x\to 0}\dfrac{-\dfrac{1}{3}x^2}{-\dfrac{1}{4}x^2}=\dfrac{4}{3}$.

(4) $\lim\limits_{x\to 0}\dfrac{\ln\cos x}{\sqrt{\dfrac{1-x^2}{1+x^2}}-1}=\lim\limits_{x\to 0}\dfrac{\cos x-1}{\sqrt{1-\dfrac{2x^2}{1+x^2}}-1}=\lim\limits_{x\to 0}\dfrac{-\dfrac{1}{2}x^2}{\dfrac{1}{2}\left(-\dfrac{2x^2}{1+x^2}\right)}=\lim\limits_{x\to 0}\dfrac{x^2}{\dfrac{2x^2}{1+x^2}}=\dfrac{1}{2}$.

(5) $\lim\limits_{x\to 0}\dfrac{\tan x-\sin x}{\arcsin\dfrac{x^3}{3}}=\lim\limits_{x\to 0}\dfrac{\dfrac{1}{2}x^3}{\dfrac{x^3}{3}}=\dfrac{3}{2}$.

习题 5.3

1. 当 $x\to 0$ 时，以 x 为标准求下列无穷小的阶.

(1) $\sin 2x-2\sin x$;

(2) $\dfrac{1}{1+x}-(1-x)$;

(3) $\sqrt{5x^2-4x^3}$;

(4) $\sqrt{1+\tan x}-\sqrt{1-\sin x}$.

2. 求下列极限.

(1) $\lim\limits_{x\to 0}\dfrac{\sqrt{1+x^2}-1}{1-\cos x}$;

(2) $\lim\limits_{x\to 0}\dfrac{x\ln(1+3x)}{\sin(2x^2)}$;

(3) $\lim\limits_{x\to 0}\dfrac{\mathrm{e}^{x^2}-1}{x\sin 3x}$;

(4) $\lim\limits_{x\to 1}\dfrac{\sin(x^2-1)}{x-1}$;

(5) $\lim\limits_{x\to 0}\left(\dfrac{\sin x}{x}+x\sin\dfrac{1}{x}\right)$;

(6) $\lim\limits_{x\to 0^+}\dfrac{|\sin x|}{\sqrt{1-\cos x}}$;

(7) $\lim\limits_{x\to\infty}\dfrac{\arctan x}{x}$;　　　　(8) $\lim\limits_{x\to+\infty}(\sin\sqrt{x+1}-\sin\sqrt{x})$.

3. 设 $f(x)\sim g(x)\ (x\to x_0)$，证明：
$$f(x)-g(x)=o(f(x))\quad\text{或}\quad f(x)-g(x)=o(g(x))$$

4. 若 $\lim\limits_{x\to1}\dfrac{x^2+ax+b}{\sin(x^2-1)}=3$，求 a,b.

5. 运用等价无穷小求下列极限.

(1) $\lim\limits_{x\to0}\dfrac{\tan x-\sin x}{\sin x\cdot(1-\cos 3x)}$;　　(2) $\lim\limits_{x\to1}(1-x)\tan\dfrac{\pi x}{2}$;

(3) $\lim\limits_{x\to0}\dfrac{\cos mx-\cos nx}{x^2}$;　　(4) $\lim\limits_{x\to0^+}\dfrac{\mathrm{e}^{x^3}-1}{1-\cos\sqrt{\tan x-\sin x}}$;

(5) $\lim\limits_{x\to0}\dfrac{\sqrt{2}-\sqrt{1+\cos x}}{\sqrt{1+x^2}-1}$;　　(6) $\lim\limits_{x\to0}\dfrac{\sqrt{1+x\sin(\tan x)}-1}{1-\sqrt{\cos x}}$;

(7) $\lim\limits_{x\to0}\left(\dfrac{a^x+b^x+c^x}{3}\right)^{\frac{1}{x}}$.

6. 当 $x\to1^+$ 时，$\sqrt{3x^2-2x-1}\ln x$ 与 $(x-1)^n$ 为同阶无穷小，求 n.

7. 已知 $\lim\limits_{x\to0}\dfrac{\sqrt{1+f(x)\sin x}-1}{\mathrm{e}^{3x}-1}=2$，求极限 $\lim\limits_{x\to0}f(x)$.

8. 证明：函数 $y=\dfrac{1}{x}\cos\dfrac{1}{x}$ 在区间 $(0,1]$ 上无界，但当 $x\to0^+$ 时，此函数不是无穷大.

5.4　函数的连续性与间断点

第 1 章中我们已经知道了连续的概念，本节将基于极限概念精确刻画连续性，并讨论连续函数的运算及性质.

5.4.1　函数的连续性

▶【定义 5.4.1】　设 $y=f(x)$ 在点 x_0 的某邻域 $U(x_0)$ 内有定义，给自变量 x 以改变量 Δx，$x_0+\Delta x\in U(x_0)$，对 $\Delta y=f(x_0+\Delta x)-f(x_0)$，如果
$$\lim\limits_{\Delta x\to0}\Delta y=\lim\limits_{\Delta x\to0}[f(x_0+\Delta x)-f(x_0)]=0$$
即对 $\forall\varepsilon>0$，$\exists\delta>0$，当 $|\Delta x|<\delta$ 时，有 $|f(x_0+\Delta x)-f(x_0)|<\varepsilon$，则称函数 $f(x)$ 在点 x_0 处**连续**.

注

(1) 函数 $f(x)$ 在点 x_0 处连续 $\Leftrightarrow\lim\limits_{\Delta x\to0}f(x_0+\Delta x)=f(x_0)$.

(2) 若记 $x_0+\Delta x=x$，则函数 $f(x)$ 在点 x_0 处连续的定义可以改写为 $\lim\limits_{x\to x_0}f(x)=f(x_0)$，即极限值等于该点的函数值.

(3) 由 $\lim\limits_{x\to x_0}f(x)=f(x_0)$ 以及 $x_0=\lim\limits_{x\to x_0}x$，有 $\lim\limits_{x\to x_0}f(x)=f(\lim\limits_{x\to x_0}x)=f(x_0)$，表明连续函数的函数符号与极限运算符号可以交换顺序.

函数 $f(x)$ 在点 x_0 处有极限与函数 $f(x)$ 在点 x_0 处连续之间有什么关系呢?

从对邻域的要求看:在讨论极限时,假定 $f(x)$ 在 $\overset{\circ}{U}(x_0)$ 内有定义($f(x)$ 在点 x_0 可以没有定义),而 $f(x)$ 在点 x_0 处连续则要求 $f(x)$ 在 $U(x_0)$ 内有定义(包括 x_0). 在极限中,要求 $0<|x-x_0|<\delta$,而当"$f(x)$ 在点 x_0 处连续"时,由于 $x=x_0$ 时,$|f(x)-f(x_0)|<\varepsilon$ 恒成立,所以换为 $|x-x_0|<\delta$.

从对极限的要求看:"$f(x)$ 在点 x_0 处连续"不仅要求"$f(x)$ 在点 x_0 处有极限",而且 $\lim\limits_{x \to x_0} f(x)=f(x_0)$;而在讨论 $\lim\limits_{x \to x_0} f(x)$ 时,不要求它等于 $f(x_0)$,甚至 $f(x_0)$ 可以不存在.

总的来讲,函数在点 x_0 处连续的要求是:① $f(x)$ 在 x_0 的某邻域内有定义;② $\lim\limits_{x \to x_0} f(x)$ 存在;③ $\lim\limits_{x \to x_0} f(x)=f(x_0)$. 以上三条任何一条不满足,$f(x)$ 在点 x_0 就不连续. 同时,由定义可知,函数在某点连续,是函数在该点的局部性质.

类似于函数的左、右极限,我们可以给出函数左、右连续的定义:

▶【定义 5.4.2】 设函数 $f(x)$ 在点 x_0 处的左(右)邻域内有定义,若 $\lim\limits_{x \to x_0^-} f(x)=f(x_0)$ ($\lim\limits_{x \to x_0^+} f(x)=f(x_0)$),则称 $f(x)$ 在点 x_0 处**左(右)连续**.

函数左、右连续的概念经常用在讨论分段函数在分界点的连续性.

根据左、右极限与函数极限的关系,不难推出:

【定理 5.4.1】 函数 $f(x)$ 在点 x_0 处连续的充分必要条件是:$f(x)$ 在点 x_0 处既左连续又右连续.

▶【定义 5.4.3】 设 I 是一个开区间(如 (a,b),$(a,+\infty)$,$(-\infty,b)$,$(-\infty,+\infty)$). 若函数 $f(x)$ 在 I 内每一点处均连续,则称 $f(x)$ 在开区间 I 内连续,并称 $f(x)$ 为 I 上的连续函数.

▶【定义 5.4.4】 若函数 $f(x)$ 在开区间 (a,b) 内连续,在左端点 $x=a$ 处右连续,且在右端点 $x=b$ 处左连续,则称 $f(x)$ 在闭区间 $[a,b]$ 上连续.

为方便起见,我们用记号 $f(x) \in C(I)$ 表示函数 $f(x)$ 为区间 I 上的连续函数,其中 $C(I)$ 表示区间 I 上的连续函数的全体.

例如,函数 $y=C$,$y=x$,$y=\sin x$,$y=\cos x$ 是 **R** 上的连续函数;函数 $y=\sqrt{1-x^2}$ 在 $(-1,1)$ 内每一点处都连续,在 $x=1$ 处为左连续,在 $x=-1$ 处为右连续,因而它在 $[-1,1]$ 上连续.

【例 5.4.1】 证明:函数 $f(x)=\sin x$ 在 $(-\infty,+\infty)$ 内连续.

证 对 $\forall x_0 \in (-\infty,+\infty)$,设自变量的增量为 Δx,则

$$\Delta y=f(x_0+\Delta x)-f(x_0)=\sin(x_0+\Delta x)-\sin x_0=2\cos\frac{x_0+2\Delta x}{2} \cdot \sin\frac{\Delta x}{2}$$

$$0 \leqslant |\Delta y|=2\left|\cos\frac{x_0+2\Delta x}{2}\right| \cdot \left|\sin\frac{\Delta x}{2}\right| \leqslant 2 \cdot \left|\sin\frac{\Delta x}{2}\right| \leqslant |\Delta x|$$

由夹逼准则知 $\lim\limits_{\Delta x \to 0}|\Delta y|=0$,即有 $\lim\limits_{\Delta x \to 0}\Delta y=0$. 表明函数 $y=\sin x$ 在点 x_0 处连续,由 $x_0 \in (-\infty,+\infty)$ 的任意性知,$f(x)=\sin x$ 在 $(-\infty,+\infty)$ 内也处处连续.

【例 5.4.2】　证明：$f(x)=|x|$ 在点 $x=0$ 处连续.

证　因 $\lim\limits_{x \to 0^-}|x|=\lim\limits_{x \to 0^-}(-x)=0$，$\lim\limits_{x \to 0^+}|x|=\lim\limits_{x \to 0^+}x=0$，又 $f(0)=0$，得 $\lim\limits_{x \to 0}|x|=f(0)$，故由定理 5.4.1 知，$f(x)=|x|$ 在点 $x=0$ 处连续.

【例 5.4.3】　a 为何值时，函数 $f(x)=\begin{cases} x+a, & x \leqslant 0 \\ \cos x+x^2, & x>0 \end{cases}$ 在点 $x=0$ 处连续.

解　要使 $f(x)$ 在点 $x=0$ 处连续，则 $f(0)=a$，$\lim\limits_{x \to 0^-}f(x)=\lim\limits_{x \to 0^-}(x+a)=a$，$\lim\limits_{x \to 0^+}f(x)=\lim\limits_{x \to 0^+}(\cos x+x^2)=1$ 三者相等，即 $a=1$ 时，$f(x)$ 在点 $x=0$ 处连续.

5.4.2　间断点及其分类

若函数 $f(x)$ 在点 x_0 处不连续，则称 x_0 为函数的**间断点**. 为方便起见，在此要求 $f(x)$ 在点 x_0 的某空心邻域内有定义. 由此可知，若点 x_0 为函数 $f(x)$ 的一个间断点，则 $f(x)$ 在点 x_0 处无定义；或者 $f(x)$ 在点 x_0 处有定义，但极限 $\lim\limits_{x \to x_0}f(x)$ 不存在；或者 $f(x)$ 在点 x_0 处有定义，且极限 $\lim\limits_{x \to x_0}f(x)$ 也存在，但 $\lim\limits_{x \to x_0}f(x) \neq f(x_0)$.

据此，间断点被分为两大类（第一类间断点、第二类间断点）：

第一类间断点 x_0：若点 x_0 为函数 $f(x)$ 的一个间断点，且函数 $f(x)$ 在点 x_0 处的左、右极限 $\lim\limits_{x \to x_0^-}f(x)$、$\lim\limits_{x \to x_0^+}f(x)$ 均存在，则称 x_0 为函数 $f(x)$ 的第一类间断点.

第一类间断点中，若

（1）函数 $f(x)$ 在点 x_0 处的左、右极限存在并相等，即 $\lim\limits_{x \to x_0^-}f(x)=\lim\limits_{x \to x_0^+}f(x)$，则极限 $\lim\limits_{x \to x_0}f(x)$ 存在，称 x_0 为**可去间断点**. 例如：$x=0$ 是函数 $f(x)=|\operatorname{sgn}x|$，$g(x)=\dfrac{\sin x}{x}$ 的可去间断点.

"可去间断点"指通过一定的手段，可以"去掉"的间断点. 例如：设点 x_0 是 $f(x)$ 的可去间断点，且 $\lim\limits_{x \to x_0}f(x)=A$，取 $\overline{f}(x) \triangleq \begin{cases} f(x), & x \neq x_0 \\ A, & x=x_0 \end{cases}$，则点 x_0 是 $\overline{f}(x)$ 的连续点.

（2）函数在点 x_0 处的左、右极限存在但并不相等，即 $\lim\limits_{x \to x_0^-}f(x) \neq \lim\limits_{x \to x_0^+}f(x)$，称 x_0 为**跳跃间断点**. 例如：$x=0$ 是 $y=[x]$，$y=\operatorname{sgn}x$ 的跳跃间断点.

注

若函数 $f(x)$ 在区间 $[a,b]$ 上仅有有限个第一类间断点，则称 $f(x)$ 在 $[a,b]$ 上分段连续.

第二类间断点 x_0：非第一类间断点的间断点称为第二类间断点. 即若函数 $f(x)$ 在点 x_0 处的左、右极限 $\lim\limits_{x \to x_0^-}f(x)$、$\lim\limits_{x \to x_0^+}f(x)$ 至少有一个不存在，则称点 x_0 为函数的第二类间断点.

第二类间断点中常见的类型有无穷间断点和振荡间断点，即

（1）若 $\lim\limits_{x \to x_0}f(x)=\infty$，则称点 x_0 为 $f(x)$ 的**无穷间断点**. 例如：$x=1$ 是 $f(x)=\dfrac{1}{1-x}$

的无穷间断点，$x=\dfrac{\pi}{2}$ 是 $f(x)=\tan x$ 的无穷间断点.

(2) 若函数 $f(x)$ 在点 x_0 处无定义，当 $x \to x_0$ 时，函数值在两个或多个常数之间无限次振荡，导致极限不确定，则称点 x_0 为 $f(x)$ 的**振荡间断点**. 例如：$x=0$ 是 $f(x)=\sin\dfrac{1}{x}$ 的振荡间断点，任意 x 均为 $f(x)=\begin{cases} 0, & x \in \mathbf{Q} \\ 1, & x \notin \mathbf{Q} \end{cases}$ 的振荡间断点.

【例 5.4.4】 试求 $y=\dfrac{x^2-1}{x-1}$ 的间断点，并指出其类型.

解 $y=\dfrac{x^2-1}{x-1}$ 在 $x=1$ 处无定义，故 $x=1$ 是间断点，且由于 $\lim\limits_{x\to 1}\dfrac{x^2-1}{x-1}=2$，故极限存在. 从而 $x=1$ 是函数 $y=\dfrac{x^2-1}{x-1}$ 的第一类间断点，为可去间断点.

【例 5.4.5】 讨论函数 $y=\begin{cases} x+2, & x \geq 0 \\ x^2-2, & x < 0 \end{cases}$ 在 $x=0$ 处的连续性.

解 $\lim\limits_{x\to 0^-} y=\lim\limits_{x\to 0^-}(x^2-2)=0-2=-2$，$\lim\limits_{x\to 0^+} y=\lim\limits_{x\to 0^+}(x+2)=0+2=2$.

因为 $-2 \neq 2$，所以函数 y 在点 $x=0$ 处不连续，又因为 $f(0)=2$，所以函数 y 在点 $x=0$ 处为右连续. 从而 $x=0$ 是函数 y 的第一类间断点，为跳跃间断点.

【例 5.4.6】 $f(x)=\dfrac{x(x+2)}{\sin\pi x}$ 的间断点为 $x=0$，± 1，± 2，$\cdots$，试将它们进行分类.

解 因为

$$\lim_{x\to 0} f(x)=\lim_{x\to 0}\frac{x(x+2)}{\sin\pi x}=\lim_{x\to 0}\frac{x(x+2)}{\pi x}=\frac{2}{\pi}$$

$$\lim_{x\to -2} f(x)=\lim_{x\to -2}\frac{x(x+2)}{\sin\pi x}\xlongequal{x+2=t}\lim_{t\to 0}\frac{(t-2)t}{\sin\pi(t-2)}=-2\lim_{t\to 0}\frac{t}{\sin\pi t}=-\frac{2}{\pi}$$

所以 $x=0$，$x=-2$ 均为 $f(x)$ 的可去间断点；又因为

$$\lim_{x\to n} f(x)=\lim_{x\to n}\frac{x(x+2)}{\sin\pi x}=\infty \quad (n \neq 0, -2)$$

故 $x=\pm 1$，2，± 3，± 4，$\cdots$ 均为 $f(x)$ 的无穷间断点.

5.4.3 连续函数的性质

函数的连续性是通过极限来定义的，因此由有关函数极限的性质，就可得到连续函数的相应性质.

1. 连续函数的局部性质

【定理 5.4.2（局部有界性）】 若 $f(x)$ 在点 x_0 处连续，则 $f(x)$ 在点 x_0 的某邻域 $U(x_0)$ 有界.

【定理 5.4.3（局部保号性）】 若 $f(x)$ 在点 x_0 处连续，且 $f(x_0)>0(f(x_0)<0)$，则对任何正数 $r \in (0, f(x_0))(r \in (f(x_0), 0))$，存在点 x_0 的某邻域 $U(x_0)$，有 $f(x)>r>0$

$(f(x)<r<0)$，$\forall x\in U(x_0)$.

注

(1) 在具体应用局部保号性时，r 取一些特殊值，如当 $f(x_0)>0$ 时，可取 $r=\dfrac{f(x_0)}{2}$，则存在 $U(x_0)$，使得当 $x\in U(x_0)$ 时有 $f(x)>\dfrac{f(x_0)}{2}>0$.

(2) 与极限相应的性质作比较可见，这里只是把"极限存在"，改为"连续"，把 $\mathring{U}(x_0)$ 改为 $U(x_0)$，其余一致.

根据函数极限的运算性质，有：连续函数的和、差、积、商仍然连续，即

【定理 5.4.4（连续函数的四则运算法则）】 若 $f(x)$，$g(x)$ 均在点 x_0 处连续，则 $f(x)\pm g(x)$，$f(x)\cdot g(x)$ 及 $\dfrac{f(x)}{g(x)}$（要求 $g(x_0)\neq 0$）都在点 x_0 处连续.

对函数 $y=C$（常值函数）和 $y=x$，反复利用定理 5.4.4 即可推出多项式函数和有理分式函数在其定义域上每一点都是连续的；同样由 $y=\sin x$ 和 $y=\cos x$ 在 $(-\infty,+\infty)$ 上的连续性，即可推出 $y=\tan x$ 与 $y=\cot x$ 在其定义域上每一点都是连续的.

 思 考 题

1. 两个不连续函数或者一个连续而另一个不连续的函数的和、积、商是否连续？

2. 若 $f(x)$ 在点 x_0 处连续，则 $|f(x)|$，$f^2(x)$ 也在点 x_0 处连续，反之成立否？

【定理 5.4.5（反函数的连续性）】 如果函数 $y=f(x)$ 在 (a,b) 内严格单调连续，当 $x\in(a,b)$ 时，$y\in I$，则存在定义在区间 I 上的反函数 $y=f^{-1}(x)$，且反函数也是严格单调连续的. 简述为：单调连续函数存在单调连续的反函数.

特别地，$\sin x\left(-\dfrac{\pi}{2}\leqslant x\leqslant\dfrac{\pi}{2}\right)$，$\cos x(0\leqslant x\leqslant\pi)$，$\tan x\left(-\dfrac{\pi}{2}<x<\dfrac{\pi}{2}\right)$ 和 $\cot x(0<x<\pi)$ 的反函数 $\arcsin x$，$\arccos x$，$\arctan x$ 和 $\operatorname{arccot} x$ 都是连续函数.

在前面我们证明了复合函数的极限运算法则定理（定理 5.2.7），在该定理中，如果 $f(x)$ 在点 x_0 处连续，即有 $A=f(x_0)$，并取消条件"在 t_0 的某去心邻域内有 $\varphi(t)\neq x_0$"，便可得如下定理.

【定理 5.4.6】 设 $\lim\limits_{t\to t_0}\varphi(t)=x_0$，$\lim\limits_{x\to x_0}f(x)=f(x_0)$，则 $\lim\limits_{t\to t_0}f[\varphi(t)]=f(x_0)$.

注

(1) $\lim\limits_{t\to t_0}f[\varphi(t)]=f\left[\lim\limits_{t\to t_0}\varphi(t)\right]=f(x_0)$，表明连续函数的符号与极限运算符号可以交换次序. 例如求极限 $\lim\limits_{x\to 0}\dfrac{\ln(1+x)}{x}=\lim\limits_{x\to 0}\ln(1+x)^{\frac{1}{x}}$，可将 $\ln(1+x)^{\frac{1}{x}}$ 看成是由 $f(u)=\ln u$，$u=(1+x)^{\frac{1}{x}}$ 复合而成的，故

$$\lim\limits_{x\to 0}\dfrac{\ln(1+x)}{x}=\lim\limits_{x\to 0}\ln(1+x)^{\frac{1}{x}}=\ln\left[\lim\limits_{x\to 0}(1+x)^{\frac{1}{x}}\right]=\ln e=1$$

（2）如果将定理中的条件 $\lim\limits_{t\to t_0}\varphi(t)=x_0$ 换为 $\lim\limits_{t\to t_0}\varphi(t)=\varphi(t_0)$，即 $\varphi(t)$ 在 t_0 连续，并记 $F(t)=f[\varphi(t)]$，则

$$\lim\limits_{t\to t_0}F(t)=\lim\limits_{t\to t_0}f[\varphi(t)]=f\left[\lim\limits_{t\to t_0}\varphi(t)\right]=f[\varphi(t_0)]=F(t_0)$$

这表明连续函数的复合函数仍然是连续函数.

【例 5.4.7】 求 $\lim\limits_{x\to 0}\sqrt{3-\dfrac{\sin x}{x}}$.

解 因为 $\lim\limits_{x\to 0}\dfrac{\sin x}{x}=1$，函数 $\sqrt{3-u}$ 在点 $u=1$ 处连续，故由定理 5.4.6 知

$$\lim\limits_{x\to 0}\sqrt{3-\frac{\sin x}{x}}=\sqrt{3-\lim\limits_{x\to 0}\frac{\sin x}{x}}=\sqrt{3-1}=2$$

2. 初等函数的连续性

我们已知道 $y=\sin x$，$y=\cos x$ 在其定义域内是连续的，由定理 5.4.5 知 $y=\arcsin x$ 和 $y=\arccos x$ 在其定义域也内是连续的.

可证明指数函数 $y=a^x(a>0,a\neq 1)$ 在其定义域 $(-\infty,+\infty)$ 内是严格单调且连续的，进而有对数函数 $y=\log_a x(a>0,a\neq 1)$ 在其定义域 $(0,+\infty)$ 内是连续的.

又 $y=x^\mu=a^{\mu\log_a x}$（μ 为常数），由定理 5.4.6 知 $y=x^\mu$ 在定义域内是连续的.

于是可知，基本初等函数在其定义域内都是连续的. 由基本初等函数的连续性及定理 5.4.4～定理 5.4.6，即得：

一切初等函数在其定义区间内都是连续的.（定义区间是指包含在定义域内的区间）

根据此结论，若点 $x_0\in I$（I 是 $f(x)$ 的定义区间），则由于 $\lim\limits_{x\to x_0}f(x)=f(x_0)$，因此要求 $\lim\limits_{x\to x_0}f(x)$ 时只需计算 $f(x_0)$ 即可. 例如，$\lim\limits_{x\to 1}e^{\sin(3\arctan x)}=e^{\sin(3\arctan 1)}=e^{\frac{\sqrt{2}}{2}}$.

习题 5.4

1. 讨论下列函数的连续性，并画出函数的图形.

（1）$f(x)=\begin{cases} x^3+1, & 0\leqslant x<1 \\ 3-x, & 1\leqslant x\leqslant 2 \end{cases}$；

（2）$f(x)=\begin{cases} x-1, & x<0 \\ \sqrt{1-x^2}, & x\geqslant 0 \end{cases}$.

2. 指出下列函数的间断点及其类型. 如果是可去间断点，则补充或改变函数的定义使之连续.

（1）$y=\sin\dfrac{1}{x}$；

（2）$y=\dfrac{\arcsin x}{x}$；

（3）$y=\dfrac{x^2-1}{x^2-3x+2}$；

（4）$f(x)=\begin{cases} x^2+1, & x>0 \\ 2-x, & x\leqslant 0 \end{cases}$.

3. 设函数 $f(x)$ 在点 x_0 处连续，证明它的绝对值 $|f(x)|$ 也在点 x_0 处连续.

4. 讨论函数 $f(x)=\lim\limits_{n\to\infty}\dfrac{x-x^{2n+1}}{1+x^{2n}}$ 的连续性. 若有间断点，指出其类型.

5. 求下列极限.

(1) $\lim\limits_{x \to 1} \sin(2x-1)$；

(2) $\lim\limits_{x \to \frac{\pi}{4}} \ln(\tan x)$；

(3) $\lim\limits_{x \to +\infty} \left(\sqrt{x^2+2} - \sqrt{x^2-x}\right)$；

(4) $\lim\limits_{x \to 2} \dfrac{\sqrt{x+2}-2}{x-2}$；

(5) $\lim\limits_{x \to 0} \dfrac{x^2 \sin \dfrac{1}{x}}{\sin 2x}$；

(6) $\lim\limits_{x \to +\infty} x \left(\sqrt{1+\dfrac{1}{x}} - 1\right)$.

6. 求下列极限.

(1) $\lim\limits_{x \to 0} \dfrac{\tan 2x}{x}$；

(2) $\lim\limits_{x \to \infty} \mathrm{e}^{\frac{2x+1}{x^2}}$；

(3) $\lim\limits_{x \to 0} (1+2\tan^2 x)^{\cot^2 x}$；

(4) $\lim\limits_{x \to \infty} \left(\dfrac{x^2-1}{x^2+1}\right)^{x^2}$；

(5) $\lim\limits_{n \to \infty} n \left[\ln(1+n) - \ln n\right]$；

(6) $\lim\limits_{x \to \infty} \left(\dfrac{x-1}{x}\right)^{\cot \frac{1}{x}}$.

7. 设函数

$$f(x) = \begin{cases} \dfrac{\sqrt{1+x}-1}{x}, & x > 0 \\ b, & x = 0 \\ \dfrac{\arcsin ax}{2x}, & x < 0 \end{cases}$$

试求 a、b，使 $f(x)$ 处处连续.

5.5　洛必达法则及其应用

在极限部分，我们已经说明两个无穷小（大）之商的极限，不能直接运用商的极限运算法则来计算. 这是由于两个无穷小（大）之比的极限可能存在，也可能不存在，所以通常称这类极限为 $\dfrac{0}{0}\left(\dfrac{\infty}{\infty}\right)$ 型未定式（或不定式）. 对于比较简单的情形，这类极限可以直接利用重要极限或常用极限去求，也可以利用初等方法，通过恒等变形等使之能够利用商的极限运算法则去求. 对于用上述方法不易求出的未定式极限，本节我们将以导数为工具来对 $\dfrac{0}{0}$ 型、$\dfrac{\infty}{\infty}$ 型未定式进行研究，给出洛必达法则. 洛必达法则对于可化为这两种类型的其他未定式同样适用.

常见的有以下形式的未定式：

假定在同一个极限过程中，(1) $\lim f(x) = 0$，$\lim g(x) = 0$，则称 $\lim \dfrac{f(x)}{g(x)}$ 为 $\dfrac{0}{0}$ 型未定式；$\lim f(x)^{g(x)}$ 为 0^0 型未定式.

(2) $\lim f(x) = \infty$，$\lim g(x) = \infty$，则称 $\lim \dfrac{f(x)}{g(x)}$ 为 $\dfrac{\infty}{\infty}$ 型未定式；$\lim [f(x) - g(x)]$ 为 ∞

$\infty-\infty$**型未定式.**

(3) $\lim f(x)=\infty$，$\lim g(x)=0$，则称 $\lim f(x)g(x)$ 为$\infty \cdot 0$**型未定式**；$\lim f(x)^{g(x)}$ 为∞^{0} **型未定式.**

(4) $\lim f(x)=1$，$\lim g(x)=\infty$，则称 $\lim f(x)^{g(x)}$ 为 1^{∞} **型未定式.**

各种未定式中，基本的是 $\dfrac{0}{0}$ 和 $\dfrac{\infty}{\infty}$ 型，其他几种都可以经过变形转化为 $\dfrac{0}{0}$ 和 $\dfrac{\infty}{\infty}$ 型未定式.

洛必达法则对于求各种未定式极限提供了一个非常简便有效的方法.

5.5.1　洛必达法则

1. $\dfrac{0}{0}$ 型的洛必达法则

 【**定理 5.5.1（$\dfrac{0}{0}$ 型的洛必达法则）**】　设函数 $f(x)$，$g(x)$ 满足下列条件：

(1) $\lim\limits_{x\to x_{0}} f(x)=0$，$\lim\limits_{x\to x_{0}} g(x)=0$；

(2) $f(x)$、$g(x)$ 在 x_{0} 的某去心邻域内可导，且 $g'(x)\neq 0$；

(3) $\lim\limits_{x\to x_{0}} \dfrac{f'(x)}{g'(x)}$ 存在或为 ∞，

则有 $\lim\limits_{x\to x_{0}} \dfrac{f(x)}{g(x)}=\lim\limits_{x\to x_{0}} \dfrac{f'(x)}{g'(x)}$.

证　因为求 $\dfrac{f(x)}{g(x)}$ 当 $x\to x_{0}$ 时的极限与 $f(x_{0})$ 及 $g(x_{0})$ 无关，所以可以假定 $f(x_{0})=g(x_{0})=0$，于是由条件(1)、(2) 可知，$f(x)$ 及 $g(x)$ 在点 x_{0} 的某一邻域内是连续的. 设 x 是该邻域内的一点，那么在以 x 及 x_{0} 为端点的区间上，柯西中值定理的条件均满足，因此有

$$\frac{f(x)}{g(x)}=\frac{f(x)-f(x_{0})}{g(x)-g(x_{0})}=\frac{f'(\xi)}{g'(\xi)} \quad (\xi \text{ 在 } x \text{ 与 } a \text{ 之间})$$

令 $x\to x_{0}$，并对上式两端求极限，注意到 $x\to x_{0}$ 时 $\xi\to x_{0}$，再根据条件(3)便得要证明的结论.

注

若将定理 5.5.1 中 $x\to x_{0}$ 换成 $x\to x_{0}^{+}$，$x\to x_{0}^{-}$，$x\to+\infty$，$x\to-\infty$，$x\to\infty$，只要相应地修正条件(2)中的邻域，也可得到同样的结论.

例如 $x\to\infty$ 时的洛必达法则如下：

设函数 $f(x)$，$g(x)$ 满足下列条件：

(1) $\lim\limits_{x\to\infty} f(x)=0$，$\lim\limits_{x\to\infty} g(x)=0$；

(2) 当 $|x|>X$ 时，$f(x)$，$g(x)$ 均可导，且 $g'(x)\neq 0$；

(3) $\lim\limits_{x\to\infty} \dfrac{f'(x)}{g'(x)}=A$ （A 可为实数，也可为 ∞）

则有 $\lim\limits_{x\to\infty} \dfrac{f(x)}{g(x)}=\lim\limits_{x\to\infty} \dfrac{f'(x)}{g'(x)}=A$.

定理 5.5.1 表明，当 $\lim\limits_{x\to\square}\dfrac{f'(x)}{g'(x)}$ 存在时，$\lim\limits_{x\to\square}\dfrac{f(x)}{g(x)}$ 也存在，且等于 $\lim\limits_{x\to\square}\dfrac{f'(x)}{g'(x)}$；当

$\lim\limits_{x\to\square}\dfrac{f'(x)}{g'(x)}$ 为无穷大时，$\lim\limits_{x\to\square}\dfrac{f(x)}{g(x)}$ 也是无穷大. 这种在一定条件下通过分子、分母分别求导再求极限来确定未定式的值的方法称为**洛必达**(L'Hospital)**法则**.

如果 $\dfrac{f'(x)}{g'(x)}$ 当 $x\to\square$ 时仍属 $\dfrac{0}{0}$ 型，且这时 $f'(x)$，$g'(x)$ 仍满足定理 5.5.1 中 $f(x)$，$g(x)$ 所要满足的条件，那么可以继续施用洛必达法则，即

$$\lim\limits_{x\to\square}\frac{f(x)}{g(x)}=\lim\limits_{x\to\square}\frac{f'(x)}{g'(x)}=\lim\limits_{x\to\square}\frac{f''(x)}{g''(x)}$$

且可以依次类推. 这表明在同一题中可以多次使用洛必达法则.

【**例 5.5.1**】　求 $\lim\limits_{x\to 0}\dfrac{\sin ax}{\sin bx}\ (b\neq 0)$.

解
$$\lim\limits_{x\to 0}\frac{\sin ax}{\sin bx}\overset{\frac{0}{0}}{=\!=\!=}\lim\limits_{x\to 0}\frac{a\cos ax}{b\cos bx}=\frac{a}{b}$$

【**例 5.5.2**】　求 $\lim\limits_{x\to 1}\dfrac{x^3-3x+2}{x^3-x^2-x+1}$.

解
$$\lim\limits_{x\to 1}\frac{x^3-3x+2}{x^3-x^2-x+1}\overset{\frac{0}{0}}{=\!=\!=}\lim\limits_{x\to 1}\frac{3x^2-3}{3x^2-2x-1}\overset{\frac{0}{0}}{=\!=\!=}\lim\limits_{x\to 1}\frac{6x}{6x-2}=\frac{3}{2}$$

注

上式中的 $\lim\limits_{x\to 1}\dfrac{6x}{6x-2}$ 已不是未定式，不能对它应用洛必达法则，否则要导致错误结果. 以后使用洛必达法则时应注意这一点，如果不是未定式，就不能应用洛必达法则.

【**例 5.5.3**】　求 $\lim\limits_{x\to 0}\dfrac{x-\sin x}{x^3}$.

解
$$\lim\limits_{x\to 0}\frac{x-\sin x}{x^3}\overset{\frac{0}{0}}{=\!=\!=}\lim\limits_{x\to 0}\frac{1-\cos x}{3x^2}\overset{\frac{0}{0}}{=\!=\!=}\lim\limits_{x\to 0}\frac{\sin x}{6x}\overset{\frac{0}{0}}{=\!=\!=}\lim\limits_{x\to 0}\frac{\cos x}{6}=\frac{1}{6}$$

【**例 5.5.4**】　求 $\lim\limits_{x\to\pi}\dfrac{1+\cos x}{\tan^2 x}$.

解
$$\lim\limits_{x\to\pi}\frac{1+\cos x}{\tan^2 x}\overset{\frac{0}{0}}{=\!=\!=}\lim\limits_{x\to\pi}\frac{-\sin x}{2\tan x\sec^2 x}=-\lim\limits_{x\to\pi}\frac{\cos^3 x}{2}=\frac{1}{2}$$

【**例 5.5.5**】　求 $\lim\limits_{x\to 0}\dfrac{e^x-(1+2x)^{\frac{1}{2}}}{\ln(1+x^2)}$.

解
$$\lim\limits_{x\to 0}\frac{e^x-(1+2x)^{\frac{1}{2}}}{\ln(1+x^2)}=\lim\limits_{x\to 0}\frac{e^x-(1+2x)^{\frac{1}{2}}}{x^2}\overset{\frac{0}{0}}{=\!=\!=}\lim\limits_{x\to 0}\frac{e^x-(1+2x)^{-\frac{1}{2}}}{2x}$$

$$\overset{\frac{0}{0}}{=\!=\!=}\lim\limits_{x\to 0}\frac{e^x+(1+2x)^{-\frac{3}{2}}}{2}=\frac{2}{2}=1$$

【**例 5.5.6**】　求 $\lim\limits_{x\to +\infty}\dfrac{\dfrac{\pi}{2}-\arctan x}{\dfrac{1}{x}}$.

解
$$\lim_{x \to +\infty} \frac{\frac{\pi}{2} - \arctan x}{\frac{1}{x}} \overset{\frac{0}{0}}{=} \lim_{x \to +\infty} \frac{-\frac{1}{1+x^2}}{-\frac{1}{x^2}} = \lim_{x \to +\infty} \frac{x^2}{1+x^2} = 1$$

2. $\dfrac{\infty}{\infty}$ 型的洛必达法则

【定理 5.5.2 ($\dfrac{\infty}{\infty}$ 型的洛必达法则)】 设函数 $f(x)$，$g(x)$ 满足下列条件：

(1) $\lim\limits_{x \to x_0} f(x) = \infty$，$\lim\limits_{x \to x_0} g(x) = \infty$；

(2) $f(x)$、$g(x)$ 在 x_0 的某去心邻域内可导，且 $g'(x) \neq 0$；

(3) $\lim\limits_{x \to x_0} \dfrac{f'(x)}{g'(x)}$ 存在或为 ∞，

则有 $\lim\limits_{x \to x_0} \dfrac{f(x)}{g(x)} = \lim\limits_{x \to x_0} \dfrac{f'(x)}{g'(x)}$.

注

关于洛必达法则，要注意：

如果 $\lim\limits_{x \to \square} \dfrac{f'(x)}{g'(x)}$ 不存在但不是无穷大，则不能断言 $\lim\limits_{x \to \square} \dfrac{f(x)}{g(x)}$ 也不存在，只能说明该极限不适合用洛必达法则来求. 例如：

极限 $\lim\limits_{x \to 0} \dfrac{x^2 \cdot \sin\dfrac{1}{x}}{x} = \lim\limits_{x \to 0} x \cdot \sin\dfrac{1}{x} = 0$ 存在，若使用洛必达法则，则有

$$\lim_{x \to 0} \frac{x^2 \cdot \sin\dfrac{1}{x}}{x} = \lim_{x \to 0} \left(2x \cdot \sin\frac{1}{x} - \cos\frac{1}{x} \right)$$

不存在.

又如：$\lim\limits_{x \to +\infty} \dfrac{e^x - e^{-x}}{e^x + e^{-x}} \overset{\frac{\infty}{\infty}}{=} \lim\limits_{x \to +\infty} \dfrac{e^x + e^{-x}}{e^x - e^{-x}} \overset{\frac{\infty}{\infty}}{=} \lim\limits_{x \to +\infty} \dfrac{e^x - e^{-x}}{e^x + e^{-x}} \cdots$ 出现循环，应该用其他方式计

算，如 $\lim\limits_{x \to +\infty} \dfrac{e^x - e^{-x}}{e^x + e^{-x}} = \lim\limits_{x \to +\infty} \dfrac{1 - e^{-2x}}{1 + e^{-2x}} = 1$.

【例 5.5.7】 求 $\lim\limits_{x \to +\infty} \dfrac{\ln x}{x^n}$ $(n > 0)$.

解
$$\lim_{x \to +\infty} \frac{\ln x}{x^n} \overset{\frac{\infty}{\infty}}{=} \lim_{x \to +\infty} \frac{\frac{1}{x}}{n x^{n-1}} = \lim_{x \to +\infty} \frac{1}{n x^n} = 0$$

【例 5.5.8】 求 $\lim\limits_{x \to +\infty} \dfrac{x^n}{e^{\lambda x}}$（$n$ 为正整数，$\lambda > 0$）.

解 相继应用洛必达法则 n 次，得
$$\lim_{x \to +\infty} \frac{x^n}{e^{\lambda x}} \overset{\frac{\infty}{\infty}}{=} \lim_{x \to +\infty} \frac{n x^{n-1}}{\lambda e^{\lambda x}} \overset{\frac{\infty}{\infty}}{=} \lim_{x \to +\infty} \frac{n(n-1) x^{n-2}}{\lambda^2 e^{\lambda x}} \overset{\frac{\infty}{\infty}}{=} \cdots \overset{\frac{\infty}{\infty}}{=} \lim_{x \to +\infty} \frac{n!}{\lambda^n e^{\lambda x}} = 0$$

注

(1) 如果例 5.5.8 中的 n 不是正整数而是任何正数，那么极限仍为零.

(2) 与等价无穷小结合使用通常可以简化计算.

(3) 多次应用洛必达法则时，注意应在用完之后将式子整理化简.

5.5.2 未定式极限

对于 $\dfrac{0}{0}$、$\dfrac{\infty}{\infty}$、$\infty \cdot 0$、$\infty - \infty$、1^{∞}、0^{0}、∞^{0} 等七种未定式极限，应该先判定其具体属于哪种类型，然后再用该类型相应的方法去求解，在求解的每一步要注意随时"四化"，即能用等价无穷小代换的情形就用等价无穷小代换简化；遇到趋于 0 的根式或者 $\infty - \infty$ 的根式就要想到根式有理化；遇到幂指函数就要想到指数对数化，即 $u(x)^{v(x)} = \mathrm{e}^{v(x)\ln u(x)}$；遇到非零因子(极限不为零的因式)就要想到利用极限四则运算淡化.

例如，$\lim\limits_{x \to 0} \dfrac{\mathrm{e}^x - \sin x - 1}{(\sqrt{\cos x} - 2)(1 - \sqrt{1 - x^2})}$ 中，由于 $\lim\limits_{x \to 0}(\sqrt{\cos x} - 2) = -1$，而 $\sqrt{\cos x} - 2$ 又是因式，因此为非零因子，根据极限的四则运算法则有

$$\lim_{x \to 0} \frac{\mathrm{e}^x - \sin x - 1}{(\sqrt{\cos x} - 2)(1 - \sqrt{1 - x^2})} = \lim_{x \to 0} \frac{1}{\sqrt{\cos x} - 2} \cdot \lim_{x \to 0} \frac{\mathrm{e}^x - \sin x - 1}{1 - \sqrt{1 - x^2}}$$

$$= (-1) \cdot \lim_{x \to 0} \frac{\mathrm{e}^x - \sin x - 1}{1 - \sqrt{1 - x^2}}$$

这就是所谓的非零因子淡化. 今后可以直接淡化，而不用写出上述步骤，即

$$\lim_{x \to 0} \frac{\mathrm{e}^x - \sin x - 1}{(\sqrt{\cos x} - 2)(1 - \sqrt{1 - x^2})} = (-1) \cdot \lim_{x \to 0} \frac{\mathrm{e}^x - \sin x - 1}{1 - \sqrt{1 - x^2}}$$

当一个极限式用"四化"处理到不能再处理的时候，可以进一步用下面的方法进行计算.

1. 未定式极限类型 I —— $\dfrac{0}{0}$ 型

方法：可以采用等价无穷小代换＋洛必达法则、泰勒公式等方法求解.

【例 5.5.9】 求下列极限.

(1) $\lim\limits_{x \to 0} \dfrac{\mathrm{e}^x - \sin x - 1}{1 - \sqrt{1 - x^2}}$；

(2) $\lim\limits_{x \to 0} \dfrac{x - \ln(1 + x)}{\sqrt{1 + x^2} - 1}$；

(3) $\lim\limits_{x \to 0} \dfrac{x - \tan x}{\arctan x^3}$；

(4) $\lim\limits_{x \to 0} \dfrac{\sin x - x}{\arctan x - x}$；

(5) $\lim\limits_{x \to 0} \dfrac{1}{x^2} \ln \dfrac{\sin x}{x}$；

(6) $\lim\limits_{x \to 0} \dfrac{(\sqrt{\cos x} - 1)\ln(\cos x)}{x^2 - \sin^2 x}$；

(7) $\lim\limits_{x \to 0} \dfrac{x - \sin x \cos x}{\ln(1 + x^3)}$；

(8) $\lim\limits_{x \to 0} \dfrac{\sin^2 x - \sin(\sin x)\sin x}{x^4}$；

(9) $\lim\limits_{x \to 0} \dfrac{1}{x} \displaystyle\int_0^x \cos t^2 \, \mathrm{d}t$；

(10) $\lim\limits_{x \to 0} \dfrac{1}{x^2} \displaystyle\int_{\cos x}^1 \mathrm{e}^{-t^2} \, \mathrm{d}t$.

解 （1）$\lim\limits_{x \to 0} \dfrac{e^x - \sin x - 1}{1 - \sqrt{1 - x^2}} = \lim\limits_{x \to 0} \dfrac{e^x - \sin x - 1}{\frac{1}{2} x^2} \overset{\frac{0}{0}}{=} \lim\limits_{x \to 0} \dfrac{e^x - \cos x}{x} \overset{\frac{0}{0}}{=} \lim\limits_{x \to 0} \dfrac{e^x + \sin x}{1} = 1.$

或由带有皮亚诺型余项的泰勒公式有

$$\lim_{x \to 0} \frac{e^x - \sin x - 1}{1 - \sqrt{1 - x^2}} = \lim_{x \to 0} \frac{e^x - \sin x - 1}{\frac{1}{2} x^2}$$

$$= \lim_{x \to 0} \frac{\left[1 + x + \dfrac{1}{2!} x^2 + o(x^2) \right] - \left[x - \dfrac{1}{3!} x^3 + o(x^3) \right] - 1}{\frac{1}{2} x^2}$$

$$= \lim_{x \to 0} \frac{\dfrac{1}{2!} x^2 + o(x^2)}{\frac{1}{2} x^2} = 1$$

（2）$\lim\limits_{x \to 0} \dfrac{x - \ln(1 + x)}{\sqrt{1 + x^2} - 1} = \lim\limits_{x \to 0} \dfrac{x - \ln(1 + x)}{\frac{1}{2} x^2} \overset{\frac{0}{0}}{=} \lim\limits_{x \to 0} \dfrac{1 - \dfrac{1}{1 + x}}{x} = \lim\limits_{x \to 0} \dfrac{\dfrac{x}{1 + x}}{x} = \lim\limits_{x \to 0} \dfrac{1}{1 + x} = 1.$

或由带有皮亚诺型余项的泰勒公式有

$$\lim_{x \to 0} \frac{x - \ln(1 + x)}{\sqrt{1 + x^2} - 1} = \lim_{x \to 0} \frac{x - \ln(1 + x)}{\frac{1}{2} x^2} = \lim_{x \to 0} \frac{x - \left[x - \dfrac{1}{2} x^2 + o(x^2) \right]}{\frac{1}{2} x^2}$$

$$= \lim_{x \to 0} \frac{\dfrac{1}{2} x^2 - o(x^2)}{\frac{1}{2} x^2} = 1$$

（3）$\lim\limits_{x \to 0} \dfrac{x - \tan x}{\arctan x^3} = \lim\limits_{x \to 0} \dfrac{x - \tan x}{x^3} \overset{\frac{0}{0}}{=} \lim\limits_{x \to 0} \dfrac{1 - \sec^2 x}{3x^2} = \lim\limits_{x \to 0} \dfrac{-\tan^2 x}{3x^2} = \lim\limits_{x \to 0} \dfrac{-x^2}{3x^2} = -\dfrac{1}{3}.$

或由带有皮亚诺型余项的泰勒公式有

$$\lim_{x \to 0} \frac{x - \tan x}{\arctan x^3} = \lim_{x \to 0} \frac{x - \tan x}{x^3} = \lim_{x \to 0} \frac{x - \left[x + \dfrac{x^3}{3} + o(x^3) \right]}{x^3}$$

$$= \lim_{x \to 0} \frac{-\dfrac{x^3}{3} - o(x^3)}{x^3} = -\frac{1}{3}$$

（4）$\lim\limits_{x \to 0} \dfrac{\sin x - x}{\arctan x - x} \overset{\frac{0}{0}}{=} \lim\limits_{x \to 0} \dfrac{\cos x - 1}{\dfrac{1}{1 + x^2} - 1} = \lim\limits_{x \to 0} \dfrac{-\dfrac{1}{2} x^2}{\dfrac{-x^2}{1 + x^2}} = \dfrac{1}{2}.$

或由带有皮亚诺型余项的泰勒公式有

$$\lim_{x\to 0}\frac{\sin x-x}{\arctan x-x}=\lim_{x\to 0}\frac{\left[x-\dfrac{x^3}{3!}+o(x^3)\right]-x}{\left[x-\dfrac{x^3}{3}+o(x^3)\right]-x}=\lim_{x\to 0}\frac{-\dfrac{x^3}{3!}+o(x^3)}{-\dfrac{x^3}{3}+o(x^3)}$$

$$=\lim_{x\to 0}\frac{-\dfrac{1}{3!}+\dfrac{o(x^3)}{x^3}}{-\dfrac{1}{3}+\dfrac{o(x^3)}{x^3}}=\frac{1}{2}$$

(5) $\displaystyle\lim_{x\to 0}\frac{1}{x^2}\ln\frac{\sin x}{x}=\lim_{x\to 0}\frac{1}{x^2}\left(\frac{\sin x}{x}-1\right)=\lim_{x\to 0}\frac{1}{x^2}\left(\frac{\sin x-x}{x}\right)$

$$\xlongequal{\frac{0}{0}}\lim_{x\to 0}\frac{\cos x-1}{3x^2}=\lim_{x\to 0}\frac{-\dfrac{1}{2}x^2}{3x^2}=-\frac{1}{6}.$$

(6) $\displaystyle\lim_{x\to 0}\frac{(\sqrt{\cos x}-1)\ln(\cos x)}{x^2-\sin^2 x}=\lim_{x\to 0}\frac{\left(-\dfrac{1}{4}x^2\right)\left(-\dfrac{1}{2}x^2\right)}{x^2-\sin^2 x}\xlongequal{\frac{0}{0}}\lim_{x\to 0}\frac{\dfrac{1}{2}x^3}{2x-\sin 2x}$

$$\xlongequal{\frac{0}{0}}\lim_{x\to 0}\frac{\dfrac{3}{2}x^2}{2-2\cos 2x}=\lim_{x\to 0}\frac{\dfrac{3}{2}x^2}{4x^2}=\frac{3}{8}.$$

(7) $\displaystyle\lim_{x\to 0}\frac{x-\sin x\cos x}{\ln(1+x^3)}=\lim_{x\to 0}\frac{x-\dfrac{1}{2}\sin 2x}{x^3}\xlongequal{\frac{0}{0}}\lim_{x\to 0}\frac{1-\cos 2x}{3x^2}=\lim_{x\to 0}\frac{2x^2}{3x^2}=\frac{2}{3}.$

(8) $\displaystyle\lim_{x\to 0}\frac{\sin^2 x-\sin(\sin x)\sin x}{x^4}=\lim_{x\to 0}\frac{\sin x[\sin x-\sin(\sin x)]}{x^4}=\lim_{x\to 0}\frac{\sin x-\sin(\sin x)}{x^3}$

$$\xlongequal{\frac{0}{0}}\lim_{x\to 0}\frac{\cos x-\cos(\sin x)\cos x}{3x^2}=\lim_{x\to 0}\frac{1-\cos(\sin x)}{3x^2}$$

$$=\lim_{x\to 0}\frac{\dfrac{1}{2}x^2}{3x^2}=\frac{1}{6}.$$

(9) $\displaystyle\lim_{x\to 0}\frac{1}{x}\int_0^x\cos t^2\,\mathrm{d}t=\lim_{x\to 0}\frac{\int_0^x\cos t^2\,\mathrm{d}t}{x}\xlongequal{\frac{0}{0}}\lim_{x\to 0}\frac{\cos x^2}{1}=1.$

(10) $\displaystyle\lim_{x\to 0}\frac{1}{x^2}\int_{\cos x}^1\mathrm{e}^{-t^2}\,\mathrm{d}t=\lim_{x\to 0}\frac{\int_{\cos x}^1\mathrm{e}^{-t^2}\,\mathrm{d}t}{x^2}\xlongequal{\frac{0}{0}}\lim_{x\to 0}-\frac{\mathrm{e}^{-\cos^2 x}\cdot(-\sin x)}{2x}=\lim_{x\to 0}\frac{\mathrm{e}^{-\cos^2 x}}{2}=-\frac{1}{2\mathrm{e}}.$

2. 未定式极限类型 Ⅱ —— $\dfrac{\infty}{\infty}$

方法：分子分母同除以最大项、洛必达法则

在 5.2 节中，我们得到当 $x\to\infty$ 时，对于有理函数有如下结论：

$$\lim_{x\to\infty}\frac{a_0 x^n+a_1 x^{n-1}+\cdots+a_{n-1}x+a_n}{b_0 x^m+b_1 x^{m-1}+\cdots+b_{m-1}x+b_m}=\begin{cases}0,& n<m\\[2mm]\dfrac{a_0}{b_0},& n=m\\[2mm]\infty,& n>m\end{cases}\quad(a_0\neq 0,\ b_0\neq 0,\ m,\ n\in\mathbf{N}_+)$$

【**例 5.5.10**】 求下列极限.

(1) $\lim\limits_{x\to\infty}\dfrac{(x^4+2)(2x^2+x+3)^3}{(x+1)^{10}}$;

(2) $\lim\limits_{x\to+\infty}\dfrac{\sqrt{x^2+x+1}+x}{\sqrt[3]{8x^3-x-1}}$;

(3) $\lim\limits_{x\to-\infty}\dfrac{2x}{x-\sqrt{x^2+2}}$.

解 (1) $\lim\limits_{x\to\infty}\dfrac{(x^4+2)(2x^2+x+3)^3}{(x+1)^{10}}=\lim\limits_{x\to\infty}\dfrac{\dfrac{x^4+2}{x^4}\dfrac{(2x^2+x+3)^3}{x^6}}{\dfrac{(x+1)^{10}}{x^{10}}}$

$$=\lim\limits_{x\to\infty}\dfrac{\left(1+\dfrac{2}{x^4}\right)\left(2+\dfrac{1}{x}+\dfrac{3}{x^2}\right)^3}{\left(1+\dfrac{1}{x}\right)^{10}}=8.$$

(2) $\lim\limits_{x\to+\infty}\dfrac{\sqrt{x^2+x+1}+x}{\sqrt[3]{8x^3-x-1}}=\lim\limits_{x\to+\infty}\dfrac{\dfrac{\sqrt{x^2+x+1}}{x}+\dfrac{x}{x}}{\dfrac{\sqrt[3]{8x^3-x-1}}{x}}$

$$=\lim\limits_{x\to+\infty}\dfrac{\sqrt{1+\dfrac{1}{x}+\dfrac{1}{x^2}}+1}{\sqrt[3]{8-\dfrac{1}{x^2}-\dfrac{1}{x^3}}}=\dfrac{2}{2}=1.$$

(3) $\lim\limits_{x\to-\infty}\dfrac{2x}{x-\sqrt{x^2+2}}=\lim\limits_{x\to-\infty}\dfrac{\dfrac{2x}{x}}{\dfrac{x}{x}-\dfrac{\sqrt{x^2+2}}{x}}=\lim\limits_{x\to-\infty}\dfrac{2}{1+\sqrt{1+\dfrac{2}{x^2}}}=\dfrac{2}{2}=1.$

在第 5.3 节中，我们有结论 $x\to+\infty$ 时，$\ln x$、$x^k(k>0)$、$a^x(a>1)$ 和 x^x 均为无穷大量，但它们趋于无穷的量级不一样，一般有 $\ln x\ll x^k(k>0)\ll a^x(a>1)\ll x^x$.

【**例 5.5.11**】 求下列极限.

(1) $\lim\limits_{x\to+\infty}\dfrac{x^{100}}{e^x}$;

(2) $\lim\limits_{x\to+\infty}\dfrac{2^x+x^3-\ln x}{5^x+x^4+3\ln x}$;

(3) $\lim\limits_{x\to0^+}\dfrac{4^{\frac{1}{x}}-\ln x+\dfrac{3}{x^2}}{2^{\frac{2+x}{x}}+\dfrac{10}{x^{100}}}$;

(4) $\lim\limits_{x\to-\infty}\dfrac{4^x-2x^3+x^2+1}{e^x+3x^3}$;

(5) $\lim\limits_{x\to+\infty}\dfrac{x^3+x^2+1}{2^x+x^3}(\sin x+\cos x)$.

解 (1) $\lim\limits_{x\to+\infty}\dfrac{x^{100}}{e^x}=0.$

(2) $\lim\limits_{x\to+\infty}\dfrac{2^x+x^3-\ln x}{5^x+x^4+3\ln x}=\lim\limits_{x\to+\infty}\dfrac{\dfrac{2^x}{5^x}+\dfrac{x^3}{5^x}-\dfrac{\ln x}{5^x}}{1+\dfrac{x^4}{5^x}+\dfrac{3\ln x}{5^x}}=\dfrac{0+0-0}{1+0+0}=0.$

(3) $\lim\limits_{x\to 0^+}\dfrac{4^{\frac{1}{x}}-\ln x+\dfrac{3}{x^2}}{2^{\frac{2+x}{x}}+\dfrac{10}{x^{100}}}=\lim\limits_{x\to 0^+}\dfrac{1-\dfrac{\ln x}{4^{\frac{1}{x}}}+\dfrac{\dfrac{3}{x^2}}{4^{\frac{1}{x}}}}{\dfrac{2\cdot 4^{\frac{1}{x}}}{4^{\frac{1}{x}}}+\dfrac{\dfrac{10}{x^{100}}}{4^{\frac{1}{x}}}}=\dfrac{1-0+0}{2+0}=\dfrac{1}{2}.$

(4) $\lim\limits_{x\to +\infty}\dfrac{4^x-2x^3+x^2+1}{e^x+3x^3}=\lim\limits_{x\to +\infty}\dfrac{\dfrac{4^x}{x^3}-\dfrac{2x^3}{x^3}+\dfrac{x^2}{x^3}+\dfrac{1}{x^3}}{\dfrac{e^x}{x^3}+\dfrac{3x^3}{x^3}}=\dfrac{0-2+0+0}{0+3}=-\dfrac{2}{3}.$

(5) $\lim\limits_{x\to +\infty}\dfrac{x^3+x^2+1}{2^x+x^3}=\lim\limits_{x\to +\infty}\dfrac{\dfrac{x^3}{2^x}+\dfrac{x^2}{2^x}+\dfrac{1}{2^x}}{1+\dfrac{x^3}{2^x}}=\dfrac{0+0+0}{1+0}=0$，$\sin x+\cos x$ 为有界量，由无

穷小的运算性质，知 $\lim\limits_{x\to +\infty}\dfrac{x^3+x^2+1}{2^x+x^3}(\sin x+\cos x)=0.$

【例 5.5.12】　求 $\lim\limits_{x\to \infty}\dfrac{\left(\displaystyle\int_0^x e^{t^2}\,dt\right)^2}{\displaystyle\int_0^x e^{2t^2}\,dt}.$

解　　$\lim\limits_{x\to \infty}\dfrac{\left(\displaystyle\int_0^x e^{t^2}\,dt\right)^2}{\displaystyle\int_0^x e^{2t^2}\,dt}\overset{\frac{\infty}{\infty}}{=}\lim\limits_{x\to \infty}\dfrac{2e^{x^2}\displaystyle\int_0^x e^{t^2}\,dt}{e^{2x^2}}=\lim\limits_{x\to \infty}\dfrac{2\displaystyle\int_0^x e^{t^2}\,dt}{e^{x^2}}\overset{\frac{\infty}{\infty}}{=}\lim\limits_{x\to \infty}\dfrac{2e^{x^2}}{2xe^{x^2}}=0$

3. 未定式极限类型 Ⅲ —— $\infty\cdot 0$

方法：转化为 $\dfrac{0}{0}$ 或 $\dfrac{\infty}{\infty}$.

【例 5.5.13】　求 $\lim\limits_{x\to 1}(1-x)\tan\dfrac{\pi x}{2}.$

解　方法 1　令 $x-1=t$，则

$$\lim\limits_{x\to 1}(1-x)\tan\dfrac{\pi x}{2}=\lim\limits_{t\to 0}(-t)\tan\dfrac{\pi(1+t)}{2}=\lim\limits_{t\to 0}(-t)\tan\left(\dfrac{\pi t}{2}+\dfrac{\pi}{2}\right)$$

$$=\lim\limits_{t\to 0}(-t)\left(-\cot\dfrac{\pi t}{2}\right)=\lim\limits_{t\to 0}\dfrac{t}{\tan\dfrac{\pi t}{2}}=\lim\limits_{t\to 0}\dfrac{t}{\dfrac{\pi t}{2}}=\dfrac{2}{\pi}$$

方法 2　直接使用洛必达法，有

$$\lim\limits_{x\to 1}(1-x)\tan\dfrac{\pi x}{2}=\lim\limits_{x\to 1}\dfrac{1-x}{\cot\dfrac{\pi x}{2}}\overset{\frac{0}{0}}{=}\lim\limits_{x\to 1}\dfrac{-1}{-\dfrac{\pi}{2}\csc^2\dfrac{\pi x}{2}}=\lim\limits_{x\to 1}\dfrac{\sin^2\dfrac{\pi x}{2}}{\dfrac{\pi}{2}}=\dfrac{2}{\pi}$$

【例 5.5.14】　求 $\lim\limits_{x\to 0^+}x^n\ln x\,(n>0).$

解　这是 $\infty \cdot 0$ 型未定式，因为 $x^n \ln x = \dfrac{\ln x}{\dfrac{1}{x^n}}$，当 $x \to 0^+$ 时，此式右端是未定式 $\dfrac{\infty}{\infty}$，应

用洛必达法则，得

$$\lim_{x \to 0^+} x^n \ln x = \lim_{x \to 0^+} \frac{\ln x}{x^{-n}} \overset{\frac{\infty}{\infty}}{=\!=\!=} \lim_{x \to 0^+} \frac{\dfrac{1}{x}}{-nx^{-n-1}} = \lim_{x \to 0^+} \left(\frac{-x^n}{n} \right) = 0$$

【例 5.5.15】　求 $\displaystyle\lim_{x \to +\infty} e^x \ln\left(\frac{2}{\pi} \arctan x \right)$.

解　$\displaystyle\lim_{x \to +\infty} e^x \ln\left(\frac{2}{\pi} \arctan x \right) = \lim_{x \to +\infty} \frac{\ln\left(\dfrac{2}{\pi} \arctan x \right)}{e^{-x}}$

$$\overset{\frac{0}{0}}{=\!=\!=} \lim_{x \to +\infty} \frac{\dfrac{1}{\arctan x} \cdot \dfrac{1}{1+x^2}}{-e^{-x}} = -\frac{2}{\pi} \lim_{x \to +\infty} \frac{e^x}{1+x^2} = +\infty$$

或

$$\lim_{x \to +\infty} e^x \ln\left(\frac{2}{\pi} \arctan x \right) = \lim_{x \to +\infty} \frac{\ln\left(\dfrac{2}{\pi} \arctan x \right)}{e^{-x}} = \lim_{x \to +\infty} \frac{\dfrac{2}{\pi} \arctan x - 1}{e^{-x}}$$

$$\overset{\frac{0}{0}}{=\!=\!=} \lim_{x \to +\infty} \frac{\dfrac{2}{\pi} \cdot \dfrac{1}{1+x^2}}{-e^{-x}} = -\frac{2}{\pi} \lim_{x \to +\infty} \frac{e^x}{1+x^2} = +\infty$$

4. 未定式极限类型 Ⅳ —— $\infty - \infty$

方法：分式差——通分，根式差——有理化，既非分式差又非根式差——倒代换.

【例 5.5.16】　求下列极限.

(1) $\displaystyle\lim_{x \to 0} \left[\frac{1}{x} - \frac{1}{\ln(1+x)} \right]$;　　　　　(2) $\displaystyle\lim_{x \to 0} \left(\frac{1}{x^2} - \frac{1}{x \tan x} \right)$;

(3) $\displaystyle\lim_{x \to 0} \left(\frac{1}{x^2} - \frac{1}{\sin^2 x} \right)$;　　　　　(4) $\displaystyle\lim_{x \to +\infty} \left(\sqrt{x + \sqrt{x}} - \sqrt{x} \right)$;

(5) $\displaystyle\lim_{x \to \infty} \left(x - \frac{1}{e^{\frac{1}{x}} - 1} \right)$;　　　　　(6) $\displaystyle\lim_{x \to \frac{\pi}{2}} (\sec x - \tan x)$.

解　(1) $\displaystyle\lim_{x \to 0} \left[\frac{1}{x} - \frac{1}{\ln(1+x)} \right] = \lim_{x \to 0} \frac{\ln(1+x) - x}{x \ln(1+x)} = \lim_{x \to 0} \frac{\ln(1+x) - x}{x^2}$

$$= \lim_{x \to 0} \frac{\dfrac{1}{1+x} - 1}{2x} = \lim_{x \to 0} \frac{\dfrac{-x}{1+x}}{2x} = \lim_{x \to 0} \frac{-x}{2x} = -\frac{1}{2}.$$

(2) $\displaystyle\lim_{x \to 0} \left(\frac{1}{x^2} - \frac{1}{x \tan x} \right) = \lim_{x \to 0} \frac{\tan x - x}{x^2 \tan x} = \lim_{x \to 0} \frac{\tan x - x}{x^3} = \lim_{x \to 0} \frac{\sec^2 x - 1}{3x^2} = \lim_{x \to 0} \frac{\tan^2 x}{3x^2} = \frac{1}{3}.$

(3) $\lim\limits_{x \to 0}\left(\dfrac{1}{x^2} - \dfrac{1}{\sin^2 x}\right) = \lim\limits_{x \to 0}\dfrac{\sin^2 x - x^2}{x^2 \sin^2 x} = \lim\limits_{x \to 0}\dfrac{\sin^2 x - x^2}{x^4} = \lim\limits_{x \to 0}\dfrac{\sin 2x - 2x}{4x^3}$

$\qquad = \lim\limits_{x \to 0}\dfrac{2\cos 2x - 2}{12x^2} = \lim\limits_{x \to 0}\dfrac{\cos 2x - 1}{6x^2} = \lim\limits_{x \to 0}\dfrac{-2x^2}{6x^2} = -\dfrac{1}{3}.$

(4) $\lim\limits_{x \to +\infty}\left(\sqrt{x + \sqrt{x}} - \sqrt{x}\right) = \lim\limits_{x \to +\infty}\dfrac{\left(\sqrt{x + \sqrt{x}} - \sqrt{x}\right)\left(\sqrt{x + \sqrt{x}} + \sqrt{x}\right)}{\sqrt{x + \sqrt{x}} + \sqrt{x}}$

$\qquad = \lim\limits_{x \to +\infty}\dfrac{\sqrt{x}}{\sqrt{x + \sqrt{x}} + \sqrt{x}} = \lim\limits_{x \to +\infty}\dfrac{1}{\sqrt{1 + \dfrac{1}{\sqrt{x}}} + 1} = \dfrac{1}{2}.$

(5) 令 $x = \dfrac{1}{t}$，则

$$\lim\limits_{x \to \infty}\left(x - \dfrac{1}{\mathrm{e}^{\frac{1}{x}} - 1}\right) = \lim\limits_{t \to 0}\left(\dfrac{1}{t} - \dfrac{1}{\mathrm{e}^t - 1}\right) = \lim\limits_{t \to 0}\dfrac{\mathrm{e}^t - 1 - t}{t(\mathrm{e}^t - 1)} = \lim\limits_{t \to 0}\dfrac{\mathrm{e}^t - 1 - t}{t^2}$$

$$= \lim\limits_{t \to 0}\dfrac{\mathrm{e}^t - 1}{2t} = \lim\limits_{t \to 0}\dfrac{t}{2t} = \dfrac{1}{2}$$

(6) $\lim\limits_{x \to \frac{\pi}{2}}(\sec x - \tan x) = \lim\limits_{x \to \frac{\pi}{2}}\dfrac{1 - \sin x}{\cos x} = \lim\limits_{x \to \frac{\pi}{2}}\dfrac{-\cos x}{-\sin x} = 0.$

5. 未定式极限类型 Ⅴ —— 1^∞

形如 $\lim\limits_{\substack{\varphi(x) \to 0 \\ g(x) \to \infty}}[1 + \varphi(x)]^{g(x)}$ 和 $\lim\limits_{\substack{f(x) \to 1 \\ g(x) \to \infty}}[f(x)]^{g(x)}$ 的幂指函数极限，极限类型为 1^∞. 对于幂

指函数，我们首先应该想到指数对数化处理. 具体方法如下.

$$\lim\limits_{\substack{\varphi(x) \to 0 \\ g(x) \to \infty}}[1 + \varphi(x)]^{g(x)} = \lim\limits_{\substack{\varphi(x) \to 0 \\ g(x) \to \infty}}\mathrm{e}^{g(x)\ln[1+\varphi(x)]} = \mathrm{e}^{\lim\limits_{\substack{\varphi(x) \to 0 \\ g(x) \to \infty}}g(x)\ln[1+\varphi(x)]} = \mathrm{e}^{\lim\limits_{\substack{\varphi(x) \to 0 \\ g(x) \to \infty}}g(x)\varphi(x)}.$$

$$\lim\limits_{\substack{f(x) \to 1 \\ g(x) \to \infty}}[f(x)]^{g(x)} = \lim\limits_{\substack{f(x) \to 1 \\ g(x) \to \infty}}\mathrm{e}^{g(x)\ln[f(x)]} = \mathrm{e}^{\lim\limits_{\substack{f(x) \to 1 \\ g(x) \to \infty}}g(x)\ln[f(x)]} = \mathrm{e}^{\lim\limits_{\substack{f(x) \to 1 \\ g(x) \to \infty}}g(x)[f(x)-1]}.$$

【例 5.5.17】 求下列极限.

(1) $\lim\limits_{x \to 0}(1 + 3x)^{\frac{2}{\sin x}}$;　　　　　(2) $\lim\limits_{x \to 0}(\cos x)^{\frac{1}{\ln(1+x^2)}}$;

(3) $\lim\limits_{x \to \infty}\left[\dfrac{x^2}{(x-a)(x+b)}\right]^x$;　　(4) $\lim\limits_{x \to 0}\left[2 - \dfrac{\ln(1+x)}{x}\right]^{\frac{1}{x}}$;

(5) $\lim\limits_{x \to 0}\left(\dfrac{\arctan x}{x}\right)^{\frac{1}{\ln\cos x}}$.

解　(1) $\lim\limits_{x \to 0}(1 + 3x)^{\frac{2}{\sin x}} = \lim\limits_{x \to 0}\mathrm{e}^{\ln(1+3x)^{\frac{2}{\sin x}}} = \lim\limits_{x \to 0}\mathrm{e}^{\frac{2}{\sin x}\ln(1+3x)} = \mathrm{e}^{\lim\limits_{x \to 0}\frac{2}{\sin x}\ln(1+3x)} = \mathrm{e}^{\lim\limits_{x \to 0}\frac{6x}{x}} = \mathrm{e}^6.$

(2) $\lim\limits_{x \to 0}(\cos x)^{\frac{1}{\ln(1+x^2)}} = \lim\limits_{x \to 0}\mathrm{e}^{\ln(\cos x)^{\frac{1}{\ln(1+x^2)}}} = \lim\limits_{x \to 0}\mathrm{e}^{\frac{1}{\ln(1+x^2)}\ln(\cos x)}$

$\qquad = \mathrm{e}^{\lim\limits_{x \to 0}\frac{1}{\ln(1+x^2)}\ln(\cos x)} = \mathrm{e}^{\lim\limits_{x \to 0}\frac{\cos x - 1}{x^2}} = \mathrm{e}^{\lim\limits_{x \to 0}\frac{-\frac{1}{2}x^2}{x^2}} = \mathrm{e}^{-\frac{1}{2}}.$

(3) $\lim\limits_{x\to\infty}\left[\dfrac{x^2}{(x-a)(x+b)}\right]^x=\lim\limits_{x\to\infty}e^{x\ln\frac{x^2}{(x-a)(x+b)}}=e^{\lim\limits_{x\to\infty}x\ln\frac{x^2}{(x-a)(x+b)}}$

$$=e^{\lim\limits_{x\to\infty}x\left[\frac{x^2}{(x-a)(x+b)}-1\right]}=e^{\lim\limits_{x\to\infty}x\cdot\frac{(a-b)x+ab}{(x-a)(x+b)}}=e^{a-b}$$

或

$$\lim\limits_{x\to\infty}\left[\dfrac{1}{\left(\dfrac{x-a}{x}\right)\left(\dfrac{x+b}{x}\right)}\right]^x=\lim\limits_{x\to\infty}\dfrac{1}{\left(1-\dfrac{a}{x}\right)^x\left(1+\dfrac{b}{x}\right)^x}=\dfrac{1}{e^{-a}\cdot e^{b}}=e^{a-b}$$

(4) $\lim\limits_{x\to0}\left[2-\dfrac{\ln(1+x)}{x}\right]^{\frac{1}{x}}=\lim\limits_{x\to0}e^{\frac{1}{x}\ln\left[2-\frac{\ln(1+x)}{x}\right]}=e^{\lim\limits_{x\to0}\frac{1}{x}\left[1-\frac{\ln(1+x)}{x}\right]}$

$$=e^{\lim\limits_{x\to0}\frac{x-\ln(1+x)}{x^2}}=e^{\lim\limits_{x\to0}\frac{1-\frac{1}{1+x}}{2x}}=e^{\lim\limits_{x\to0}\frac{\frac{x}{1+x}}{2x}}=e^{\frac{1}{2}}.$$

(5) $\lim\limits_{x\to0}\left(\dfrac{\arctan x}{x}\right)^{\frac{1}{\ln\cos x}}=\lim\limits_{x\to0}e^{\frac{1}{\ln\cos x}\ln\frac{\arctan x}{x}}=e^{\lim\limits_{x\to0}\frac{1}{\cos x-1}\left(\frac{\arctan x}{x}-1\right)}$

$$=e^{\lim\limits_{x\to0}-\frac{1}{\frac{1}{2}x^2}\cdot\frac{\arctan x-x}{x}}=e^{-2\lim\limits_{x\to0}\frac{\arctan x-x}{x^3}}=e^{-2\lim\limits_{x\to0}\frac{\frac{1}{1+x^2}-1}{3x^2}}=e^{-2\lim\limits_{x\to0}\frac{\frac{-x^2}{1+x^2}}{3x^2}}=e^{\frac{2}{3}}.$$

6. 未定式极限类型 Ⅵ、Ⅶ —— 0^0、∞^0

方法：指数对数化，转化为以上五种类型的极限求解.

【例 5.5.18】 求下列极限.

(1) $\lim\limits_{x\to0^+}x^x$;   (2) $\lim\limits_{x\to+\infty}(e^x+x)^{\frac{1}{x}}$.

解 (1) $\lim\limits_{x\to0^+}x^x=\lim\limits_{x\to0^+}e^{x\ln x}=e^{\lim\limits_{x\to0^+}x\ln x}=e^0=1.$ 其中

$$\lim\limits_{x\to0^+}x\ln x=\lim\limits_{x\to0^+}\dfrac{\ln x}{\dfrac{1}{x}}=\lim\limits_{x\to0^+}\dfrac{\dfrac{1}{x}}{-\dfrac{1}{x^2}}=\lim\limits_{x\to0^+}(-x)=0$$

(2) $\lim\limits_{x\to+\infty}(e^x+x)^{\frac{1}{x}}=\lim\limits_{x\to+\infty}e^{\frac{1}{x}\ln(e^x+x)}=e^{\lim\limits_{x\to+\infty}\frac{\ln(e^x+x)}{x}}=e^{\lim\limits_{x\to+\infty}\frac{\frac{e^x+1}{e^x+x}}{1}}=e^{\lim\limits_{x\to+\infty}\frac{1+\frac{1}{e^x}}{1+\frac{x}{e^x}}}=e^1=e.$

习题 5.5

1. 求下列极限.

(1) $\lim\limits_{x\to0}\dfrac{e^x-e^{-x}}{\tan x}$;   (2) $\lim\limits_{x\to\frac{\pi}{2}}\dfrac{\ln(\sin x)}{(\pi-2x)^2}$;   (3) $\lim\limits_{x\to0}x^2e^{\frac{1}{x^2}}$;

(4) $\lim\limits_{x\to0}\dfrac{x-\sin x}{x^3}$;   (5) $\lim\limits_{x\to0^+}\dfrac{\ln(\sin ax)}{\ln(\sin bx)}(a>0, b>0)$; (6) $\lim\limits_{x\to1}\left(\dfrac{2}{x^2-1}-\dfrac{1}{x-1}\right)$;

(7) $\lim\limits_{x\to0}\dfrac{(1+x)^{\frac{1}{x}}-e}{x}$;   (8) $\lim\limits_{x\to0}\left(\dfrac{1}{x}\cot x-\dfrac{1}{x^2}\right)$;   (9) $\lim\limits_{x\to\frac{\pi}{2}}(\cos x)^{\frac{\pi}{2}-x}$;

(10) $\lim\limits_{x\to+\infty}\left(\dfrac{2}{\pi}\arctan x\right)^{x}$；　　(11) $\lim\limits_{x\to 0}\left(\dfrac{\sin x}{x}\right)^{\frac{1}{x^{2}}}$；　　　　　(12) $\lim\limits_{x\to 0^{+}}(\cot x)^{\frac{1}{\ln x}}$；

(13) $\lim\limits_{x\to\infty}\left(1+\dfrac{3}{x}\right)^{2x}$；　　　　(14) $\lim\limits_{x\to+\infty}(x+\mathrm{e}^{x})^{\frac{1}{x}}$.

2. 讨论函数 $f(x)=\begin{cases}\left[\dfrac{(1+x)^{\frac{1}{x}}}{\mathrm{e}}\right]^{\frac{1}{x}},& x>0\\ \mathrm{e}^{-\frac{1}{2}},& x\leqslant 0\end{cases}$ 在点 $x=0$ 处的连续性.

3. 设 $f(x)=\begin{cases}\dfrac{g(x)}{x},& x\neq 0\\ 0,& x=0\end{cases}$，且 $g(0)=g'(0)=0$，$g''(0)=2$，求 $f'(0)$.

4. 试确定常数 a，b，使极限 $\lim\limits_{x\to 0}\dfrac{1+a\cos 2x+b\cos 4x}{x^{4}}$ 存在，并求此极限.

5. 设 $f(x)$ 二阶可导，证明：
$$\lim_{h\to 0}\frac{f(x+2h)-2f(x+h)+f(x)}{h^{2}}=f''(x)$$

6. 求函数 $f(x)=\dfrac{\ln|x|}{|x-1|}\sin x$ 的间断点并指出其类型.

5.6　一 致 连 续

在连续函数的讨论和应用中，有一个极为重要的概念，叫作一致连续. 我们先回顾一下连续函数的概念.

设 $f(x)$ 在区间 I 内每一点都连续，则称 $f(x)$ 是 I 上的连续函数. 即对 $\forall x_{0}\in I$，$\forall\varepsilon>0$，$\exists\delta>0$，使得 $\forall x\in U(x_{0},\delta)$ 时，就有 $|f(x)-f(x_{0})|<\varepsilon$.

一般说来，对同一个 ε，由于函数在每一点 x 处都连续，每一点都存在 δ；但对不同的 x，找到的 δ 的大小是不同的. δ 不仅依赖于 ε，也依赖于 x.

如图 5.6.1 所示，从几何上看，在曲线平坦处（x_{1} 附近）找到的 δ 可以大一些，在曲线

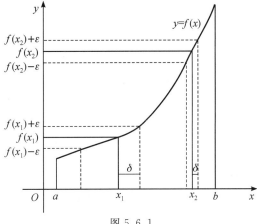

图 5.6.1

陡峭处（如 x_2 附近）找到的 δ 必须小一些. 在陡峭处的点适用的 δ，对平坦处的点也适用. 例如：x 落在 x_2 的 δ 邻域时，$f(x)$ 落在 $f(x_2)$ 的 ε 邻域；则 x 落在 x_1 的 δ 邻域时，$f(x)$ 也落在 $f(x_1)$ 的 ε 邻域. 但在平坦处的点适用的 δ，对陡峭处的点不一定适用. 这样，就提出一个问题：$\forall \varepsilon > 0$，能否找到对每一个 x 都适用的公共的 δ 呢？

若只有有限个 δ，则最小的 δ 就是公共的 δ，现在定义域有无穷个 δ，这里面不一定有大于零的最小的 δ，也就不一定存在公共的 δ（从几何上看，如曲线有一处最陡，则最陡处的 δ 对其他点也适用，这时找到了公共的 δ；若曲线无限变陡，没有一处坡度最陡的地方，这时找不到公共的 δ），这样就必须引进一个新的概念，即一致连续.

▶【定义 5.6.1】　设 $f(x)$ 为定义在区间 I 上的函数. 若对任给的 $\varepsilon > 0$，存在一个 $\delta = \delta(\varepsilon) > 0$，使得对任何 $x_1, x_2 \in I$，只要 $|x_1 - x_2| < \delta$，就有 $|f(x_1) - f(x_2)| < \varepsilon$，则称函数 $f(x)$ 在区间 I 上**一致连续**.

定义中 x_1, x_2 都可以变，只要它们的距离小于 δ 即可. 不像在一点 x_0 的连续定义中，x_0 是固定不变的. 显然，一致连续的函数必定是连续的.

▶【定义 5.6.2】　设 $f(x)$ 为定义在区间 I 上的函数. 若存在某个 $\varepsilon > 0$，对任意的 $\delta > 0$，能找到 $x_1, x_2 \in I$，满足 $|x_1 - x_2| < \delta$，但 $|f(x_1) - f(x_2)| \geqslant \varepsilon$，则称函数 $f(x)$ 在区间 I 上**不一致连续**.

【例 5.6.1】　证明：函数 $f(x) = x^2$ 在 $[a, b]$ 上一致连续，但在 $(-\infty, +\infty)$ 上不一致连续.

证　对 $\forall \varepsilon > 0$，当 $x_1, x_2 \in [a, b]$ 时，由于
$$|f(x_1) - f(x_2)| = |x_1^2 - x_2^2| = |(x_1 + x_2)(x_1 - x_2)| = |x_1 + x_2| \cdot |x_1 - x_2|$$
$$\leqslant (|x_1| + |x_2|) \cdot |x_1 - x_2| \leqslant 2M|x_1 - x_2|$$

其中 $M = \max\{|a|, |b|\}$，取 $\delta = \dfrac{\varepsilon}{2M}$，则当 $|x_1 - x_2| < \delta$ 时有 $|f(x_1) - f(x_2)| < \varepsilon$.

另一方面，若取 $\varepsilon_0 = 1$，对 $\forall \delta > 0$，取 $x_1 = \dfrac{1}{\delta}$，$x_2 = x_1 + \dfrac{\delta}{2}$，有 $|x_1 - x_2| = \dfrac{\delta}{2} < \delta$，但是 $|f(x_1) - f(x_2)| = |x_1^2 - x_2^2| = 1 + \dfrac{\delta^2}{4} > 1 = \varepsilon_0$，故 $f(x) = x^2$ 在 $(-\infty, +\infty)$ 上不一致连续.

【例 5.6.2】　证明：函数 $y = \dfrac{1}{x}$ 在 $(0, 1)$ 内不一致连续（虽然它在 $(0, 1)$ 内每一点都连续）.

证　取 $\varepsilon_0 = 1$，对 $\forall \delta > 0$，取 $x_1 = \min\left\{\delta, \dfrac{1}{2}\right\}$，$x_2 = \dfrac{x_1}{2}$，则 $|x_1 - x_2| = \dfrac{x_1}{2} \leqslant \dfrac{\delta}{2} < \delta$，但 $\left|\dfrac{1}{x_1} - \dfrac{1}{x_2}\right| = \dfrac{1}{x_1} > 1 = \varepsilon_0$，故 $y = \dfrac{1}{x}$ 在 $(0, 1)$ 内不一致连续.

从上面的例子可以看出，连续函数不一定一致连续. 但有

▶【定理 5.6.1（康托（Cantor）定理）】　若函数 $f(x)$ 在闭区间 $[a, b]$ 上连续，则 $f(x)$ 在 $[a, b]$ 上一致连续.

【例 5.6.3】　证明：若 $f(x)$ 连续，且 $\lim\limits_{x \to +\infty} f(x)$ 存在，则 $f(x)$ 在 $[a, +\infty)$ 上一致连续.

证　因 $\lim\limits_{x \to +\infty} f(x)$ 存在，设 $\lim\limits_{x \to +\infty} f(x) = A$，故对 $\forall \varepsilon > 0$，$\exists X > a$，当 $x > X$ 时，有 $|f(x) - A| < \dfrac{\varepsilon}{2}$. 故当 $x_1, x_2 > X$，有 $|f(x_1) - A| < \dfrac{\varepsilon}{2}$ 与 $|f(x_2) - A| < \dfrac{\varepsilon}{2}$ 都成立，从而对任意的 $x_1, x_2 > X$，恒有 $|f(x_1) - f(x_2)| < \varepsilon$.

又因 $f(x)$ 在 $[a, X+1]$ 上连续，从而一致连续. 故对上述 $\varepsilon > 0$，$\exists \delta_1 > 0$，当 $|x_1 - x_2| < \delta_1$ 时，对任意的 $x_1, x_2 \in [a, X+1]$，恒有 $|f(x_1) - f(x_2)| < \varepsilon$.

取 $\delta = \min\{\delta_1, 1\}$，当 $|x_1 - x_2| < \delta$ 时，$x_1, x_2 \in [a, +\infty)$，恒有 $|f(x_1) - f(x_2)| < \varepsilon$，故 $f(x)$ 在 $[a, +\infty)$ 上一致连续.

【例 5.6.4】　设函数 $f(x)$ 在区间 I 上满足利普西茨(Lipschitz)条件，即存在常数 $L > 0$，使得对 I 上任意两点 x_1, x_2 都有

$$|f(x_1) - f(x_2)| \leqslant L|x_1 - x_2|$$

则称函数 $f(x)$ 在区间 I 上是利普西茨连续的. 证明：若函数 $f(x)$ 在区间 I 上是利普西茨连续的，则必然是一致连续的.

证　若对任给的 $\varepsilon > 0$，取 $\delta = \dfrac{\varepsilon}{L} > 0$，则对任何 $x_1, x_2 \in I$，只要 $|x_1 - x_2| < \delta$，就有

$|f(x_1) - f(x_2)| \leqslant L|x_1 - x_2| < L \cdot \dfrac{\varepsilon}{L} = \varepsilon$，即函数 $f(x)$ 在区间 I 上是一致连续的.

函数满足利普西茨条件的几何意义是在任意两点 $(x_1, f(x_1))$，$(x_2, f(x_2))$ 处曲线的割线的斜率的绝对值 $\left| \dfrac{f(x_2) - f(x_1)}{x_2 - x_1} \right|$ 均不大于 L，也就是利普西茨连续要求函数在区间 I 上不能有超过线性的变化速度，对于分析和确保机器学习算法的稳定性有重要的作用.

习题 5.6

1. 证明：对任一正数 σ，$f(x) = \dfrac{1}{x}$ 在 $[\sigma, +\infty)$ 上一致连续.

2. 证明：$f(x) = \sin\dfrac{1}{x}$ 在 $(0, 1]$ 上不一致连续.

3. 设区间 I_1 的右端点为 $c \in I_1$，区间 I_2 的左端点也为 $c \in I_2$（I_1, I_2 可分别为有限或无限区间）. 试按一致连续的定义证明：若 $f(x)$ 分别在 I_1 和 I_2 上一致连续，则 $f(x)$ 在 $I = I_1 \bigcup I_2$ 上也一致连续.

综合测试题 1

一、选择题(每题 4 分，共 40 分)

1. 当 $x \to 0$ 时，$x^2 - \sin x$ 是 x 的（　　）.

  A. 高阶无穷小   B. 同阶但非等价无穷小

  C. 低阶无穷小   D. 等价无穷小

2. 设 $g(x)$ 与 $f(x)$ 互为反函数，则 $f\left(\dfrac{1}{2}x\right)$ 的反函数为（　　）.

  A. $g(2x)$ B. $f(2x)$

  C. $2f(x)$ D. $2g(x)$

3. $\lim\limits_{x \to 0}\left(x\sin\dfrac{1}{x} - \dfrac{1}{x}\sin x\right)$ 的结果是（　　）.

  A. -1 B. 1 C. 0 D. 不存在

4. 若 $f(x) = \begin{cases} \dfrac{2}{3}x^3, & x \leqslant 1 \\ x^2, & x > 1 \end{cases}$，则 $f(x)$ 在 $x = 1$ 处的（　　）.

  A. 左、右导数都存在

  B. 左导数存在，右导数不存在

  C. 左导数不存在，右导数存在

  D. 左、右导数都不存在

5. 曲线 $y = 2 + 3\sqrt{x-1}$ 在点 $M(1, 2)$ 处的切线（　　）.

  A. 不存在   B. 方程为 $x = 1$

  C. 方程为 $y = 2$ D. 方程为 $y - 2 = \dfrac{1}{3}(x - 1)$

6. 设函数 $f(x)$ 在点 x_0 的某个邻域内有定义，且 $\lim\limits_{x \to x_0}\dfrac{f(x) - f(x_0)}{x^4} = A > 0$，则（　　）.

  A. $f(x_0)$ 一定是 $f(x)$ 的一个极大值

  B. $f(x_0)$ 一定是 $f(x)$ 的一个极小值

  C. $f(x_0)$ 一定不是 $f(x)$ 的极值

  D. 不能断定 $f(x_0)$ 是否为 $f(x)$ 的极值

7. 设 $f(x)$ 是定义在 $[0, 4]$ 上的连续函数，且 $\displaystyle\int_0^{x-2} f(t)\mathrm{d}t = x^2 - \sqrt{3}$，则 $f(2) = $（　　）.

  A. 8 B. -8 C. 48 D. -48

8. 设 $f(x) = \begin{cases} x^2, & 0 \leqslant x \leqslant 1 \\ 2 - x, & 1 < x \leqslant 2 \end{cases}$，$F(x) = \displaystyle\int_0^x f(t)\mathrm{d}t\,(x \in [0, 2])$，则（　　）.

A.
$$
\begin{cases}
\dfrac{x^3}{3}, & 0 \leqslant x \leqslant 1 \\[2mm]
\dfrac{1}{3} + 2x - \dfrac{x^2}{2}, & 1 < x \leqslant 2
\end{cases}
$$

B.
$$
\begin{cases}
F(x) = \dfrac{x^3}{3}, & 0 \leqslant x \leqslant 1 \\[2mm]
-\dfrac{7}{6} + 2x - \dfrac{x^2}{2}, & 1 < x \leqslant 2
\end{cases}
$$

C.
$$
\begin{cases}
\dfrac{x^3}{3}, & 0 \leqslant x \leqslant 1 \\[2mm]
\dfrac{x^3}{3} + 2x - \dfrac{x^2}{2}, & 1 < x \leqslant 2
\end{cases}
$$

D.
$$
\begin{cases}
\dfrac{x^3}{3}, & 0 \leqslant x \leqslant 1 \\[2mm]
2x - \dfrac{x^2}{2}, & 1 < x \leqslant 2
\end{cases}
$$

9. 曲线 $y = x(x-1)(2-x)$ 与 x 轴所围成的图形面积可表示为（　　）.

A. $-\displaystyle\int_0^2 x(x-1)(2-x)\,\mathrm{d}x$

B. $\displaystyle\int_0^1 x(x-1)(2-x)\,\mathrm{d}x - \int_1^2 x(x-1)(2-x)\,\mathrm{d}x$

C. $\displaystyle\int_0^2 x(x-1)(2-x)\,\mathrm{d}x$

D. $\displaystyle\int_1^2 x(x-1)(2-x)\,\mathrm{d}x - \int_0^1 x(x-1)(2-x)\,\mathrm{d}x$

10. 函数 $f(x)$ 为连续函数，则 $\dfrac{\mathrm{d}}{\mathrm{d}x}\displaystyle\int_1^2 f(x+t)\,\mathrm{d}t = ($　　$)$.

A. 0 　　　　　　　　　　B. $f(2) - f(1)$

C. $f(x+2) - f(x+1)$ 　　　D. $f(x+2)$

二、填空题（每题 4 分，共 24 分）

1. 设 $f(x)$ 连续，且 $F(x) = \dfrac{x^2}{x-a}\displaystyle\int_a^x f(t)\,\mathrm{d}t$，则 $\lim\limits_{x\to a} F(x) = $＿＿＿＿＿.

2. 设 $f(x)$ 为奇函数，且 $f'(1) = 2$，则 $\dfrac{\mathrm{d}}{\mathrm{d}x} f(x^3)\Big|_{x=-1} = $＿＿＿＿＿.

3. 已知 $y = f\left(\dfrac{2x-1}{2x+1}\right)$，$f'(x) = \arctan x^2$，则 $\mathrm{d}y\big|_{x=0} = $＿＿＿＿＿.

4. 设 $y = \dfrac{1}{2x+3}$，则 $y^{(n)}(x) = $＿＿＿＿＿.

5. $\displaystyle\int \dfrac{\mathrm{d}x}{\sqrt{(x^2+1)^3}} = $＿＿＿＿＿.

6. 曲线 $y = (3x+2)\mathrm{e}^{\frac{1}{x}}$ 的斜渐近线为＿＿＿＿＿.

三、解答题（每题 6 分，共 36 分）

1. 设 $\begin{cases} x = \ln\sqrt{1+t^2} \\ y = \arctan t \end{cases}$，求 $\dfrac{\mathrm{d}y}{\mathrm{d}x}\Big|_{t=1}$，$\dfrac{\mathrm{d}^2 y}{\mathrm{d}x^2}$.

2. 求函数 $y = (x-1)e^{\frac{\pi}{2}+\arctan x}$ 的单调区间与极值.

3. 求下列积分.

(1) $\displaystyle\int \frac{\cos x}{1+\cos x}dx$；　　　(2) $\displaystyle\int_0^1 \frac{\arctan x}{(1+x^2)^2}dx$.

4. 求摆线 $\begin{cases} x = a(t-\sin t) \\ y = a(1-\cos t) \end{cases}$ 的一拱 $(0 \leqslant t \leqslant 2\pi)$ 绕 x 轴旋转一周所得旋转体的体积.

5. 证明：当 $0 < x < 1$ 时，$\sqrt{\dfrac{1-x}{1+x}} < \dfrac{\ln(1+x)}{\arcsin x}$.

6. 设 $f(x)$ 在区间 $[0,1]$ 上可导，$f(1) = 2\displaystyle\int_0^{\frac{1}{2}} x^2 f(x)dx$，证明：存在 $\xi \in (0,1)$ 使得
$$2f(\xi) + \xi f'(\xi) = 0$$

综合测试题 2

一、选择题(每题 4 分，共 40 分)

1. 设 $f(x)=1+\dfrac{\mathrm{e}^{\frac{1}{x}}}{2+3\mathrm{e}^{\frac{1}{x}}}$，则 $x=0$ 是 $f(x)$ 的(　　).

A. 可去间断点   B. 跳跃间断点

C. 无穷间断点   D. 振荡间断点

2. 设函数 $f(x)$ 在区间 (a,b) 内连续，则 $f(x)$ 在区间 (a,b) 内(　　).

A. 必有界   B. 必存在反函数

C. 必存在原函数   D. 必存在 $\xi\in(a,b)$，使得 $f(\xi)=0$

3. $\lim\limits_{n\to\infty}\tan^n\left(\dfrac{\pi}{4}+\dfrac{1}{n}\right)=$(　　).

A. e   B. 1   C. $\dfrac{1}{\mathrm{e}}$ D. e^2

4. 若 $f(x)=\begin{cases}\dfrac{\sin x}{x},&x\neq 0\\[2mm]1,&x=0\end{cases}$，则 $f'(0)$ 的值(　　).

A. 等于 0   B. 等于 1

C. 等于 -1 D. 不存在

5. 曲线 $\begin{cases}x=2(t-\sin t)\\y=2(1-\cos t)\end{cases}$ 在 $t=\dfrac{\pi}{2}$ 处的切线方程为(　　).

A. $x+y=\pi$ B. $x-y=\pi-4$

C. $x-y=\pi$ D. $x+y=\pi-4$

6. 设 $f(x)$ 是在点 $x_0=0$ 的某个邻域 $N(0,\delta)(\delta>0)$ 内的连续函数，$\Phi(x)=\displaystyle\int_0^x f(t)\mathrm{d}t,\ x\in N(0,\delta)$，且 $\lim\limits_{x\to 0}\dfrac{f(x)}{x^3}=A>0$，则(　　).

A. $\Phi(0)$ 是 $\Phi(x)$ 的极小值

B. $\Phi(0)$ 是 $\Phi(x)$ 的极大值

C. $\Phi(0)$ 一定不是 $\Phi(x)$ 的极值

D. 不能断定 $\Phi(0)$ 是否为 $\Phi(x)$ 的极值

7. 设 $x_i=\dfrac{i\pi}{n}(i=1,2,\cdots,n)$，$n$ 为正整数，则 $\lim\limits_{x\to 0}\dfrac{1}{n}\sum\limits_{i=1}^n\cos x_i=$(　　).

A. $\displaystyle\int_0^1\cos x\,\mathrm{d}x$ B. $\displaystyle\int_0^1\cos(\pi x)\,\mathrm{d}x$

C. $\dfrac{1}{\pi}\displaystyle\int_0^\pi\cos x\,\mathrm{d}x$ D. $\dfrac{1}{\pi}\displaystyle\int_0^\pi\cos(\pi x)\,\mathrm{d}x$

8. $M = \int_{-\frac{\pi}{2}}^{\frac{\pi}{2}} \frac{\sin x}{1 + x^2} \cos^4 x \, dx$，$N = \int_{-\frac{\pi}{2}}^{\frac{\pi}{2}} (\sin^3 x + \cos^4 x) \, dx$，$P = \int_{-\frac{\pi}{2}}^{\frac{\pi}{2}} (x^2 \sin^3 x - \cos^4 x) \, dx$，则有

A. $N < P < M$ 　　　　　　　　B. $M < P < M$

C. $N < M < P$ 　　　　　　　　D. $P < M < N$

9. 双纽线 $(x^2 + y^2)^2 = x^2 - y^2$ 所围成区域的面积可表示为(　　).

A. $2\int_0^{\frac{\pi}{4}} \cos 2\theta \, d\theta$ 　　　　　　　　B. $3\int_0^{\frac{\pi}{4}} \cos 2\theta \, d\theta$

C. $2\int_0^{\frac{\pi}{4}} \sqrt{\cos 2\theta} \, d\theta$ 　　　　　　　　D. $\frac{1}{2}\int_0^{\frac{\pi}{4}} (\cos 2\theta)^2 \, d\theta$

10. 把 $y^2 = 4ax$ 及 $x = x_0 (x_0 > 0)$ 所围成的图形绕 x 轴旋转，所得旋转体的体积 $V = (\quad)$.

A. $\pi a x_0^2$ 　　　　B. $2\pi a x_0$ 　　　　C. $\pi a x_0^3$ 　　　　D. $2\pi a x_0^2$

二、填空题(每题 4 分，共 24 分)

1. $\lim\limits_{x \to 0} \dfrac{\int_0^x \sin(x - t) \, dt}{e^{x^2} - \cos x} = $ _____.

2. 设 $f(u)$ 可导，$y = f(x^2)$ 在 $x_0 = -1$ 处取得增量 $\Delta x = 0.05$ 时，函数增量 Δy 的线性部分为 0.15，则 $f'(1) = $ _____.

3. 定积分 $\int_{-1}^1 \left(\dfrac{x \sin^4 x}{1 + x^{2020}} \right) + 3x^2 |x| \, dx = $ _____.

4. 设 $x^y = y^x (x > 0, y > 0)$，则 $\left. \dfrac{dx}{dx} \right|_{x=1} = $ _____.

5. $\int \dfrac{\arcsin \sqrt{x}}{\sqrt{x(1 - x)}} \, dx = $ _____.

6. 曲线 $y = \dfrac{2x^5 - 4x^4 + 1}{x^4 + 1}$ 的斜渐近线为 _____.

三、解答题(每题 6 分，共 36 分)

1. 求 $\lim\limits_{x \to 0} (\cos 2x + 2x \sin x)^{\frac{1}{4}}$.

2. 求函数 $f(x) = \int_0^{x^2} (2 - t) e^{-t} \, dt$ 的最大值与最小值.

3. 求下列积分.

(1) $\displaystyle\int_0^1 x^2\sqrt{1-x^2}\,\mathrm{d}x$；　(2) $\displaystyle\int_0^a \frac{\mathrm{d}x}{x+\sqrt{a^2-x^2}}$.

4. 设曲线 $y=\sqrt{x-1}$，过原点作切线，求此曲线、切线及 x 轴所围成的平面图形绕 x 轴旋转一周所得旋转体的表面积.

5. 证明：当 $0<x<1$ 时，$\mathrm{e}^{-2x}<\dfrac{1-x}{1+x}$.

6. 设 $f(x)$ 在区间 $[a,b]$ 上二阶连续可导，证明：存在 $\xi\in(a,b)$，使得
$$\int_a^b f(x)\,\mathrm{d}x=(b-a)f\left(\frac{a+b}{2}x^2\right)+\frac{(b-a)^3}{24}f''(\xi)$$

参 考 文 献

［1］ 同济大学数学系. 高等数学. 8 版. 北京：高等教育出版社，2023.

［2］ 张天德. 高等数学. 北京：人民邮电出版社，2024.

［3］ 华东师范大学数学科学学院. 数学分析. 5 版. 北京：高等教育出版社，2019.

［4］ 马知恩，王绵森. 工科数学分析基础. 2 版. 北京：高等教育出版社，2006.

［5］ 龚昇. 简明微积分. 4 版. 北京：高等教育出版社，2006.

［6］ 齐民友. 高等数学. 2 版. 北京：高等教育出版社，2019.

［7］ 邓东皋，尹小玲. 数学分析简明教程. 2 版. 北京：高等教育出版社，2006.

［8］ 徐小湛. 高等数学学习手册. 北京：科学出版社，2007.